土木建筑职业技能岗位培训教材

试 验 工

建设部人事教育司组织编写

中国建筑工业出版社

图书在版编目（CIP）数据

试验工/建设部人事教育司组织编写. —北京：中国建筑工业出版社，2002
土木建筑职业技能岗位培训教材
ISBN 978-7-112-05456-5

Ⅰ.试…　Ⅱ.建…　Ⅲ.土工试验-技术培训-教材
Ⅳ.TU41

中国版本图书馆 CIP 数据核字（2002）第 102046 号

土木建筑职业技能岗位培训教材
试　验　工
建设部人事教育司组织编写
*
中国建筑工业出版社出版、发行（北京西郊百万庄）
各地新华书店、建筑书店经销
廊坊市海涛印刷有限公司印刷
*
开本：850×1168 毫米　1/32　印张：11　字数：296 千字
2003 年 2 月第一版　2015 年 7 月第十三次印刷
定价：**16.00** 元
ISBN 978-7-112-05456-5
(14814)

本社网址：http://www.cabp.com.cn
网上书店：http://www.china-building.com.cn

本书依据建设部《职业技能标准》，结合建设工程检测试验工作的实际情况编写。

本书主要内容有：试验基础知识、常用原材料试验、建筑砂浆、混凝土、防水材料、装饰材料、特种材料、构件试验、地基与桩基承载力试验、常用工程材料质量控制现场检查等。

本书适于用作建设行业检测机构试验检测人员、建筑施工企业试验室人员上岗培训之用，也可作为青年工人自学和其他相关专业工作人员业务学习之用。

* * *

责任编辑　吉万旺

出版说明

为深入贯彻全国职业教育工作会议精神，落实建设部、劳动和社会保障部《关于建设行业生产操作人员实行职业资格证书制度的有关问题的通知》（建人教[2002] 73号）精神，全面提高建设职工队伍整体素质，我司在总结全国建设职业技能岗位培训与鉴定工作经验的基础上，根据建设部颁发的《职业技能标准》、《职业技能岗位鉴定规范》和建设部与劳动和社会保障部共同审定的手工木工、精细木工、砌筑工、钢筋工、混凝土工、架子工、防水工和管工等8个《国家职业标准》，组织编写了这套“土木建筑职业技能岗位培训教材”。

本套教材包括砌筑工、抹灰工、混凝土工、钢筋工、木工、油漆工、架子工、防水工、试验工、测量放线工、水暖工和建筑电工等12个职业（岗位），并附有相应的培训计划大纲与之配套。各职业（岗位）培训教材将原教材初、中、高级单行本合并为一本，其初、中、高级职业（岗位）培训要求在培训计划大纲中具体体现，使教材更具统一性，避免了技术等级间的内容重复和衔接上普遍存在的问题。全套教材共计12本。

本套教材注重结合建设行业实际，体现建筑业企业用工特点，学习了德国“双元制”职业培训教材的编写经验，并借鉴香港建造业训练局各职业（工种）《授艺课程》和各职业（工种）知识测验和技能测验的有益作法和经验，理论以够用为度，重点突出操作技能的训练要求，注重实用与实效，力求文字深入浅出，通俗易懂，图文并茂，问题引导留有余地，附有习题，难易适度。本套教材符合现行规范、标准、工艺和新技术推广要求，并附《职业技能岗位鉴定习题集》，是土木建筑生产操作人员进行职业技能岗位培训的必备教材。

本套教材经土木建筑职业技能岗位培训教材编审委员会审定，由中国建筑工业出版社出版。

本套教材作为全国建设职业技能岗位培训教学用书，也可供高、中等职业院校实践教学使用。在使用过程中如有问题和建议，请及时函告我们。

建设部人事教育司

二〇〇二年十月二十八日

前　　言

本书依据建设部《建设行业职业技能标准》，结合建设工程检测试验工作的实际情况编写。适于用作建设行业检测机构试验检测人员、建筑施工企业试验室人员上岗培训教材之用，也可作为青年工人自学和其他相关工作人员业务学习的参考读物。全书共分十二章，内容包括试验基础知识、常用原材料试验、建筑砂浆、混凝土、防水材料、装饰材料、特种材料、构件试验、回弹法检测混凝土强度、土工试验、地基与桩基承载力试验、常用工程材料质量控制现场检查等。书中内容尽可能引用国家最新技术规范和试验规程，并力求简明、准确、实用。

本书由郝俊明、李玉林、张保主编，高宗琪主审。参编人员有：杨鸿贵、白德容、郭起坤、陈丽霞、李荣、孙以仁、刘延宁、陈社生、任普亮、范章、苟志森等。由于时间仓促，水平有限，书中难免错误之处，请专家和广大读者不吝赐教。

编　者

2002 年 11 月 20 日

目　录

一、试验基础知识

工程材料在建筑结构中起着各种不同的作用，要确保其满足设计和施工要求，必须对材料的质量指标进行试验检测。试验人员不仅要熟练掌握具体材料的试验方法，也必须充分懂得材料的性质、特点以及其他和试验有关的最基础的知识。

（一）工程材料的基本性质

1. 材料的基本物理性质

（1）密度和表观密度

1）密度

密度是材料在绝对密实状态下单位体积的质量（重量），又称比重，即与水的密度之比。密度的计算式如下：

$$\gamma = G/V \tag{1-1}$$

式中 γ——密度，g/cm^3；

G——干燥材料的质量，g；

V——材料在绝对密实状态下的体积，cm^3。

材料在绝对密实状态下的体积是指不包括材料内部孔隙在内的体积，在建筑工程材料中，除钢材、玻璃等少数材料外，大多数材料内部均存在孔隙。

为测定有孔材料的绝对密实体积，应把材料磨成细粉，干燥后用比重瓶测定其体积。材料磨得越细，测得的数值越接近于材料的真实体积。密度是材料物质结构的反映，凡单成分材料往往具有确定的密度值。

密度是材料的基本物理性质之一，与材料的其他性质存在着密切的相关关系。

2）表观密度

表观密度是材料在自然状态下，单位体积的质量（重量）。表观密度的计算式如下：

$$\gamma_0 = G/V_0 \tag{1-2}$$

式中 γ_0——表观密度，g/cm^3 或 kg/m^3；

G——材料的质量，g 或 kg；

V_0——材料在自然状态下的体积，cm^3 或 m^3。

材料在自然状态下的体积是指包括内部孔隙在内的体积。

规则形状材料的体积可用量具测量、计算而得。不规则形状材料体积可按阿基米德原理或直接用体积仪测得。

材料的表观密度一般指材料在干燥状态下单位体积的质量，称为干表观密度。当材料含水时，所得表观密度，称为湿表观密度。由于材料含水状态的不同，如绝干（烘干至恒重）、风干（气干）、含水（未饱和）、吸水饱和等，可分别称为干表观密度、气干表观密度、湿表观密度、饱和表观密度等。对于大多数无机非金属材料，气干表观密度和干表观密度的数值比较接近。这些材料吸湿或吸水后，体积变化甚小，一般可忽略不计。对于木材等轻质材料，由于吸湿和吸水性强，体积胀大，不同含水状态（包括气干状态）的表观密度数值差别较大，必须精确测定。

砂、石子等散粒材料的体积按自然堆积体积计算，称为堆积密度。若以振实体积计算，则称紧密堆积密度。

散粒材料的颗粒内部或多或少存在着孔隙，颗粒与颗粒之间又存在空隙，所以对散粒材料而言，有密度、（颗粒）表观密度和堆积密度三个物理量，应加区别。

在建筑工程中，凡计算材料用量和构件自重，进行配料计算，确定堆放空间及组织运输时，必须掌握材料的密度、表观密度及堆积密度等数据。表观密度与材料的其他性质（如强度、吸水性、导热性等）也存在着密切的关系。

几种常用材料的密度、表观密度及其孔隙率的数值如表1-1。

几种常用材料的密度、表观密度及孔隙率　　表1-1

材　　料	密度（g/cm^3）	表观密度（kg/m^3）	孔隙率（%）
花岗岩	2.6～2.9	2500～2800	0.5～3.0
普通砖	2.5～2.8	1500～1800	30～40
普通混凝土	—	2300～2500	5～10
松　木	1.55	380～700	55～75
建筑钢材	7.85	7850	0

（2）密实度和孔隙率

1）密实度

密实度是材料体积内固体物质所充实的程度。密实度的计算如式1-3所示：

$$D = \frac{V}{V_0} = \frac{\gamma_0}{\gamma} \tag{1-3}$$

对于绝对密实材料，因 $\gamma_0 = \gamma$，故密实度 $D = 1$ 或 100%。对于大多数建筑材料，因 $\gamma_0 < \gamma$，故密实度 $D < 1$ 或 $D < 100\%$。

2）孔隙率

孔隙率是材料体积内孔隙体积与材料总体积（自然状态体积）的比率。孔隙率的计算如式1-4所示：

$$P = \frac{V_0 - V}{V_0} = 1 - \frac{V}{V_0} = 1 - \frac{\gamma_0}{\gamma} \tag{1-4}$$

由式（1-3）和（1-4）可见：

$$P + D = 1 \tag{1-5}$$

所以密实度和孔隙率值不必相提并论，通常以孔隙率表征材料的密实程度。

对于砂、石子等散粒材料，也可用式（1-4）计算其空隙率。此时，γ_0 为散粒材料的堆积密度，γ 为颗粒体的表观密度。由此算得的空隙率是指材料颗粒之间空隙体积与散粒材料堆积体积之比。而散粒材料本身颗粒的孔隙率，则是颗粒内部的孔隙体积与颗粒外形所包含体积之比。

【例 1-1】 某石子试样，干燥状态下的堆积密度为 1650kg/m³，试样经浸水饱和，投入装满水的广口瓶中后总重 1205g，空广口瓶装满水时重 910g，广口瓶中的石子取出后经干燥，重 470g，又将干燥后的石子磨成细粉，取 50g 试样，投入比重瓶，水面升高体积为 18.5cm³。求此石子颗粒的密度、表观密度、孔隙率和堆积时的空隙率？

【解】

密度 $$\gamma = \frac{50}{18.5} = 2.70\text{g/cm}^3$$

表观密度 $$\gamma_0 = \frac{470}{470 + 910 - 1205} = 2.69\text{g/cm}^3$$

孔隙率 $$P = 1 - \frac{2.69}{2.70} = 0.37\%$$

空隙率 $$P_0 = 1 - \frac{1.65}{2.69} = 38.43\%$$

2. 材料的力学性质

（1）强度

材料的强度是材料在应力作用下抵抗破坏的能力。通常，材料内部的应力多由外力（或荷载）作用而引起，随着外力增加，应力也随之增大，直至应力超过材料内部质点所能抵抗的极限，即强度极限，材料发生破坏。

根据外力作用方式，材料强度有抗拉、抗压、抗剪、抗弯（抗折）强度等，如图 1-1 所示。

在工程上，通常采用破坏试验法对材料的强度进行实测。将事先制作的试件安放在材料试验机上，施加外力（荷载），直至破坏，根据试件尺寸和破坏时的荷载值，计算材料的强度。

材料的抗拉、抗压及抗剪强度的计算式如下：

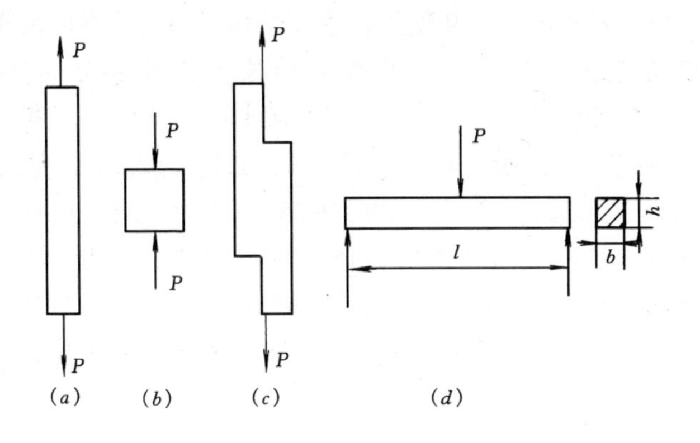

图 1-1　外力作用示意图

(a) 抗拉；(b) 抗压；(c) 抗剪；(d) 抗弯

$$R = \frac{P_{max}}{F} \tag{1-6}$$

式中　R——材料的极限强度，MPa；

P_{max}——材料破坏时最大荷载，N；

F——试件受力面积，mm^2。

材料的抗弯强度与试件受力情况、截面形状及支承条件有关。一般试验方法是将条形试件（梁）放在两支点上，中间作用一集中荷载。对矩形截面的试件，抗弯强度的计算式为：

$$R_w = \frac{3P_{max}l}{2bh^2} \tag{1-7}$$

式中　R_w——材料的抗弯极限强度，MPa；

P_{max}——弯曲破坏时的最大集中荷载，N；

l——两支点的间距，mm；

b、h——分别为受弯试件截面的宽和高，mm。

材料的强度主要取决于材料的组成和结构。不同种类的材料，强度差别甚大，即使同类材料，强度也有不少差异。不同的受力形式，不同的受力方向，强度也不相同。强度是结构材料性能研究的主要内容。

为便于材料的生产和使用，主要结构材料均按强度值作为划分强度等级的标准。如烧结普通砖按抗压强度分为 MU30、MU25、MU20、MU15、MU10；普通水泥按抗压强度和抗折强度分为 32.5、32.5R、42.5、42.5R、62.5、62.5R；普通混凝土有 C7.5、C10、C15、C20、C25、C30、C35、C40、C45、C50、C55、C60 等强度等级；建筑钢材按机械性能（屈服点、抗拉强度、伸长率、冷弯性能等）划分钢号。结构材料按强度性能划分等级，对于生产者控制生产工艺，保证产品质量，使用者掌握材料性能，合理选用材料，正确进行设计，精心组织施工，都是十分重要的。

在生产和使用材料时，为确保产品质量，必须对材料的强度性能进行测试，作为出厂或验收的依据。材料的强度试验条件对测试所得数据影响很大，如试样采取方法、试件的形状和尺寸、试件的表面状况、试验机的类型、试验时加荷速度、环境的温度和湿度，以及试验数据的取舍等，均在不同程度上影响所得数据的代表性和精确性。所以对于各种建筑材料必须严格遵照有关标准规定的试验方法进行试验。

（2）弹性和塑性

3. 材料的热工性质

（1）热容量和比热

材料在受热时吸收热量，冷却时放出热量的性质称为材料的热容量。单位质量材料温度升高或降低 1K 所吸收或放出的热量称为热容量系数或比热。比热的定义及计算式如下：

$$C = \frac{Q}{G(t_2 - t_1)} \tag{1-8}$$

式中 C——材料的比热，J/（g·K）；

Q——材料吸收或放出的热量，J；

G——材料质量，g；

$(t_2 - t_1)$——材料受热或冷却前后的温差，K。

比热与材料质量的乘积 $C \cdot G$，称为材料的热容量值，它表示材料温度升高或降低 1K 所吸收或放出的热量。材料的热容量值对保持建筑物内部温度稳定有很大意义，热容量值较大的材料或部件，能在热流变动或采暖、空调工作不均衡时，缓和室内的温度波动。

（2）热阻和传热系数

热阻是材料层（墙体或其他围护结构）抵抗热流通过的能力。热阻的定义及计算式为：

$$R = a/\lambda \tag{1-9}$$

式中 R——材料层热阻，$m^2 \cdot K/W$；

a——材料层厚度，m；

λ——材料的导热系数，$W/(m \cdot K)$。

为提高围护结构的保温效能，改善建筑物的热工性能，应选用导热系数较小的材料，以增加热阻，而不宜加大材料层厚度。加大厚度，意味着材料用量增加，随之带来一系列不良的后果。

热阻的倒数 $1/R$ 称为材料层（墙体或其他围护结构）的传热系数。传热系数是指材料两面温度差为 1K 时，在单位时间内通过单位面积的热量。

（二）数字修约及数值统计

1. 数字修约规则

在实际工作中，各种测量计算的数值需要修约时，应按下列规则进行。

（1）在拟舍弃的数字中，若左边第一个数字小于 5（不包括 5）时，则舍去，即所拟保留的末位数字不变。

例如：将 14.2432 修约保留一位小数。

修约前	修约后
14.2432	14.2

（2）在拟舍弃数字中，若左边的第一个数字大于 5（不包括

5）时则进一，即拟保留的末位数字加一。

例如：将 26.4843 修约到保留一位小数。

修约前	修约后
26.4843	26.5

（3）在拟舍弃的数字中，若左边第一个数字等于 5，右边的数字并非全部为零时，则进一，所拟保留末位数字加一。

例如：将 1.0501 修约到保留一位小数。

修约前	修约后
1.0501	1.1

（4）在拟舍弃的数字中，若左边的第一个数字等于 5，其右边的数字皆为零时，所拟保留的末位数字若为奇数则进一，若为偶数（包括“0”）则不进。

例如：将下列数字修约到只保留一位小数。

修约前	修约后
0.3500	0.4
0.4500	0.4
1.0500	1.0

（5）所拟舍弃的数字，若为两位以上数字时，不得连续多次修约，应根据所拟舍弃数字中左边第一位数字的大小，按上述规则一次修约出结果。

例如：将 15.4546 修约成整数。

正确的作法是：

修约前	修约后
15.4546	15

不正确的作法是：

修约前	一次修约	二次修约	三次修约	四次修约
15.4546	15.455	15.46	15.5	16

为了便于记忆数字修约法，其口诀是：

四舍六入五考虑，

五后非零则进一。

五后皆零视奇偶，

五前为偶应舍去，

五前为奇则进一。（“0”视为偶数）。

2. 数值统计

单一的测量结果由于材质的不均匀性或测量误差的存在很多时候不能最佳地反映材料的实际。这时就必须通过增加受检对象的数量或增加测量的次数来保证测量结果的可靠。有了充足的测量数据，我们就可以利用最基本的统计知识来分析、判断受检材料的状况。

（1）总体、个体与样本的概念

总体是指某一次统计分析工作中，所要研究对象的全体，而个体则为所要研究的全体对象中的一个单位。例如我们要了解预制构件厂某天 C20 级混凝土抗压强度情况，那么该厂这天生产的 C20 级混凝土的所有抗压强度便构成我们研究的全部对象，也就是构成我们要研究的总体；而这天生产的每一组试件强度则为我们研究的一个个体。可是，如果我们要研究该厂某一个月中每天所生产混凝土的平均抗压强度逐日变化情况，那么该厂一个月即 30 天中所生产混凝土的抗压强度便成为我们研究的全部对象，即构成我们研究的总体，而某天所生产混凝土的平均抗压强度则为我们研究的一个个体。

从上述例子可以看出，什么是总体，什么是个体，并不是一成不变的，而是根据每一次研究的任务而定。

总体的性质由该总体中所有个体的性质而定，所以要了解总体的性质，就必须测定各个个体的性质。很容易理解，要对一个总体的性质了解得很清楚，必须把总体之中每一个个体的性质都加以测定。但是，我们知道在工业技术上常遇到两种主要困难，第一，总体中个体数目繁多，甚至近似无限多，事实上不可能把总体中全部个体都加以测定，如机器零件制造厂每天加工的螺钉等。第二，总体中的个体数目并不很多，但对个体的某种性质的测定是具有破坏性的测定。例如一台轧钢机每天轧制的工字钢，为数并不多。但要了解每天轧制的工字钢的屈服强度时，却不能将每一根钢材都加以测定，因为一经测定，这根钢材就失去了使用价值。

鉴于上述原因，在工业统计研究中，常抽取总体中的一部分个体，通过对这部分个体的测定结果来推测总体的性质。被抽取出来的个体的集合体，称为样本（子样）。样本中包含个体的数量，一般称样本容量。而在实践中用样本的统计性质去推断总体的统计性质，这一过程称为推断。

（2）几个统计特征数

1）平均值

在实际生产中，常常从我们要了解的混凝土总体中，抽出一部分混凝土制成试件（样本），得到一批强度数据：X_1、X_2……X_n。在处理这批数据时，我们常用其算术平均值来代表所要了解的混凝土总体的平均水平。在统计中称它为“样本均值”，其计算式为：

$$\overline{X} = \frac{X_1 + X_2 \cdots\cdots + X_n}{n} = \frac{\sum_{i=1}^{n} X_i}{n} \tag{1-10}$$

式中 X_1、X_2……X_n 表示每个（或组代表值）混凝土试件强度；

Σ 是求和的意思，$\sum_{i=1}^{n} X_i$ 表示从 X_i 加到 X_n；

n 是样本容量。

因此，当总体的容量为 N 时，总体的均值

$$\mu = \frac{\sum_{i=1}^{N} X_i}{N}$$

在实践中，我们只能用样本的均值 $\overline{X}$ 来估计总体的均值，当样本的容量 n 足够大时，所得的 $\overline{X}$ 与 μ 值就很接近了。

2）标准差（标准离差、均方差）

一般来讲，要了解某工程混凝土质量情况，只知它的平均水平还是不够的。有时尽管平均水平符合要求，若混凝土强度数据波动太大，有可能混凝土强度不满足设计要求的数量相当多；如要避免这个不足，就必须将平均水平提得比要求强度高的多；前者会带来不安全的因素，后者会带来不经济的因素，因此还必须要知道被考察混凝土强度的波动情况。衡量波动性（即离散性）大小的指标，在统计中称为标准差（均方差），它是由每个（组）试件强度与样本均值差的平方和的平均值，再开方求得：

$$\sigma = \sqrt{\frac{(x_1-\mu)^2-(x_2-\mu)^2+\cdots\cdots+(x_N-\mu)^2}{N}}$$

$$= \sqrt{\frac{x_1^2+x_2^2+\cdots\cdots+x_N^2-2\mu\cdot\Sigma x_i+N\cdot\mu^2}{N}}$$

$$= \sqrt{\frac{x_1^2}{N}-2\mu\frac{\Sigma x_i}{N}+\mu^2} = \sqrt{\frac{\Sigma x_i^2}{N}-2\mu^2+\mu^2}$$

$$= \sqrt{\frac{1}{N}(\Sigma x_i^2-N\cdot\mu^2)}$$

应当指出，一般统计数学的书中，常将 σ 表示为总体的标准差，而用 S 表示样本的标准差。当样本容量很大，用 S 去估计总体的标准差时，上式中分母的 N 应用（$N-1$）代替，因此结果推断总体的标准差时，两者差别不大。

（3）变异系数

上述的标准差是反映绝对波动量大小的指标，是有量纲的，当我们测较大的量值，绝对误差一般较大；测量较小的量值，绝对误差一般较小。因此还应考虑相对波动的大小（即用平均值的百分率来表示的标准差），这在统计上用变异系数来表达。计算式为：

$$\delta = \frac{\sigma}{\mu} \approx \frac{S}{X} \times 100\% \tag{1-11}$$

（三）法定计量单位

1. 法定计量单位的构成

我国计量法明确规定，国家实行法定计量单位制度。法定计量单位是政府以法令的形式，明确规定要在全国范围内采用的计量单位。国务院于 1984 年 2 月 27 日发布了“关于在我国统一实行法定计量单位的命令”，同时要求逐步废除国家非法定计量单位。这是统一我国单位制和量值的依据。

计量法规定：“国家采用国际单位制。国际单位制计量单位和国家选定的其他计量单位，为国家法定计量单位。”国际单位制是我国法定计量单位的主体，国际单位制如有变化，我国法定计量单位也将随之变化。

实行法定计量单位，对我国国民经济和文化教育事业的发展，推动科学技术的进步和扩大国际交流都有重要意义。

（1）国际单位制计量单位

1）国际单位制的产生

1960 年第 11 届国际计量大会（CGPM）将一种科学实用的单位制命名为“国际单位制”，并用符号 SI 表示。经多次修订，现已形成了完整的体系。

SI 是在科技发展中产生的。由于结构合理、科学简明、方便实用，适用于众多科技领域和各行各业，可实现世界范围内计量单位的统一，因而获得国际上广泛承认和接受，成为科技、经济、文教、卫生等各界的共同语言。

2）国际单位制的构成

国际单位制的构成如图 1-2 所示。

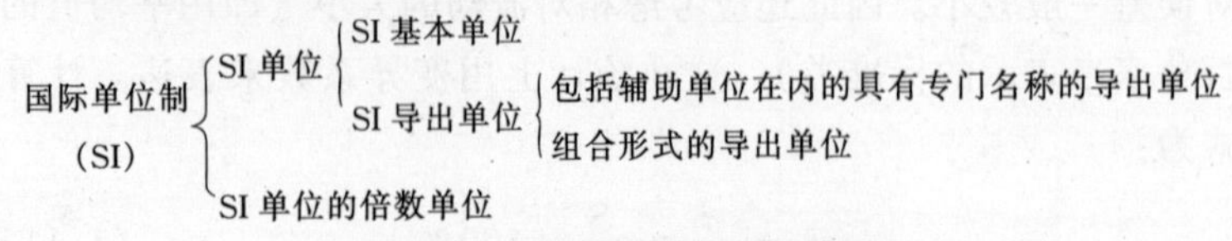

图 1-2　国际单位制构成示意图

3）SI 基本单位　SI 基本单位是 SI 的基础，其名称和符号见表 1-2。

国际单位制的基本单位　　表 1-2

量的名称	单位名称	单位符号
长度	米	m
质量	千克（公斤）	kg
时间	秒	s
电流	安［培］	A
热力学温度	开［尔文］	K
物质的量	摩［尔］	mol
发光强度	坎［德拉］	cd

4）SI 导出单位

为了读写和实际应用的方便，以及便于区分某些具有相同量纲和表达式的单位，在历史上出现了一些具有专门名称的导出单位。但是，这样的单位不宜过多，SI 仅选用了 19 个，其专门名称可以合法使用。没有选用的，如电能单位“度”（即千瓦时），光亮度单位“尼特”（即坎德拉每平方米）等名称，就不能再使用了。应注意在表 1-3 中，单位符号和其他表示式可以等同使用。例如：力的单位牛顿（N）和千克米每二次方秒（$kg \cdot m/s^2$）是完全等同的。

包括 SI 辅助单位在内的具有专门名称的 SI 导出单位　　表 1-3

量的名称	SI 导出单位		
	名称	符号	用 SI 基本单位和 SI 导出单位表示
［平面］角	弧度	rad	$1rad = 1m/m = 1$
立体角	球面度	sr	$1sr = 1m^2/m^2 = 1$
频率	赫［兹］	Hz	$1Hz = 1s^{-1}$
力	牛［顿］	N	$1N = 1kg \cdot m/s^2$
压力，压强，应力	帕［斯卡］	Pa	$1Pa = 1N/m^2$
能［量］，功，热量	焦［耳］	J	$1J = 1N \cdot m$

续表

量的名称	SI导出单位		
	名称	符号	用SI基本单位和SI导出单位表示
功率,辐[射能]通量	瓦[特]	W	1W=1J/s
电荷[量]	库[仑]	C	1C=1A·s
电压,电动势,电位,(电势)	伏[特]	V	1V=1W/A
电容	法[拉]	F	1F=1C/V
电阻	欧[姆]	Ω	1Ω=1V/A
电导	西[门子]	S	$1S=1\Omega^{-1}$
磁通[量]	韦[伯]	Wb	1Wb=1V·s
磁通[量]密度,磁感应强度	特[斯拉]	T	$1T=1Wb/m^2$
电感	亨[利]	H	1H=1Wb/A
摄氏温度	摄氏度	℃	1℃=1K
光通量	流[明]	lm	1lm=1cd·sr
[光]照度	勒[克斯]	lx	$1lx=1lm/m^2$

5）SI单位的倍数单位

基本单位、具有专门名称的导出单位，以及直接由它们构成的组合形式的导出单位都称之为SI单位，它们有主单位的含义。在实际使用时，量值的变化范围很宽，仅用SI单位来表示量值是很不方便的。为此，SI中规定了20个构成十进倍数和分数单位的词头和所表示的因数。这些词头不能单独使用，也不能重叠使用，它们仅用于与SI单位（kg除外）构成SI单位的十进倍数单位和十进分数单位。需要注意的是：相应于因数10^3（含10^3）以下的词头符号必须用小写正体，等于或大于因素10^6的词头符号必须用大写正体，从10^3到10^{-3}是十进位，其余是千进位。详见表1-4。

用于构成十进倍数和分数单位的词头 **表1-4**

所表示的因数	词头名称	词头符号
10^{24}	尧[它]	Y
10^{21}	泽[它]	Z
10^{18}	艾[可萨]	E

续表

所表示的因数	词头名称	词头符号
10^{15}	拍［它］	P
10^{12}	太［拉］	T
10^{9}	吉［咖］	G
10^{6}	兆	M
10^{3}	千	k
10^{2}	百	h
10^{1}	十	da
10^{-1}	分	d
10^{-2}	厘	d
10^{-3}	毫	m
10^{-6}	微	μ
10^{-9}	纳［诺］	n
10^{-12}	皮［可］	p
10^{-15}	飞［母拖］	f
10^{-18}	阿［托］	a
10^{-21}	仄［普托］	z
10^{-24}	幺［科托］	y

SI 单位加上 SI 词头后两者结合为一整体，就不再称为 SI 单位，而称为 SI 单位的倍数单位，或者叫 SI 单位的十进倍数或分数单位。

（2）国家选定的其他计量单位

尽管 SI 有很大的优越性，但并非十全十美。在日常生活和一些特殊领域，还有一些广泛使用的、重要的非 SI 单位不能废除，尚需继续使用。因此，我国选定了若干非 SI 单位与 SI 单位一起，作为国家的法定计量单位，它们具有同等的地位。详见表 1-5。

国家选定的非国际单位制单位 表 1-5

量的名称	单位名称	单位符号	换算关系和说明
时　间	分 [小]时 天（日）	min h d	1min = 60s 1h = 60min = 3600s 1d = 24h = 86400s
平面角	[角]秒 [角]分 度	(″) (′) (°)	1″ = （π/64800）rad （π 为圆周率） 1′ = 60″ = （π/10800）rad 1° = 60′ = （π/180）rad
旋转速度	转每分	r/min	1r/min = （1/60）s^{-1}
长　度	海　里	n mile	1n mile = 1852m （只用于航程）
速　度	节	kn	1kn = 1n mile/h = （1852/3600）m/s （只用于航行）
质　量	吨 原子质量单位	t u	1t = 10^3kg 1u≈1.660540×10^{-27}kg
体　积	升	L，(l)	1L = 1dm^3 = $10^{-3}m^3$
能	电子伏	eV	1eV≈1.602177×10^{-19}J
级　差	分贝	dB	
线密度	特[克斯]	tex	1tex = 1g/km
面　积	公　顷	hm^2	1hm^2 = 10000m^2 （国际符号为 ha）

注：1. 周、月、年（*a*）为一般常用时间单位。
2. [ ] 内的字是在不致混淆的情况下，可以省略的字。
3. ( ) 内的字为前者的同义语。
4. 角度单位度、分、秒的符号不处于数字后时，应加括弧。
5. 升的符号中，小写字母 l 为备用符号。
6. r 为“转”的符号。
7. 人民生活和贸易中，质量习惯称为重量。
8. 公里为千米的俗称，符号为 km。
9. 10^4 称为万，10^8 称为亿，10^{12} 称为万亿，这类数词的使用不受词头名称的影响，但不应与词头混淆。

我国选定的非SI单位包括10个由CGPM确定的允许与SI并用的单位，3个暂时保留与SI并用的单位（海里、节、公顷)。此外，根据我国的实际需要，还选取了“转每分”、“分贝”和“特克斯”3个单位，一共16个SI制外单位，作为国家法定计量单位的组成部分。

2. 法定计量单位的使用规则

(1) 法定计量单位名称

1) 计量单位的名称，一般是指它的中文名称，用于叙述性文字和口述中，不得用于公式、数据表、图、刻度盘等处。

2) 组合单位的名称与其符号表示的顺序一致，遇到除号时，读为“每”字，例如：$\frac{J}{mol \cdot K}$或J/(mol·K)的名称应为“焦耳每摩尔开尔文”。书写时亦应如此，不能加任何图形和符号，不要与单位的中文符号相混。

3) 乘方形式的单位名称举例：m^4的名称应为“四次方米”而不是“米四次方”。用长度单位米的二次方或三次方表示面积或体积时，其单位名称应为“平方米”或“立方米”，否则仍应为“二次方米”或“三次方米”。

$℃^{-1}$的名称为“每摄氏度”，而不是“负一次方摄氏度”。

s^{-1}的名称应为“每秒”。

(2) 法定计量单位符号

1) 计量单位的符号分为单位符号（即国际通用符号）和单位的中文符号（即单位名称的简称），后者便于在知识水平不高的场合下使用，一般推荐使用单位符号。十进制单位符号应置于数据之后。单位符号按其名称或简称读，不得按字母读音。

2) 单位符号一般用正体小写字母书写，但是以人名命名的单位符号，第一个字母必须正体大写。“升”的符号“l”，可以用大写字母“L”。单位符号后，不得附加任何标记，也没有复数形式。

组合单位符合书写方式的举例及其说明，见表1-6所示。

组合单位符号书写方式举例　　表 1-6

单位名称	符号的正确书写方式	错误或不适当的书写形式
牛顿米	N·m，Nm 牛·米	N－m，mN 牛米，牛一米
米每秒	m/s，$m·s^{-1}$，$\frac{m}{s}$ $米·秒^{-1}$，米/秒，$\frac{米}{秒}$	ms^{-1} 秒米，$米秒^{-1}$
瓦每开尔文米	W/（K·m)，瓦/（开·米）	W/（开·米） W/K/m，W/K·m
每　米	m^{-1}，$米^{-1}$	1/m，1/米

注：1. 分子为1的组合单位的符号，一般不用分子式，而用负数幂的形式。
2. 单位符号中，用斜线表示相除时，分子，分母的符号与斜线处于同一行内。分母中包含两个以上单位符号时，整个分母应加圆括号，斜线不得多于1条。
3. 单位符号与中文符号不得混合使用。但是非物理量单位（如台、件、人等），可用汉字与符号构成组合形式单位；摄氏度的符号℃可作为中文符号使用，如J/℃可写为焦/℃。

(3) 词头使用方法

1) 词头的名称紧接单位的名称，作为一个整体，其间不得插入其他词。例如：面积单位 km^2 的名称和含义是“平方千米”，而不是“千平方米”。

2) 仅通过相乘构成的组合单位在加词头时，词头应加在第一个单位之前。例如：力矩单位 kN·m，不宜写成 N·km。

3) 摄氏度和非十进制法定计量单位，不得用 SI 词头构成倍数和分数单位。它们参与构成组合单位时，不应放在最前面。例如：光量单位 1m·h，不应写为 h·lm。

4) 组合单位的符号中，某单位符号同时又是词头符号，则应尽量将它置于单位符号的右侧。例如：力矩单位 Nm，不宜写成 mN。温度单位 K 和时间单位 s 和 h，一般也在右侧。

5) 词头 h、da、d、c（即百、十、分、厘）一般只用于某些长度、面积、体积和早已习用的场合，例如 cm、dB 等。

6）一般不在组合单位的分子分母中同时使用词头。例如：电场强度单位可用 MV/m，不宜用 kV/mm。词头加在分子的第一个单位符号前，例如：热容单位 J/K 的倍数单位 kJ/K，不应写为 J/mK。同一单位中一般不使用两个以上的词头，但分母中长度、面积和体积单位可以有词头，kg 也作为例外。

7）选用词头时，一般应使量的数值处于 0.1～1000 范围内。例如：1401Pa 可写成 1.401kPa。

8）万（10^4）和亿（10^8）可放在单位符号之前作为数值使用，但不是词头。十、百、千、十万、百万、千万、十亿、百亿、千亿等中文词，不得放在单位符号前作数值用。例如："3 千秒$^{-1}$"应读作"三每千秒"，而不是"三千每秒"；对"三千每秒"，只能表示为"3000 秒$^{-1}$"。读音"一百瓦"，应写作"100 瓦"或"100W"。

9）计算时，为了方便，建议所有量均用 SI 单位表示，词头用 10 的幂代替。这样，所得结果的单位仍为 SI 单位。

（四）取样送样见证人制度

根据建设部文件，所称见证取样和送样（送检）是指在建设单位或工程监理单位人员的见证下，由施工单位的现场试验人员对工程中涉及结构安全的试块、试件和材料的现场取样，并送至经过省级以上建设行政主管部门对其资质认可和质量技术监督部门对其计量认证的质量检测单位进行检测。

1. 见证取样送样的范围

（1）用于承重结构的混凝土试块；

（2）用于承重墙体的砌筑砂浆试块；

（3）用于承重结构的钢筋及连接接头试件；

（4）用于承重墙的砖和混凝土小型砌块；

（5）用于拌制混凝土和砌筑砂浆的水泥；

(6) 用于承重结构的混凝土中使用的掺加剂；

(7) 地下、屋面、厕浴间使用的防水材料；

(8) 国家规定必须实行见证取样和送检的其他试块、试件和材料

2. 见证取样的管理

(1) 建设单位应向工程质量安全监督和工程检测中心递交“见证单位和见证人员授权书”，授权书应写明本工程现场委托的见证人姓名，以便于工程安全监督站检测单位检查核对。

(2) 施工企业取样人员在现场进行原材料取样和试块制作时，见证人员应在旁见证。

(3) 见证人员应对试样进行监护，并和施工企业取样人员一起将试样送到检测单位或采取有效封样措施送到检测单位。

(4) 检测单位接受委托检测任务时，须送检单位填写委托单，见证人在委托单上签名。各检测机构对无见证人签名委托单及无见证人伴送的试件，一律拒收，凡无注明见证单位和见证人的报告，不得作为质量保证资料和竣工验收资料。并由质量安全监督站重新指定法定检测单位重新检测。

3. 见证人员的基本要求

见证人必须具备以下资格：

(1) 见证人应是本工程建设单位监理人员；

(2) 必须具备初级以上技术职称或具有建筑施工专业知识；

(3) 经培训考核合格，取得“见证人员证书”；

(4) 必须向质监站和检测单位递交见证人书面授权书；

(5) 见证人员的基本情况由检测部门备案，每隔五年换证一次。

4. 见证人员的职责

(1) 取样时，见证人员必须在场进行见证；

(2) 见证人员必须对试样进行监护；

(3) 见证人员必须和施工人员一起将试样送至检测单位；

(4) 见证人员必须在检验委托单上签字，并出示“见证人员

证书”；

(5) 见证人员必须对试样的代表性和真实性负责。

复　习　题

1. 什么是材料的密度、表观密度和堆积密度？如何根据这三个参数计算块状材料的孔隙率和散粒状材料的空隙率？

2. 材料强度的概念以及计算材料强度的公式。

3. 已知某卵石的密度为 $2.65 g/cm^3$，表观密度为 $2.61 g/cm^3$，堆积密度为 $1680 kg/m^3$，求石子的孔隙率和空隙率。

4. 将下列数值修约成两位有效数字：

0.0237　　23.7　　2370

5. 测某量 9 次，得值为 38.3、44.6、33.7、41.1、43.0、39.6、36.2、37.8、40.3，求其最佳值及均方差。

6. 见证取样送样制度的意义及内容。

二、常用原材料试验

（一）砂　　子

砂是指粒径为0.16～5mm的岩石颗粒。通常分有天然砂和人工砂两类。天然砂是由岩石经风化等自然条件作用形成的。按来源不同天然砂又分为：河砂、海砂及山砂等。河砂和海砂颗粒圆滑，但海砂中常夹有贝壳碎片及可溶性盐，会影响混凝土的强度和耐久性。山砂是岩石风化后在原地沉积形成的，颗粒多棱角，并含有粘土及有机杂质等。河砂比较洁净，所以配制混凝土宜使用河砂。

人工砂由岩石经破碎、筛选所得。它比较洁净，富有棱角，但成本高。

1. 物理性质

(1) 砂的表观密度、堆积密度及空隙率　砂表观密度的大小，能反映砂粒的密实程度。混凝土用砂的表观密度，一般要求不小于2.5g/cm^3，通常在2.5～2.6g/cm^{3}之间。

砂的堆积密度与空隙率有关。在自然状态下，干砂的堆积密度约为1400～1600kg/m^3。振实后的堆积密度可达1600～1700kg/m^3。

砂空隙率的大小，除与表观密度、堆积密度有关外，还与颗粒形状及级配有关。带有棱角的砂，空隙率较大，一般天然河砂的空隙率为40%～45%。级配良好的砂，空隙率可小于40%。

(2) 砂的含水状态及湿胀　砂和石子在自然堆放时均含有一定的水分，但因石子含水量通常较小，故一般着重研究砂的含水状态及其对混凝土的影响。

砂中所含水分可分为四种状态，如图 2-1 所示。

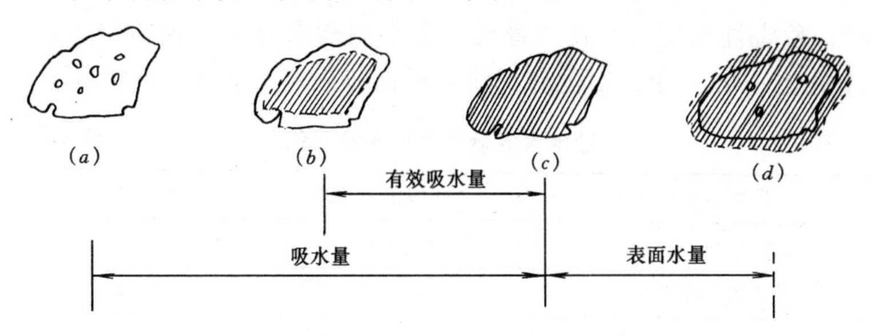

图 2-1　砂子含水状态示意图

(*a*) 干燥状态；(*b*) 气干状态；(*c*) 饱和面干状态；(*d*) 润湿状态

图 2-1 中，干燥状态是指砂子含水率为零时的状态，一般在不超过 110℃ 的温度下烘干至恒重所得；气干状态是指砂子含水率与大气湿度相平衡时的状态；饱和面干状态是指砂子表面干燥而内部孔隙含水达到饱和时的状态；湿润状态是指不仅砂子内部孔隙含水饱和，而且表面也吸附一层自由水。

在配制混凝土时，若采用饱和面干砂，它既不从混凝土拌和物中吸取水分，也不向拌和物中放出水分，故对拌和物用水量控制比较严格。在确定混凝土配合比时，砂的含水率最好应以饱和面干状态下的含水率为准。但实际上，因测定困难，误差较大，故仍以干砂状态计算配合比。

工程实际用砂常为湿砂，故应经常测其含水率的变化，以调整混凝土的配合比。

若砂处于湿润状态，其表观密度将会随砂中含水率增大而增大，而且砂子的体积也会随含水率的变化发生膨胀或回缩。

2. 含泥量及泥块含量

含泥量是指砂中粒径小于 0.08mm 颗粒的粘土、淤泥与岩屑的总含量；泥块是指经水洗、手捏后变成粒径小于 0.63mm 的块状粘土。

粘土、淤泥等粘附在砂粒表面，阻碍砂与水泥的粘结，除降低混凝土的强度及耐久性外，还使干缩增大。当粘土以团块存在时，危害性则更大。在《普通混凝土用砂质量标准及检验方法》(JGJ 52—92）中，对泥和泥块含量都有限定，如表 2-1 所示。

砂中含泥量及泥块含量限值 **表 2-1**

混凝土强度等级	大于或等于 C30	小于 C30
含泥量（按质量计%）	≤3.0	≤5.0
泥块含量（按质量计%）	≤1.0	≤2.0

3. 有害杂质含量

砂中有害杂质包括云母、轻物质、硫化物和硫酸盐及有机物质等。

云母呈薄片状，表面光滑，与水泥石的粘结非常薄弱，会降低混凝土的强度及耐久性。

轻物质是指砂中表观密度小于 2000kg/m^3 的物质，如煤渣、草根、树叶等。它们质量轻、颗粒软弱，与水泥石粘结很差，会使混凝土强度降低。

硫化物和硫酸盐能与某些水泥水化产物发生反应，使混凝土发生腐蚀以至破坏。有机物质含量多，会延迟混凝土的硬化，影响强度增长。

所以，混凝土用砂中的各种有害杂质含量应严格控制在表 2-2 的规定范围内。

砂中有害杂质含量限值 **表 2-2**

项　　目	质　量　指　标
云母含量（按质量计%）	≤2.0
轻物质含量（按质量计%）	≤1.0
硫化物及硫酸盐含量（折算成 SO_3，按质量计%）	≤1.0
有机物含量（用比色法试验）	颜色应不深于标准色，如深于标准色，则应按水泥胶砂强度方法，进行强度对比试验，抗压强度比不应低于 0.95

对于有抗冻、抗渗要求的混凝土，砂中云母含量不应大于1.0%。砂中如发现有颗粒状的硫酸盐或硫化物杂质时，则要进行专门检验，确认能满足混凝土耐久性要求时，方能采用。

另外，当怀疑砂中含有活性骨料时，应进行专门试验，以确定是否可用。

4. 颗粒级配与粗细程度

(1) 颗粒级配　砂子颗粒大小搭配的情况叫级配，也即砂中各种不同粒径的颗粒所占的比例。级配是表示砂中各种粒径颗粒的分布情况，如图 2-2 所示。

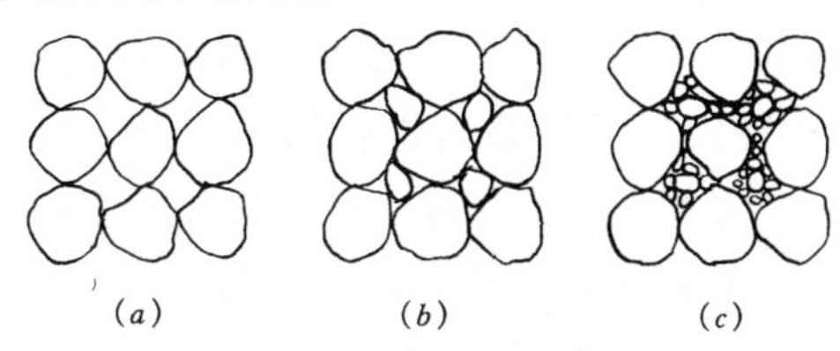

图 2-2　砂子颗粒级配示意图

(*a*)单一粒径砂;(*b*)两种粒径砂;(*c*)多种粒径砂

由图 2-2 可见，当采用单一粒径砂时，空隙率最大；采用两种不同粒径砂搭配时，空隙率则减少了；若采用多种（三种或以上）粒径砂混合时，空隙率会更小。因此，要减少砂粒间的空隙，就必须有大小不同的颗粒搭配，也即要求颗粒级配良好。

采用级配良好的砂子，可制得和易性良好的混凝土拌和物，能得到均匀密实的强度符合要求的混凝土，并因空隙率小而节约水泥。

(2) 粗细程度　砂的粗细程度是指不同粒径的砂子混合在一起后的平均粗细程度。砂子按粗细程度可分为粗砂、中砂、细砂及特细砂等。

砂粒的粗细反映砂粒比表面积的大小。在配制混凝土时，在用砂量相同的条件下，采用较多细颗粒砂子，比表面积较大，因此包裹砂粒表面所需的水泥浆就多，不够经济；当采用较多粗颗粒砂时，比表面积虽较小，但由于缺少中小颗粒的搭配，会使空隙率增加，混凝土拌和物易于离析、泌水，因此所用砂子不宜过细，也不宜过粗。

总之，对于混凝土用砂，其颗粒级配和粗细程度应统一考虑。当砂中含有较多的粗颗粒，并以适当的中颗粒及少量的细颗粒填充其空隙，则可达到空隙率及总表面积均较小，这样的砂比较理想。

(3) 颗粒级配和粗细程度的测定　砂的颗粒级配和粗细程度，可通过筛分析试验测定。

砂的筛分析法是用一套孔径为 5.0、2.5、1.25、0.63、0.315 及 0.16mm 的标准筛。从大到小依次由上向下叠起，将 500g 烘干砂样装入最上层筛内进行筛分，由粗到细依次过筛。筛完后，称得各号筛上的筛余量，并计算出各筛上的分计筛余百分率（各筛上的筛余量占砂样总量的百分率），分别以 α_1、α_2、α_3、α_4、α_5 和 α_6 表示。再算出各筛的累计筛余百分率（各个筛与比该筛粗的所有筛的分计筛余百分率之和），分别以 β_1、β_2、β_3、β_4、β_5 和 β_6 表示。分计筛余率与累计筛余率的关系见表 2-3 所示。

累计筛余率与分计筛余率的关系　　表 2-3

筛孔尺寸（mm）	分计筛余率（%）	累计筛余率（%）
5.0	α_1	$\beta_1=\alpha_1$
2.5	α_2	$\beta_2=\alpha_1+\alpha_2$
1.25	α_3	$\beta_3=\alpha_1+\alpha_2+\alpha_3$
0.63	α_4	$\beta_4=\alpha_1+\alpha_2+\alpha_3+\alpha_4$
0.315	α_5	$\beta_5=\alpha_1+\alpha_2+\alpha_3+\alpha_4+\alpha_5$
0.16	α_6	$\beta_6=\alpha_1+\alpha_2+\alpha_3+\alpha_4+\alpha_5+\alpha_6$

砂的粗细程度用细度模数（μ_1）表示。其计算式为：

$$\mu_1=\frac{(\beta_2+\beta_3+\beta_4+\beta_5+\beta_6)-5\beta_1}{100-\beta_1} \tag{2-1}$$

砂的细度模数愈大，表示砂愈粗。按 JGJ 52—92 规定。砂按细度模数可分为四级，即：

粗砂：$\mu_f=3.7\sim3.1$；

中砂：$\mu_f=3.0\sim2.3$；

细砂：$\mu_f=2.2\sim1.6$；

特细砂：$\mu_f=1.5\sim0.7$。

普通混凝土用砂的细度模数范围一般为3.7～1.6。

砂的细度模数只能用来划分砂的粗细程度，并不能反映砂的级配优劣。细度模数相同的砂，其级配不一定相同。

砂的颗粒级配用级配区表示。对于细度模数为3.7～1.6的普通混凝土用砂，按JGJ 52—92规定，是以0.63mm孔径筛的累计筛余率划分为三个级配区。砂的颗粒级配应处于表2-4中的任一区内，但除5mm和0.63mm筛外，其他各筛的累计筛余率允许稍有超出界限，但总量不得大于5%。

砂的颗粒级配区 **表2-4**

筛孔尺寸 (mm)	1区	2区	3区
	累计筛余（%）		
10.00	0	0	0
5.00	10～0	10～0	10～0
2.50	35～5	25～0	15～0
1.25	65～35	50～10	25～0
0.63	85～71	70～41	40～16
0.315	95～80	92～70	85～55
0.16	100～90	100～90	100～90

从级配区可以看出：

1区：砂粒较粗，混凝土拌和物保水性较差。适宜配制水泥用量多的混凝土和低流动性混凝土；

2区：为一般常用砂，粗细程度适中；

3区：砂粒较细，混凝土拌和物保水性好，但干缩较大。

由砂样筛分所处级配区亦可粗略地划分砂的粗细程度，但对同一级配区内的砂，其粗细程度也不一样。因此，还不能完全根据级配区来确定砂的粗细程度，必须以细度模数为准来划分。

如果砂的自然级配不合适，不符合级配区的要求，可采用人工级配的方法来改善。最简单的措施是将粗、细砂按适当比例进行试配，掺合使用，使其粗细程度和颗粒级配均满足要求。

5. 砂子取样方法及取样数量

(1) 每验收批取样方法应按下列规定执行：

1) 在料堆上取样时，取样部位应均匀分布。取样前先将取样部位表层铲除。然后由各部位抽取大致相等的砂共 8 份，组成一组样品；

2) 从皮带运输机上取样时，应在皮带运输机机尾的出料处用接料器定时抽取砂 4 份，组成一组样品；

3) 从火车、汽车、货船上取样时，从不同部位和深度抽取大致相等的砂 8 份，组成一组样品。

(2) 若检验不合格时，应重新取样。对不合格项，进行加倍复验，若仍有一个试样不能满足标准要求，应按不合格品处理。

注：如经观察，认为各节车皮间（汽车、货船间）所载的砂质量相差甚为悬殊时，应对质量有怀疑的每节列车（汽车、货船）分别取样和验收。

(3) 每组样品的取样数量。对每一单项试验，应不小于表 2-5 所规定的最少取样数量；须作几项试验时，如确能保证样品经一项试验后不致影响另一项试验的结果，可用同组样品进行几项不同的试验。

每一试验项目所需砂的最少取样数量　　表 2-5

试验项目	最少取样数量 (g)
筛分析	4400
表观密度	2600
吸水率	4000
紧密密度和堆积密度	5000
含水率	1000

续表

试 验 项 目	最少取样数量 (g)
含泥量	4400
泥块含量	10000
有机质含量	2000
云母含量	600
轻物质含量	3200
坚固性	分成 5.00～2.50;2.50～1.25;1.25～0.630;0.630～0.315mm 四个粒级,各需 100g
硫化物及硫酸盐含量	50
氯离子含量	2000
碱活性	7500

(二) 石 子

石子是指粒径大于 5mm 的岩石颗粒。普通混凝土用的石子通常分为碎石和卵石两种。

碎石是由天然岩石或大卵石经破碎、筛分而得。碎石质量较均匀、多棱角，空隙率和表面积较大，所拌制的混凝土和易性较差，但与水泥石粘结力较强。普通混凝土常用的碎石有石灰岩碎石，有时也采用花岗岩、片麻岩、石英岩、辉绿岩等加工而成。

卵石（或称砾石）是由于自然条件作用（如河水冲刷、碰撞等）而形成的光滑的石子。卵石中经常聚集有各类岩石颗粒，如花岗岩、大理石、石灰岩、安山岩、辉绿岩等。卵石表面光滑、少棱角，空隙率及表面积小，所拌制的混凝土水泥用量较少，和易性较好，但与水泥石的粘结力较差。卵石按来源不同分有河卵石（比较干净）、海卵石（常含有贝壳等杂质）和山卵石（常含土）。普通混凝土常用的是河卵石。

在其他材料、成型工艺条件相同的情况下，用碎石配制的混凝土一般比卵石配制的混凝土强度高。

1. 岩石的基本概念

岩石是由各种不同的地质作用所产生的天然固态矿物集合体。用于混凝土中的石子主要有火成岩、沉积岩及变质岩。火成岩又称岩浆岩。是熔融岩浆在地下或喷出地表后冷凝结晶而成的岩石。其物质成分主要是硅酸盐矿物。岩浆在地下深处冷凝结晶成岩者称深成岩，在浅处凝结成岩者称浅成岩。沉积岩（旧称水成岩）是由露出地表的各种岩石，在外力地质作用下经风化、搬运、沉积成岩等过程，在地表及地表下不太深的地方形成岩石。变质岩是地壳中原有的岩石，由于岩浆活动和构造运动的影响（主要是温度和压力），原岩在固体状态下发生再结晶作用，而使它们的矿物成分和结构构造以至化学成分发生部分或全部的改变所形成的新岩石。

2. 物理性质

表观密度：随岩石种类而异，通常为 2.6～2.7g/cm^3。

堆积密度：干燥状态下约为 1200～1400kg/m^3。

空隙率：松散状态下的碎石约为 45%，松散状态下的卵石约为 35%～45%。

3. 含泥量、泥块含量及异形颗粒含量

含泥量是指石子中粒径小于 0.08mm 颗粒的含量；泥块含量是指石子中粒径大于 5mm，经水洗、手捏后变成小于 2.5mm 的颗粒含量。

异形颗粒是指针、片状颗粒。凡岩石颗粒的长度大于该颗粒所属粒级的平均粒径 2.4 倍者为针状颗粒；厚度小于平均粒径 0.4 倍者为片状颗粒。平均粒径指该粒级上、下限粒径的平均值。异形颗粒在混凝土拌和物搅拌过程中会产生较大的阻力，影响均匀性，而且在浇筑时又严重影响流动性，从而难以成型密实，间接地有损混凝土强度，所以其含量要少。

石子中的含泥量、泥块含量及异形颗粒含量均应符合《普通混凝土用碎石或卵石质量标准及检验方法》（JGJ 53—92）的规定，如表 2-6 所示。

含泥量、泥块含量及异形颗粒含量限值　　　　表 2-6

混凝土强度等级	大于或等于 C30	小于 C30
含泥量（按质量计%）	≤1.0	≤2.0
泥块含量（按质量计%）	≤0.50	≤0.70
针、片状颗粒含量（按质量计%）	≤15	≤25

4. 有害物质含量

按 JGJ 53—92 规定，混凝土用碎石或卵石中硫化物和硫酸盐、卵石中的有机杂质等有害物含量均应符合表 2-7 的规定。

碎石或卵石中有害物质含量限值　　　　表 2-7

项　　目	质　量　指　标
硫化物及硫酸盐含量（折算成 SO_3，按质量计%）	≤1.0
卵石中有机物含量（用比色法试验）	颜色应不深于标准色，如深于标准色，则应配制成混凝土进行强度对比试验，抗压强度比应不低于 0.95

如发现有颗粒状硫配盐或硫化物杂质的碎石或卵石，则要求进行专门检验，确认能满足混凝土耐久性要求时方可采用。

此外，对于重要工程的混凝土所使用的碎石或卵石应进行碱活性检验，看其是否含有能与水泥混凝土中的碱发生化学反应的骨料，以确定是否可用。

5. 强度与坚固性

（1）强度　石子在混凝土中起骨架作用，其强度与坚固性直接影响着混凝土的强度和耐久性。

碎石的强度可用母岩岩石立方体抗压强度和压碎指标值表示；卵石的强度就用压碎指标值表示。岩石立方体强度一般在选择采石场或对石子强度有严格要求时才用。工程中经常性的生产质量控制，则采用压碎指标值检验较为简便实用。

1）立方体抗压强度　测定立方体抗压强度时，是用碎石的母岩制成 50mm×50mm×50mm 的立方体或直径与高均为 50mm 的圆柱体试件，在水中浸泡约 48h 使试件达到饱和状态，测得其极限抗压强度。该岩石试件的极限抗压强度与所用混凝土强度等级之比不应小于 1.5，且火成岩试件的强度不宜低于 80MPa，变质岩不宜低于 60MPa，水成岩不宜低于 30MPa。

2）压碎指标　压碎指标是测定碎石或卵石抵抗压碎的能力，能间接推测其相应的强度。测定时，将气干状态的石子试样（粒径 10～20mm）装入标准圆筒内，放在压力机上，在 3～5min 内均匀加荷至 200kN，卸荷后称试样质量 m（g），然后用孔径为 2.5mm 的筛筛除压碎的细颗粒，再称量筛余质量 m_1（g），按下式（2-2）计算压碎指标值 δ_a：

$$\delta_a = \frac{m - m_1}{m} \times 100\% \tag{2-2}$$

压碎指标值 δ_a 愈小，说明石子抵抗压碎的能力愈强。石子的压碎指标值应符合表 2-8 和表 2-9 的规定。

碎石的压碎指标值　　**表 2-8**

岩石品种	混凝土强度等级	碎石压碎指标值（%）
水成岩	C55～C40	≤10
	≤C35	≤16
变质岩或深成的火成岩	C55～C40	≤12
	≤C35	≤20
火成岩	C55～C40	≤13
	≤C35	≤30

注：水成岩包括石灰岩、砂岩等。变质岩包括片麻岩、石英岩等。深成的火成岩包括花岗岩、正长岩、闪长岩和橄榄岩等。喷出的火成岩包括玄武岩和辉绿岩等。

卵石的压碎指标值　　**表 2-9**

混凝土强度等级	C55～C40	≤C35
压碎指标值（%）	≤12	≤16

(2) 坚固性　石子的坚固性是反映碎石或卵石在气候、环境变化或其他物理因素作用下抵抗碎裂的能力。碎石或卵石的坚固性用硫酸钠饱和溶液法检验。试样经5次循环浸渍后,测定因硫酸钠结晶膨胀引起的质量损失,其质量损失应符合表2-10的规定。

碎石或卵石的坚固性指标　　　　**表 2-10**

混凝土所处的环境条件	循环后的质量损失（%）
在严寒及寒冷地区室外使用，并经常处于潮湿或干湿交替状态下的混凝土	≤8
在其他条件下使用的混凝土	≤12

此外，有腐蚀性介质作用或经常处于水位变化区的地下结构或有抗疲劳、耐磨、抗冲击等要求的混凝土用碎石或卵石，其质量损失不应大于8%。

6. 颗粒级配和最大粒径

(1) 颗粒级配　石子颗粒级配原理与沙子基本相同，级配良好的石子其空隙率和总表面积均小。石子级配好坏对节约水泥和保证混凝土质量有很大关系，特别是配制高强度混凝土时更为重要。

石子的颗粒级配同样采用筛分析法测定。用一套标准筛（共有12个），孔径有2.5、5.0、10、16、20、25、31.5、40、50、63、80及100mm。试样筛分分析所需筛号，应按标准规定的级配要求选用。

石子的颗粒级配应符合JGJ 53—92中规定的级配范围，如表2-11所示。

石子的颗粒级配有连续级配和间断级配两种。

连续级配是指石子的粒径由大到小各粒级相连，即石子中从最小粒径5mm开始，每种粒径的石子都占有适当比例。由于在连续级配的石子中，含有各种大小的颗粒，搭配比较合适，用其配制的混凝土和易性良好，不易发生分层、离析，是建筑工程中最常用的级配方法。采石场按供应方式，也将石子分为连续粒级和单粒级两种，由表 2-11 可见，连续粒级共有 6 个粒级；单粒级有 5 个粒级。

碎石或卵石的颗粒级配范围　　表 2-11

级配情况	公称粒级(mm)	累计筛余　按质量计(%)											
		筛孔尺寸(圆孔筛)(mm)											
		2.50	5.00	10.0	16.0	20.0	25.0	31.5	40.0	50.0	63.0	80.0	100
连续粒级	5～10	95～100	80～100	0～15	0	—	—	—	—	—	—	—	—
	5～16	95～100	90～100	30～60	0～10	0	—	—	—	—	—	—	—
	5～20	95～100	90～100	40～70	—	0～10	0	—	—	—	—	—	—
	5～25	95～100	90～100	—	30～70	—	0～5	0	—	—	—	—	—
	5～31.5	95～100	90～100	70～90	—	15～45	—	0～5	0	—	—	—	—
	5～40	—	95～100	75～90	—	30～65	—	—	0～5	0	—	—	—
单粒级	10～20	—	95～100	85～100	—	0～15	0	—	—	—	—	—	—
	16～31.5	—	95～100	—	85～100	—	—	0～10	0	—	—	—	—
	20～40	—	—	95～100	—	80～100	—	—	0～10	0	—	—	—
	31.5～63	—	—	—	95～100	—	—	75～100	45～75	—	0～10	0	—
	40～80	—	—	—	—	95～100	—	—	70～100	—	30～60	0～10	0

注：公称粒级的上限为该粒级的最大粒径。

单粒级由于粒径差别较小，可避免连续粒级中较大粒径石子在堆放及装卸过程中的颗粒离析现象。单粒级宜用于组合成所要求级配的连续粒级，也可与连续粒级混合使用，以改善其级配或配成较大粒度的连续粒级，工程中一般不宜采用单一的单粒级配制混凝土，因为它的空隙率较大，耗用水泥多。

间断级配是指人为地剔除一级或几级中间粒径的颗粒级配法。石子由小颗粒的粒级直接和大颗粒的粒级相配，使石子粒径不连续，造成颗粒级配间断。这种级配方法可获得更小的空隙率，密实性更好，从而可节约水泥。但由于间断级配中石子颗粒粒径相差较大，容易使混凝土拌和物分层离析，增加施工困难；同时，因剔除某些中间颗粒，造成石子资源不能充分利用，故在工程中应用较少。

（2）最大粒径　公称粒级的上限为该粒级的最大粒径。石子粒径大，总表面积小，所需水泥浆量就少，所以在条件允许时，石子的最大粒径应尽量选得大些，以节约水泥，但石子粒径过大，对施工运输和搅拌均不方便。石子最大粒径的选择还应考虑结构截面尺寸和钢筋间距。根据《混凝土结构工程施工及验收规范》（GB 50204—2001）的规定：混凝土用粗骨料的最大粒径不得大于结构截面最小尺寸的1/4，同时不得大于钢筋间最小净距的3/4。对于混凝土实心板，粗骨料的最大粒径不宜超过板厚的1/2，且不得超过50mm。对高强混凝土，粗骨料的最大粒径不宜超过20mm或16mm。

7. 石子取样方法及取样数量

（1）每验收批的取样应按下列规定进行：

1）在料堆上取样时，取样部位应均匀分布。取样前先将取样部位表面铲除，然后由各部位抽取大致相等的石子15份（在料堆的顶部、中部和底部各由均匀分布的五个不同部位取得）组成一组样品；

2）从皮带运输机上取样时，应在皮带运输机机尾的出料处用接料器定时抽取8份石子，组成一组样品；

3）从火车、汽车、货船上取样时，应从不同部位和深度抽取大致相同的石子 16 份，组成一组样品。

注：如经观察，认为各节车皮间（车辆间、船只间）材料质量相差甚为悬殊时，应对质量有怀疑的每节车皮（车辆、船只）分别取样和验收。

(2) 若检验不合格，应重新取样，对不合格项进行加倍复验，若仍有一个试样不能满足标准要求，应按不合格品处理。

(3) 每组样品的取样数量，对每单项试验，应不小于表 2-12 所规定的最少取样量。须作几项试验时，如确能保证样品经一项试验后不致影响另一项试验的结果，也可用同一组样品进行几项不同的试验。

每一试验项目所需碎石或卵石的最少取样数量（kg）　表 2-12

试验项目	最大粒径（mm）							
	10	16	20	25	31.5	40	63	80
筛分析	10	15	20	20	30	40	60	80
表观密度	8	8	8	8	12	16	24	24
含水率	2	2	2	2	3	3	4	6
吸水率	8	8	16	16	16	24	24	32
堆积密度、紧密密度	40	40	40	40	80	80	120	120
含泥量	8	8	24	24	40	40	80	80
泥块含量	8	8	24	24	40	40	80	80
针、片状含量	1.2	4	8	8	20	40	—	—
硫化物、硫酸盐	1.0							

注：有机物含量、坚固性、压碎指标值及碱集料反应检验，应按试验要求的粒级及数量取样。

（三）石　灰

石灰是在建筑上使用较早的矿物胶凝材料之一，石灰的原料石灰石分布很广，生产工艺简单，成本低廉，所以在建筑上一直应用很广。

生产石灰的主要原料是以碳酸钙（$CaCO_3$）为主要成分的天然岩石——石灰岩。除天然原料外，还可以利用化学工业副产品，如用碳化钙（CaC_2）制取乙炔时所产生的电石渣，其主要成分是氢氧化钙，即消石灰（或称熟石灰）；或者用氨碱法制碱所得的残渣，其主成分为碳酸钙。将石灰岩进行煅烧，即可得到以氧化钙（CaO）为主要成分的生石灰，其分解反应如下：

$$CaCO_3 \xrightarrow{900℃} \underset{(生石灰)}{CaO} + CO_2 \uparrow$$

生石灰呈白色或灰色块状。由于石灰岩中常含有一些碳酸镁（$MgCO_3$），因而生石灰中还含有次要成分氧化镁（MgO）。根据 MgO 含量的多少，生石灰被分为钙质石灰（MgO 含量≤5%）和镁质石灰（MgO 含量>5%），通常生石灰的质量好坏与其氧化钙（或氧化镁）的含量有很大关系。建材行业标准《建筑生石灰》（JC/T 479—1992）将生石灰划分为三个等级，具体指标见表2-13。

建筑生石灰技术指标（JC/T 479—1992）　　**表 2-13**

项　　目	钙质生石灰			镁质生石灰粉		
	优等品	一等品	合格品	优等品	一等品	合格品
CaO + MgO　含量不小于，(%)	90	85	80	85	80	75
CO_2 含量不大于，(%)	5	7	9	6	8	10
未消化残渣含量（5mm 圆孔筛余）不大于，(%)	5	10	15	5	10	15
产浆量，不小于(L/kg)	2.8	2.3	2.0	2.8	2.3	2.0

另外，生石灰的质量还与煅烧条件（煅烧温度和煅烧时间）有直接关系，碳酸钙适宜的煅烧温度为 900℃，实际生产中，为加速分解过程，煅烧温度常提高到 1000～1100℃。煅烧过程对

石灰质量的主要影响是：煅烧温度过低或煅烧时间不足，将使生石灰残留有未分解的石灰岩核心，这部分石灰称为欠火石灰。欠火石灰降低了生石灰的有效成分含量，使质量等级降低。若煅烧温度过高或煅烧时间过久，将产生过火石灰。过火石灰的特征是质地密实，且表面常为粘土杂质融化形成的玻璃质薄膜所包覆，故熟化很慢。使用这种生石灰时，要注意正确的熟化方法，以免对建筑物造成危害。

碳酸镁分解温度较碳酸钙低（600～650℃），更易烧成致密不易熟化的氧化镁而使石灰活性降低，质量变差。故采用碳酸镁含量高的白云质石灰岩作原料时，须适当降低煅烧温度。

（1）取样

建筑生石灰的取样按检验规则规定的批量，从整批物料的不同部位选取。取样点不少于 25 个，每个点的取样量不少于 2kg，缩分至 4kg 装入密封容器内。

（2）判定

产品技术指标均达到技术要求中相应等级时判定为该等级，有一项指标低于合格品要求时，判为不合格品。

若将块状生石灰磨细，可得生石灰粉，《建筑生石灰粉》（JC/T 480—1992）将其划分为三个等级，具体指标见表 2-14。

建筑生石灰粉技术指标（JC/T 480—1992）　　**表 2-14**

项目		钙质生石灰			镁质生石灰粉		
		优等品	一等品	合格品	优等品	一等品	合格品
$CaO+MgO$ 含量不小于，(%)		85	80	75	80	75	70
CO_2 含量不大于，(%)		7	9	11	8	10	12
细度	0.90mm 筛的筛余不大于，(%)	0.2	0.5	1.5	0.2	0.5	1.5
细度	0.125mm 筛的筛余不大于，(%)	7.0	12.0	18.0	7.0	12.0	18.0

产品技术指标均达到技术要求相应等级时，判定为该等级，有一项指标低于合格品要求时，判为不合格品。

在工程施工中，将生石灰加水，熟化后便得到颗粒细小，分散的消石灰粉。

根据我国建材行业标准《建筑消石灰粉》(JC/T 481—1992)规定，将消石灰粉分为钙质消石灰粉（MgO 含量<4%）镁质消石灰粉（4%≤MgO 含量<24%）和白云石消石灰粉（24%≤MgO 含量<30%）三类，并按它们的技术指标分为优等品、一等品、合格品三个等级，主要技术指标见表 2-15。通常优等品、一等品适用于饰面层和中间涂层；合格品仅用于砌筑。

建筑消石灰粉的技术指标（JC/T 481—1992） **表 2-15**

项目		钙质消石灰粉			镁质消石灰粉			白云石消石粉		
		优等品	一等品	合格品	优等品	一等品	合格品	优等品	一等品	合格品
CaO + MgO 含量不小于，(%)		70	65	60	65	60	55	65	60	55
游离水，(%)		0.4~2	0.4~2	0.4~2	0.4~2	0.4~2	0.4~2	0.4~2	0.4~2	0.4~2
体积安定性		合格	合格	—	合格	合格	—	合格	合格	—
细度	0.9mm 筛筛余不大于，(%)	0	0	0.5	0	0	0.5	0	0	0.5
	0.125mm 筛筛余不大于，(%)	3	10	15	3	10	15	3	10	15

石灰作为胶凝材料，其技术特点如下：

（1）可塑性好。生石灰熟化为石灰浆时，能形成颗粒极细（直径约 1μm）的呈胶体分散状态的氢氧化钙粒子，表面吸附一层厚的水膜，使其可塑性明显改善。利用这一性质，在水泥砂浆中掺入一定量的石灰膏，可使砂浆的可塑性显著提高。

（2）硬化慢、强度低。从石灰浆体的硬化过程中可以看出，由于空气中二氧化碳稀薄（一般达0.03%），碳化甚为缓慢。同时，硬化后强度也不高，1:3的石灰砂浆28d抗压强度通常只有0.2～0.5MPa。

(3) 耐水性差。若石灰浆体尚未硬化，就处于潮湿环境中，由于石灰浆中的水分不能蒸发，则其硬化停止；若已硬化的石灰，长期受潮或受水浸泡，则由于$Ca(OH)_2$易溶于水，甚至会使已硬化的石灰溃散。因此石灰不宜用于潮湿环境及易受水浸泡的部位。

(4) 收缩大。石灰浆体硬化过程中要蒸发大量水分而引起显著收缩，所以除调成石灰乳作薄层涂刷外，不宜单独使用。工程应用时，常在石灰中掺入砂、麻刀、纸筋等材料，以减少收缩并增加抗拉强度。

石灰的试验方法按 JC/T 478.1—92 物理试验方法和 JC/T 478.2—92 化学分析方法检测。

(四) 烧 结 砖

1. 烧结普通砖（GB/T 5101—1998）

(1) 范围

适用于以粘土页岩、粉煤灰、煤矸石为主要原料经焙烧而成的普通砖。

(2) 质量等级

1) 根据抗压强度分为 MU30、MU25、MU20、MU15、MU10 五个强度等级。

2) 强度和抗风化性能合格的砖，根据尺寸偏差、外观质量、泛霜和石灰爆裂分为优等品（A）、一等品（B）、合格品（C）三个质量等级。优等品适于清水墙和墙体装饰，一等品和合格品可用于混水墙。中等泛霜的砖不能用于潮湿部位。

3) 规格和标记：砖的外形为直角六面体，公称尺寸为：长240mm、宽 115mm、高 53mm。砖的标记按产品名称、规格、品种、强度等级和标准编号顺序编写。

(3) 技术要求

1）砖尺寸允许偏差应符合表 2-16 的规定。

烧结普通砖尺寸允许偏差表 单位：mm **表 2-16**

公称尺寸	优等品		一等品		合格品	
	样品平均偏差	样本极差	样品平均偏差	样本极差	样品平均偏差	样本极差
240	±2.0	≤8	±2.5	≤8	±3.0	≤8
115	±1.5	≤6	±2.0	≤6	±2.5	≤7
53	±1.5	≤4	±1.6	≤5	±2.0	≤6

2）砖外观质量应符合表 2-17 的规定。

烧结普通砖外观质量表 单位 mm **表 2-17**

项目		优等品	一等品	合格品
两条面高度差	不大于	2	3	5
弯曲	不大于	2	3	5
杂质凸出高度	不大于	2	3	5
缺棱掉角的三个尺寸	同时不大于	15	20	30
裂纹长度	不大于			
a. 大面上宽度方向及其延伸至条面的长度		70	70	110
b. 大面上长度方向及其延伸至顶面的长度或条顶面上水平裂纹的长度		100	100	150
完整面不得少于		一条或一顶面	一条或一顶面	
颜色		基本一致		

注：如有下列缺陷之一者不得称为完正面：

a. 缺损在条面或顶面上造成的破坏面尺寸大于 10mm×10mm。

b. 条面或顶面上裂纹宽度大于 1mm，其长度超过 30mm。

c. 压陷、粘底、焦化在条面或顶面上的凹入或凸出超过 2mm，区域尺寸同时大于 10mm×10mm。

3）砖的强度应符合表 2-18 的规定。

烧结普通砖的强度表　　单位：MPa　表 2-18

强度等级	抗压强度平均值	变异系数 $\delta \leqslant 0.21$	变异系数 $\delta > 0.21$
		强度标准值，f_k	单块最小抗压强度值，f_{min}
MU30	30.0	≥22.0	≥25.0
MU25	25.0	≥18.0	≥22.0
MU20	20.0	≥14.0	≥16.0
MU15	15.0	≥10.0	≥12.0
MU10	10.0	≥6.5	≥7.5

4）抗风化性能：严重风化区的地区砖必须进行冻融试验，其他地区的砖的抗风化性能符合表 2-19 规定时可不做冻融试验，否则，必须做冻融试验。

烧结普通砖的抗风化性表　　表 2-19

<table>
<tr><th rowspan="3">项目
砖种类</th><th colspan="4">严重风化区</th><th colspan="4">非严重风化区</th></tr>
<tr><th colspan="2">5h 沸煮吸水率（%）</th><th colspan="2">饱和系数</th><th colspan="2">5h 沸煮吸水率（%）</th><th colspan="2">饱和系数</th></tr>
<tr><th>平均值</th><th>单块最大值</th><th>平均值</th><th>单块最大值</th><th>平均值</th><th>单块最大值</th><th>平均值</th><th>单块最大值</th></tr>
<tr><td>粘土砖</td><td>≤21</td><td>≤23</td><td rowspan="2">≤0.85</td><td rowspan="2">≤0.87</td><td>≤23</td><td>≤25</td><td rowspan="2">≤0.88</td><td rowspan="2">≤0.90</td></tr>
<tr><td>粉煤灰砖</td><td>≤23</td><td>≤25</td><td>≤30</td><td>≤32</td></tr>
<tr><td>页岩砖</td><td>≤16</td><td>≤18</td><td rowspan="2">≤0.74</td><td rowspan="2">≤0.77</td><td>≤18</td><td>≤20</td><td rowspan="2">≤0.78</td><td rowspan="2">≤0.80</td></tr>
<tr><td>煤矸石砖</td><td>≤19</td><td>≤21</td><td>≤21</td><td>≤23</td></tr>
</table>

注：1. 粉煤灰掺入量（体积比）小于 30%时，抗风性能指标按粘土砖规定。
2. 冻融试验后，每块砖样不允许出现裂纹、分层、掉皮、缺棱、掉角等冻坏现象；质量损失不得大于 2%。

5）泛霜：每块砖样应符合下列规定：

优等品：无泛霜。

一等品：不允许出现中等泛霜。

合格品：不允许出现严重泛霜。

6）石灰爆裂：

优等品：不允许出现最大破坏尺寸大于2mm的爆裂区域。

一等品：A. 最大破坏尺寸大于2mm，且小于等于10mm的爆裂区域，每组砖样不得多于15处。B. 不允许出现最大破坏尺寸大于10mm的爆裂区域。

合格品：A. 最大破坏尺寸大于2mm，且小于等于15mm的爆裂区域，每组砖样不得多于15处。其中大于10mm的不得多于7处。B. 不允许出现最大破坏尺寸大于15mm的爆裂区域。

7）产品中不允许有欠火砖、酥砖和螺旋纹砖。

2. 烧结多孔砖（GB 13544—2000）

（1）范围

适应于以粘土、页岩、煤矸石、粉煤灰为主要原料，经焙烧而成主要用于承重部位的多孔砖。

（2）分类与规格

1）按主要原料砖分为粘土砖（N）、页岩砖（Y）、煤矸石（M）和粉煤灰砖（F）。

2）规格按砖的为直角六面体，其长宽高尺寸应符合下列要求：290，240；190，180；175，140，115；90。

3）孔洞尺寸：应符合表2-20的规定：

烧结多孔砖孔洞尺寸表 单位：mm **表2-20**

圆孔直径	非圆孔内切圆直径	手抓孔
≤22	≤15	（30～40）×（75～85）

4）质量等级

①根据抗压强度分为MU30、MU25、MU20、MU15、MU10五个等级。

②强度和抗风化性能合格的砖，根据尺寸偏差、外观质量、孔型及孔洞排列、泛霜、石灰爆裂分为优等品（A）、一等品（B）和合格品（C）三个质量等级。

（3）技术要求

1）尺寸允许偏差符合表2-21规定。

烧结多孔砖尺寸允许偏差　单位：mm　表 2-21

尺寸	优等品		一等品		合格品	
	样本平均偏差	样本极差≤	样本平均偏差	样本极差≤	样本平均偏差	样本极差≤
290、240	±2.0	6.0	±2.5	7	±3.0	8
190、180、175、140、115	±1.5	5.0	±2.0	6	±2.5	7
90	±1.5	4.0	±1.7	5	±2.0	6

2）砖的外观质量应符合表 2-22 规定：

烧结多孔砖外观质量表　单位：mm　表 2-22

项　目	优等品	一等品	合格品
1.颜色	一致	基本一致	—
2.完整面不得少于	一条面和一顶	一条面和一顶面	—
3.缺棱掉角的三个破坏尺寸不得同时大于	15	20	30
4.裂纹长度不大于			
A.大面上深入孔壁 15mm 以上宽度方向及其延伸到条面上的长度	60	80	100
B.大面上深入孔壁 15mm 以上长度方向及其延伸到顶面上的长度	60	100	120
C.条顶面上水平裂纹	80	100	120
5.杂质在砖面上造成的凸出高度不大于	3	4	5

3）强度等级按表 2-23 规定。

烧结多孔砖强度等级表　单位：MPa　表 2-23

强度等级	抗压强度平均值 $\bar{f}\geqslant$	变异系数 $\delta\leqslant0.21$	变异系数 $\delta>0.21$
		强度标准值 $f_k\geqslant$	单块最小抗压强度值 $f_{min}\geqslant$
MU30	30.0	22.0	25.0
MU25	25.0	18.0	22.0
MU20	20.0	14.0	16.0
MU15	15.0	10.0	12.0
MU10	10.0	6.5	7.5

4）孔型孔洞率及孔洞排列应符合表 2-24 的规定。

烧结多孔砖孔洞率及孔洞排列表　　表 2-24

产品等级	孔　型	孔洞率（%）	孔洞排列
优等品	矩形条孔或矩形孔	25	交错排列，有序
一等品			—
合格品	矩形孔或其他孔形		

5）泛霜：

每块砖样应符合下列规定：优等品：无泛霜；一等品：不允许出现中等泛霜：合格品：不允许出现严重泛霜。

6）石灰爆裂：

优等品：不允许出现最大破坏尺寸大于 2mm 的爆裂区域。

一等品：a）最大破坏尺寸大于 2mm 且小于等于 10mm 的爆裂区域，每组砖样不得多于 15 处。b）不允许出现最大破坏尺寸大于 10mm 的爆裂区域。

合格品：a）最大破坏尺寸大于 2mm 且小于等于 15mm 的爆裂区域，每组砖样不得多于 15 处其中大于 10mm 的不得多于 7 处。b）不允许出现最大破坏尺寸大于 15mm 的爆裂区域。

7）抗风化性能

①严重风化区中的 1、2、3、4、5 地区的砖必须进行冻融试验。（详见 GB/T 13544—2000，附录 B）砖的抗风化性能符合表 2-25 规定时可不做冻融试验，否则必须进行冻融试验。

烧结多孔砖抗风化性能表　　表 2-25

项目 / 砖种类	严重风化区				非严重风化区			
	5h 沸者吸水率（%）		饱和系数		5h 沸者吸水率（%）		饱和系数	
	平均值	单块最大值	平均值	单块最大值	平均值	单块最大值	平均值	单块最大值
粘土砖	≤21	≤23	≤0.85	≤0.87	≤23	≤25	≤0.88	≤0.90
粉煤灰砖	≤23	≤25			≤30	≤32		
页岩砖	≤16	≤18	≤0.74	≤0.77	≤18	≤20	≤0.78	≤0.88
煤矸石砖	≤19	≤21			≤21	≤23		

②冻融试验后，每块砖样不允许出现裂纹、分层、掉皮、缺棱掉角等冻坏现象。

8）产品中不允许有欠火砖、酥砖和螺旋纹砖。

3.烧结空心砖和空心砌块（GB 13545—1992）

（1）范围

本标准规定了烧结空心砖和空心砌块的产品分类、技术要求、试验方法、检验规则、产品合格证、堆放和运输等。

本标准适用于粘土、页岩、煤矸石为主要原料，经焙烧而成的主要用于非承重部位的空心砖和空心砌块（以下简称砖和砌块）。

（2）产品分类

1）规格

①砖和砌块的外形为直角六面体，在与砂浆的结合面上应设有增加结合力的深度1mm以上的凹线槽，如图2-3所示。

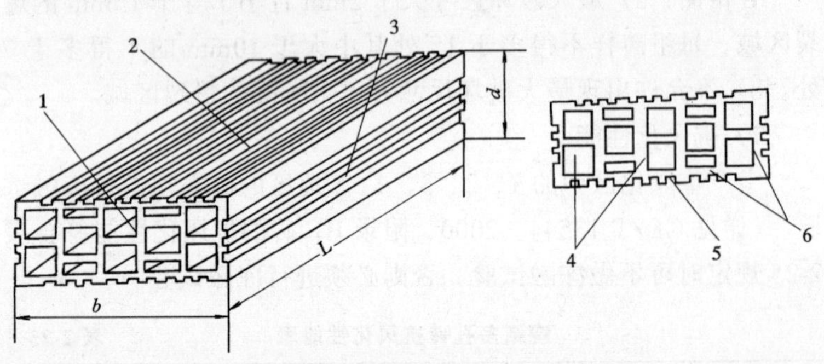

图2-3　砖与砌块的外形

1—顶面；2—大面；3—条面；4—肋；5—凹线槽；6—外壁

L—长度；b—宽度；d—高度

②砖和砌块的长度、宽度、高度尺寸应符合下列要求：

a.290，190，140，90mm；

b.240，180（175），115mm；

注；其他规格尺寸由供需双方协商确定。

③砖和砌块的壁厚应大于10mm，肋厚应大于7mm。

2）孔洞

孔洞采用矩形条孔或其他孔形，且平行于大面和条面。

3）等级

①分级

根据密度分级为800，900，1100三个密度级别。

②分等

每个密度级根据孔洞及其排数、尺寸偏差、外观质量、强度等级和物理性能分为优等品（A），一等品（B）和合格品（C）三个等级。

4）产品标记

砖和砖块的标记按产品名称、规格尺寸、密度级别、产品等级和国家标准编号顺序编写。

【例2-1】 尺寸290mm×190mm×90mm，密度800级，优等品空心砖，其标记为：

空心砖（290×190×90）800A-GB13545

【例2-2】 尺寸290mm×290mm×190mm，密度900级，一等品空心砌块，其标记为：

空心砌块（290×290×190）900B－GB13545

（3）技术要求

1）尺寸允许偏差

尺寸允许偏差应符合表2-26的规定。

尺寸允许偏差表 单位：mm **表2-26**

尺寸	尺寸允许偏差		
	优等品	一等品	合格品
＞200	±4	±5	±7
200～100	±3	±4	±5
＜100	±3	±4	±4

2）外观质量

外观质量应符合表 2-27 的规定。

外观质量表 单位：mm 表 2-27

项	目	优等品	一等品	合格品
1. 弯曲	不大于	3	4	5
2. 缺棱掉角的三个破坏尺寸不得同时大于		15	30	40
3. 未贯穿裂纹长度	不大于			
(a) 大面上宽度方向及其延伸到条面的长度		不允许	100	140
(b) 大面上长度方向或条面上水平方向的长度		不允许	120	160
4. 贯穿裂纹长度	不大于			
(a) 大面上宽度方向及其延伸到条面的长度		不允许	60	80
(b) 壁、肋沿长度方向、宽度方向及其水平方向的长度		不允许	60	80
5. 肋、壁内残缺长度	不大于	不允许	60	80
6. 完整面	不少于	一条面和一大面	一条面或一大面	—
7. 欠火砖和酥砖		不允许	不允许	不允许

注：凡有下列缺陷之一者，不能称为完整面：

1. 缺损在大面、条面上造成的破坏面尺寸同时大于 20mm×30mm。
2. 大面、条面上裂纹宽度大于 1mm，其长度超过 70mm。
3. 压陷、粘底、焦花在大面、条面上的凹陷或凸出超过 2mm，区域尺寸同时大于 20mm×30mm。

3）强度

强度应符合表 2-28 的规定。

强度表 单位：MPa 表 2-28

等级	强度等级	大面抗压强度		条面抗压强度	
		平均值不小于	单块最小值不小于	平均值不小于	单块最小值不小于
优等品	5.0	5.0	3.7	3.4	2.3
一等品	3.0	3.0	2.2	2.2	1.4
合格品	2.0	2.0	1.4	1.6	0.9

4）密度

密度级别应符合表2-29的规定。

密 度 级 别 表 单位：kg/m² **表2-29**

密 度 级 别	五块密度平均值
800	≤800
900	801～900
1100	901～1100

5）孔洞及其结构

孔洞及其排数应符合表2-30的规定。

孔洞及其排数表 **表2-30**

<table>
<tr><th rowspan="2">等 级</th><th colspan="2">孔洞排数、排</th><th rowspan="2">孔洞率（%）</th><th rowspan="2">壁厚（mm）</th><th rowspan="2">肋厚（mm）</th></tr>
<tr><th>宽度方向</th><th>高度方向</th></tr>
<tr><td>优等品</td><td>≥5</td><td>≥2</td><td rowspan="3">≥35</td><td rowspan="3">≥10</td><td rowspan="3">≥7</td></tr>
<tr><td>一等品</td><td>≥3</td><td>—</td></tr>
<tr><td>合格品</td><td>—</td><td>—</td></tr>
</table>

6）物理性能

砖和砌块的物理性能应符合表2-31的规定。

砖和砌块的物理性能表 **表2-31**

项目	签 别 指 标
冻融	1. 优等品：不允许出现裂纹、分层、掉皮、缺棱角等冻坏现象； 2. 一等品、合格品： (a) 冻裂长度不大于表2-27中3、4的合格品规定； (b) 不允许出现分层、掉皮、缺棱掉角等冻坏现象
泛霜	1. 优等品：不允许出现轻微泛霜； 2. 一等品：不允许出现中等泛霜； 3. 合格品：不允许出现严重泛霜

续表

项目	签别指标
石灰爆裂	试验后的每块试样应符合表2-27中3、4、5的规定，同时每组试样必须符合下列要求： 1. 优等品： 在同一大面或条面上出现最大直径大于5mm不大于10mm的爆裂区域不多于一处的试样，不得多于1块； 2. 一等品： (a) 在同一大面或条面上出现最大直径大于5mm不大于10mm的爆裂区域不多于一处的试样，不得多于3块； (b) 各面出现最大直径大于10mm不大于15mm的爆裂区域不多于一处的试样，不得多于2块； 3. 合格品： 各面不得出现最大直径大于15mm的爆裂区域
吸水率	1. 优等品：不大于22%； 2. 一等品：不大于25%； 3. 合格品：不要求

4. 试验方法按GB/T 2542进行

（五）混凝土砌块

1. 普通混凝土小型空心砌块（GB 8239—1997）

（1）范围

适用于工业与民用建筑普通混凝土小型空心砌块。GB 8239—97中规定了普通混凝土小型空心砌块的强度等级和技术要求。

（2）砌块各部位名称（见图2-4）

（3）等级和标记

1）等级：按其尺寸偏差，外观质量分为：优等品（A），一等品（B），合格品（C）。按其强度等级分为MU3.5，MU5.0，MU7.5，MU10，MU15.0，MU20.0。

2）标记

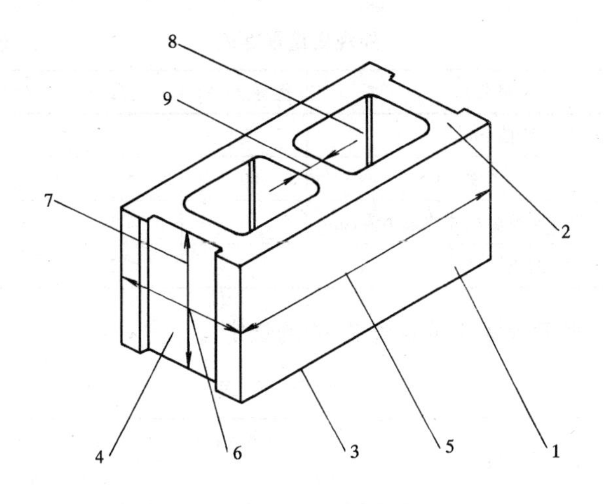

图 2-4 砌块各部位的名称

1—条面；2—坐浆面（肋厚较小的面）；3—铺浆面（肋厚较大的面）；4—顶面；5—长度；6—宽度；7—高度；8—壁；9—肋

按产品名称（代号 NHB）、强度等级、外观质量等级和标准编号的顺序进行标记。

（4）技术要求

1）规格尺寸：主规格尺寸为 390mm×190mm×190mm。

2）最小外壁厚应不小于 30mm，最小肋厚应不小于 25mm。

3）空心率应不小于 25%。

4）尺寸允许偏差应符合表 2-32 规定的要求。

普通混凝土小型空心砌块尺寸允许偏差 单位：mm **表 2-32**

项目名称	优等品（A）	一等品（B）	合格品（C）
长 度	±2	±3	±3
宽 度	±2	±3	±3
高 度	±2	±3	+3～−4

5）外观质量应符合表 2-33 的规定。

外观质量规定表　　表 2-33

项目名称		优等品(A)	一等品(B)	合格品(C)
弯曲,mm		≤2	≤2	≤3
缺棱掉角	个数,个	0	≤2	≤2
	三个方向投影尺寸的最小值,mm	0	≤20	≤30
裂纹延伸的投影尺寸累计,mm		0	≤20	≤30

6）强度等级应符合表 2-34 的规定。

强度等级表　　表 2-34

强度等级	砌块抗压等级，MPa	
	平均值不小于	单块最小值不小于
MU3.5	3.5	2.8
MU5.0	5.0	4.0
MU7.5	7.5	6.0
MU10.0	10.0	8.0
MU15.0	15.0	12.0
MU20.0	20.0	16.0

7）相对含水率符合表 2-35 的规定。

相对含水率表　　表 2-35

使用地区	年平均相对湿度大于 75%的地区	年平均相对湿度 50%～75%的地区	年平均相对湿度小于 50%的地区
相对含水率不大于	45%	40%	35%

8）抗渗性：用于清水墙的砌块，其抗渗性应满足表 2-36 的规定。

抗渗性表　　表 2-36

项目名称	指标
水面下降高度	三块中任一块不大于 10mm

9）抗冻性应符合表 2-37 的规定。

抗 冻 性 表　　表 2-37

使用环境条件		抗冻等级	指　标
非采暖地区		不规定	
采暖地区	一般环境	D15	强度损失≤25% 质量损失≤5%
	干湿交替环境	D20	

注：1. 非采暖地区指最冷月平均气温高于－5℃的地区；
2. 采暖地区指最冷月平均气温低于或等于－5℃的地区。

(5) 试验方法按 GB/T 4111 进行

2. 蒸压加气混凝土砌块（GB/T 11968—1997）

(1) 范围

适用于民用与工业建筑物墙体和绝热使用的蒸压加气混凝土砌块（以下简称砌块）。相应国家标准为 GB/T 11968—1997。

(2) 产品分类

1) 规格：

①砌块的规格尺寸见表 2-38。

砌块的规格尺寸　单位：mm　　表 2-38

砌块公称尺寸			砌块制作尺寸		
长度 L	宽度 B	高度 H	长度 L_1	宽度 B_1	高度 H_1
600	100 125 150 200 250 300	200 250 300	$L-10$	B	$H-10$
	120 180 240				

②购货单位需要其他规格，可与生产厂协商确定。

2) 砌块按抗压强度和体积密度分级：

强度级别有：A1.0，A2.0，A2.5，A3.5，A5.0，A7.5，

A10 七个级别。

体积密度级别有：B03，B04，B05，B06，B07，B08 六个级别。

3）砌块按尺寸偏差与外观质量，体积密度和抗压强度为分：优等品（A)、一等品（B)、合格品（C）三个等级。

4）砌块产品标记：

①按产品名称（代号 ACB)、强度级别、体积密度级别、规格尺寸、产品等级和标准编号的顺序进行标记。

②标记示例：

强度级别为 A3.5，体积密度级别为 B05，优等品，规格尺寸为 600mm×200mm×250mm 的蒸压加气混凝土砌块，其标记为：

ACB A3.5 B05 600×200×250A GB11968

（3）技术要求

1）砌块的尺寸允许偏差和外观应符合表 2-39 的规定。

尺寸偏差和外观 **表 2-39**

项目				指标		
				优等品（A)	一等品（B)	合格品（C)
尺寸允许偏差，mm		长度	L_1	±3	±4	±5
		宽度	B_1	±2	±3	+3 -4
		高度	H_1	±2	±3	+3 -4
缺棱掉角	个数，不多于（个）			0	1	2
	最大尺寸不得大于，mm			0	70	70
	最小尺寸不得大于，mm			0	30	30
平面弯曲不得大于，mm				0	3	5

续表

<table>
<tr><th colspan="2" rowspan="2">项　　目</th><th colspan="3">指　　标</th></tr>
<tr><th>优等品
(A)</th><th>一等品
(B)</th><th>合格品
(C)</th></tr>
<tr><td rowspan="3">裂纹</td><td>条数、不多于（条）</td><td>0</td><td>1</td><td>2</td></tr>
<tr><td>任一面上的裂纹长度不得大于裂纹方向尺寸的</td><td>0</td><td>1/3</td><td>1/2</td></tr>
<tr><td>贯穿一棱二面的裂纹长度不得大于裂纹所在面的裂纹方向尺寸总和的</td><td>0</td><td>1/3</td><td>1/3</td></tr>
<tr><td colspan="2">爆裂、粘模和损坏深度不得大于，mm</td><td>10</td><td>20</td><td>30</td></tr>
<tr><td colspan="2">表面疏松、层裂</td><td colspan="3">不允许</td></tr>
<tr><td colspan="2">表面油污</td><td colspan="3">不允许</td></tr>
</table>

2）砌块的抗压强度应符合表 2-40 的规定。

砌块的抗压强度　　单位：MPa　**表 2-40**

<table>
<tr><th rowspan="2">强　度　级　别</th><th colspan="2">立方体抗压强度</th></tr>
<tr><th>平均值不小于</th><th>单块最小值不小于</th></tr>
<tr><td>A1.0</td><td>1.0</td><td>0.8</td></tr>
<tr><td>A2.0</td><td>2.0</td><td>1.6</td></tr>
<tr><td>A2.5</td><td>2.5</td><td>2.0</td></tr>
<tr><td>A3.5</td><td>3.5</td><td>2.8</td></tr>
<tr><td>A5.0</td><td>5.0</td><td>4.0</td></tr>
<tr><td>A7.5</td><td>7.5</td><td>6.0</td></tr>
<tr><td>A10.0</td><td>10.0</td><td>8.0</td></tr>
</table>

3）砌块的强度级别应符合表 2-41 的规定。

砌块的强度级别　　**表 2-41**

<table>
<tr><th colspan="2">体积密度级别</th><th>B03</th><th>B04</th><th>B05</th><th>B06</th><th>B07</th><th>B08</th></tr>
<tr><td rowspan="3">强度级别</td><td>优等品（A）</td><td rowspan="3">A1.0</td><td rowspan="3">A.20</td><td>A3.5</td><td>A5.0</td><td>A7.5</td><td>A10.0</td></tr>
<tr><td>一等品（B）</td><td>A3.5</td><td>A5.0</td><td>A7.5</td><td>A10.0</td></tr>
<tr><td>合格品（C）</td><td>A2.5</td><td>A3.5</td><td>A5.0</td><td>A7.5</td></tr>
</table>

4）砌块的干体积密度应符合表 2-42 的规定。

砌块的干体积密度　　单位：kg/m^3　　表 2-42

体积密度级别		B03	B04	B05	B06	B07	B08
体积密度	优等品（A）≤	300	400	500	600	700	800
	一等品（B）≤	330	430	530	630	730	830
	合格品（C）≤	350	450	550	650	750	850

5）砌块的干燥收缩、抗冻性和导热系数（干态）应符合表 2-43 的规定。

干燥收缩、抗冻性和导热系数　　表 2-43

体积密度级别			B03	B04	B05	B06	B07	B08
干燥收缩值	标准法　≤	mm/m	0.50					
	快速法　≤		0.80					
抗冻性	质量损失，%　≤		5.0					
	冻后强度，MPa　≥		0.8	1.6	2.0	2.8	4.0	6.0
导热系数（干态），W/（m·k）≤			0.10	0.12	0.14	0.16	—	—

注：1. 规定采用标准法、快速法测定砌块干燥收缩值，若测定结果发生矛盾不能判定时，则以标准法测定的结果为准；

2. 用于墙体的砌块，允许不测导热系数。

6）掺用工业废渣为原料时，所含放射性物质，应符合《建筑材料放射性核素限量》（GB 6566—2001）。

（4）试验方法依据 GB/T 11969～11975 进行

（六）建筑钢材

建筑钢材是建筑工程的主要材料之一。钢材是将生铁经过炼钢炉冶炼成钢锭，再经过碾轧、锻压等加工工艺制成。建筑工程中大量使用的有盘条、钢筋、钢丝、钢绞线、工字钢、槽钢钢板和钢管等。

1. 钢的分类（GB/T 13304）

（1）按化学成分分类

1）非合金钢：

又称碳钢，其主要成分是铁，其次是碳，还有少量硅、锰、磷、硫等。

a. 碳：是钢中的主要元素，它对钢材性能起决定作用。含碳量越多，钢的强度和硬度越大，塑性、刚性越低，焊接性能变差。其含量一般小于1.7%而大于0.04%。

b. 硅：它是熔于纯铁中，增加钢的弹性、强度和硬度，降低钢的塑性和韧性，其含量不超过0.5%。

c. 锰：它熔于纯铁中，对钢性能的影响与硅相同，其含量一般在1%以下。

d. 磷：它是钢材有害元素。熔于纯铁中，使钢的强度和硬度增加，塑性和冲击韧性显著降低。这种脆性在低温时更为明显，称冷脆性，钢中含磷量通常控制在0.05%以下。

e. 硫：它是钢材中有害元素，呈 FeS 存在，当钢在800～1200℃时进行热加工，FeS熔化而钢产生裂纹而破坏，称为热脆性。它能降低钢的机械性能，并使可焊性和耐蚀性变坏。钢中含硫量越低越好，一般控制在0.05%以下。

2）合金钢：在炼钢过程中，有意加入并且含量在一定范围的一种或几种元素，使钢除受碳影响外，还受含合金元素的影响，并使钢的某些性质改善。按照含合金的元素掺入总量的多少，将合金钢又分为：低合金钢，含合金元素介于非合金钢和合金钢之间（参阅 GB/T 13304—91《钢分类》）；高合金钢，含合金元素较高。非合金钢和低合金钢是建筑工程中用量最大的主要钢种。

（2）按主要特性分类

1）以规定最高强度为主要特性的；

2）以规定最低强度为主要特性的；

3）以含量为主要特性的。

建筑钢材则主要是以规定最低强度为特性的钢材。

(3) 按质量等级分类

1）普通钢是指不规定生产过程中需要特别控制质量要求的并同时满足下列四种条件的所有钢种：

a. 钢中化学成分在规定的界限之内；

b. 不规定热处理；

c. 如产品标准或技术条件中有规定，其特性值应符合下列条件：

碳含量最高值≥0.10%

硫或磷含量最高值≥0.045%

氮含量最高值≥0.007%（非合金钢）

抗拉强度最低值≤690MPa

屈服强度≤360MPa

伸长率最低值（$L_0 = 5.659S_0$）≤33%（非合金钢）或≤26%（低合金钢）

弯心直径最低值≥0.5×试件厚度［或≥2×试件厚度（低合金钢）］

冲击功最低值（20°，V形，纵向标准试样）≤27J

洛氏硬度最高值（HRB）≥60

d. 未规定其他质量要求。

2）优质钢是指在生产过程中需要特别控制质量（例如控制晶体粒度，降低硫、磷含量，改善表面质量或增加工艺控制等），以达到满足比普通质量更特殊的要求（例如抗脆断性能、良好的冷成型性能等）的钢种。

3）特殊质量钢是指在生产过程中需要特别严格控制质量和性能（例如控制淬透性，严格控制硫、磷等杂质含量和纯洁度）的钢种。

建筑用钢一般均为普通钢，在一些特殊结构中亦用到优质钢（例如可焊接的高强度结构钢）。

(4）按产品分类（GB/T 15574）

分为工业产品和其他产品，其中工业产品又分为：

1）初产品，液态钢或钢锭。

2）半成品，通常是供进一步轧制或锻造加工成成品用的钢材。

3）轧制成品和最终产品，通常是用轧制方法生产的产品，并且在钢厂内一般不再进行热加工的钢材。

4）锻制条钢，用锻造方法生产的最终产品、棒材等。

钢筋混凝土用钢筋，预应力钢筋混凝土用钢筋、钢结构用型钢等，建设工程用钢材绝大多数都属于工业产品中轧制（冷轧或热轧）成品和最终产品。

建设工程上使用的冷弯薄壁型钢、钢丝、钢铰线、冷拉钢筋、冷拔丝等产品则属于按产品分类中的其他产品。

2. 钢材的力学性能

钢材的力学性能包括强度、变形、冲击韧性、疲劳、硬度等等。对于建筑钢材最基本的性能是室温状态下的拉伸强度和变形性能（屈服强度、抗拉强度和断后伸长率）以及室温状态下的弯曲性能。

(1）拉伸性能

钢材在拉伸状态下，随着应力的增加，材料被拉长（延伸）直至被拉断。以应力—应变图 2-5 为例，这个过程大体可分作弹性阶段（比例延伸阶段）、非比例延伸阶段、屈服阶段、强化阶段和缩颈阶段（破坏阶段）。

1）弹性阶段

钢筋受力开始阶段应力—应变成正比，$\overline{OA}$段为一直线，卸去外力，试件能恢复原来的长度，这种性质叫弹性，此阶段材料产生的变形叫弹性变形。弹性阶段中，应力与应变的比值称作弹性模量，通常用符号 E 表示，即 $E=R_i/A_i$。

2）非比例延伸阶段

当应力超过图 2-5 中 A 点向 B 点增加，此时应力与应变已

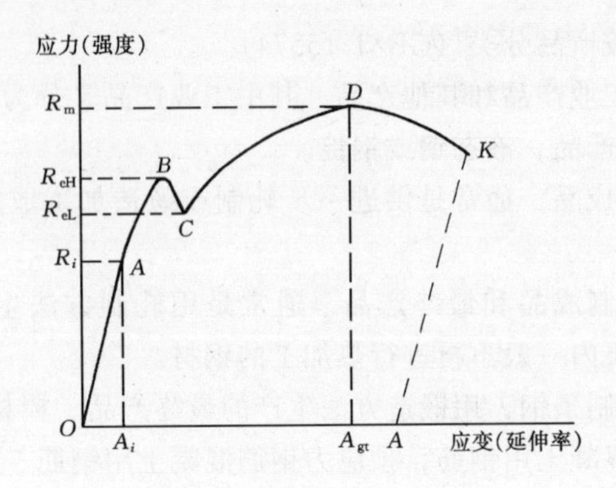

图 2-5　软钢的应力—应变图

不成正比关系，变形较应力增加稍快，这种由非比例关系增长的延伸量与材料原始长度的比值，被称为“非比例延伸率”，与之相应的材料应力被称为“非比例延伸强度”。

此时，若卸去外力，试样不能恢复原来长度，产生了“残余变形”，残余变形与原始长度之比称为“残余伸长率”，与之相应的应力称为“残余伸长应力”。

3）屈服阶段

当钢材应力达到图 2-5 中 B 点，应力不增加，应变仍继续向 C 点增加，$\overline{BC}$阶段被称作屈服阶段，最高点 B 点应力 R_{eH}称为上屈服强度，最低点 C 点应力 R_{eL} 被称作下屈服强度。在 2002 年前的钢材技术标准中用 σ_s 所表示的均指下屈服强度。

屈服强度是控制钢材质量的一个极为重要的技术指标。对于一些碳含量较高或经冷（热）工艺再加工的钢材，通常不出现明显的屈服阶段。此时，技术标准中常规定用 0.2% 非比例延伸率或残余伸长率下的应力来代替屈服强度，前者称规定非比例延伸强度，用 $R_{p0.2}$表示，后者称规定残余延伸强度用 $R_{r0.2}$表示。在 2002 年以前的技术标准中用 $\sigma_{p0.2}$或 $\sigma_{r0.2}$表示。

4）强化阶段

当应力越过图 2-5 中 C 点后，钢材内部组织（晶格）的重组使材料取得了更大的强度。此时，材料延伸发展得更快，但仍需要应力的继续增加，至 D 点止。CD 阶段叫强化阶段，D 点应力最大，在拉伸试验中叫“抗拉强度”，用符号 R_m 表示。

适当地利用强化阶段应力是冷拉、冷拔、冷轧等钢材的基本工艺原理。

材料达到 D 点应力时产生的伸长率 A_{gt} 称最大力总伸长率，它是衡量预应力混凝土用钢丝和预应力混凝土用钢铰线变形性能的基本指标之一。

5）缩颈阶段（破坏阶段）

当外力增加至图 2-5 中 D 点后，材料变形迅速增加，同时外力自动下降，受力部位的横截面积随之减小，直至应力降至图中的 K 点，材料裂断。DK 阶段称为缩颈阶段或破坏阶段。

材料裂断后，弹性变形消失。此时，存留的残余变形与原始规定长度（标距）的比值称为断后伸长率（简称伸长率），它是衡量一般钢材变形性能的基本指标之一，用符号 A 表示。在 2002 年前的技术标准中用 δ 表示。

同一材料原始长度不同，测得的伸长率亦不同。GB 228 试验方法规定用式 2-3 作为确定试样原始标距的公式：

$$L_0 = k\sqrt{S_0} \tag{2-3}$$

式中　L_0——试样原始标距；

　　　S_0——试样原始横截面积；

　　　k——比例系数。

建筑钢材常用的比例系数 $k=5.65$ 或 11.3，此时的试样称为比例试样，对于圆形截面 L_0 分别为 $5d$ 和 $10d$（d：试样直径），试验所得伸长率分别用 A 和 $A_{11.3}$ 表示。对于钢丝常取 $L_0=100$mm 或 200mm，称作非比例试样，试验所得伸长率用 A_{100} 或 A_{200} 表示。

(2) 弯曲性能

弯曲性能是钢材的主要工艺性能之一。建筑钢材测定常温下的弯曲性能(又称冷弯)即测试它承受变形的能力——可加工性。

弯曲性能试验的基本方法有两种,一是一次性弯曲至规定的弯曲半径和弯曲角度,叫弯曲试验(参阅本节"6"),一是反复弯曲至裂断,计反复弯曲的次数,叫"反复弯曲试验"(参阅本节"7")。

3. 钢筋的类别及其力学性能

钢筋是建筑中使用量最大的钢材品种之一,主要用于各种混凝土结构。常用品种有:《钢筋混凝土用热轧光圆钢筋》(GB 13013),《钢筋混凝土用热轧带肋钢筋》(GB 1499),《预应力混凝土用钢丝》(GB/T 5223),《预应力混凝土用钢铰线》(GB/T 5224)、《冷轧带肋钢筋》(GB 13788),《冷拉钢筋》(GB 50204—1992),《冷拔预应力钢丝》(JGJ 19),《冷轧扭钢筋》(JGJ 115)和《低碳钢热轧圆盘条》(GB/T 701)等,其主要力学性能指标如表 2-44 所示。

(1) 低碳钢热轧圆盘条的主要性能应符合表 2-44 的规定。

低碳热轧圆盘条的力学性能(GB/T 701—1997) **表 2-44**

牌号	力学性能			
	屈服强度(MPa)	抗拉强度(MPa)	伸长率 δ_{10} ($A_{11.3}$)(%)	弯曲试验 180° d = 弯心直径 a = 钢筋直径
	不小于			
Q215	215	375	27	$d=0$
Q235	235	410	23	$d=0.5a$

弯曲试验后试样弯曲外表面应无肉眼可观裂纹。

(2) 钢筋混凝土用热轧带肋钢筋主要力学性能应符合表 2-45 的规定。

钢筋混凝土用热轧带肋

钢筋的力学性能（GB 1499—1998） **表 2-45**

牌号	公称直径	力学性能			
		σ_s 或 $\sigma_{p0.2}$（R_{eL}或 $R_{p0.2}$）(MPa)	σ_b（R_m）(MPa)	伸长率 δ_5（A）(%)	弯曲试验 180° a = 钢筋直径
		不小于			
HRB335	6～25 28～50	335	490	16	$d=3a$ $d=4a$
HRB400	6～25 28～50	400	570	14	$d=4a$ $d=5a$
HRB500	6～25 28～50	500	630	12	$d=6a$ $d=7a$

弯曲试验后，钢筋受弯曲部分表面不得产生裂纹。

（3）冷轧带肋钢筋机械性能应符合表 2-46 的规定。

冷轧带肋钢筋机械性能（GB 13788—2000） **表 2-46**

牌号	σ_b(R_m) 不小于	伸长率(%)		弯曲试验 180°	反复弯曲试验	松弛率初始应力 $\sigma=0.7\sigma_b$		强屈比 $R_m/R_{p0.2}$
		δ_{10} ($A_{11.3}$)	δ_{100} (A_{100})			10h (%)	1000h (%)	
CRB550	550	8.0	—	$d=3a$	—	—	—	≥1.05 ≤1.25
CRB650	650	—	4.0	—	3	8	5	
CRB800	800	—	4.0	—	3	8	5	
CRB970	970	—	4.0	—	3	8	5	
CRB1170	1170	—	4.0	—	3	8	5	

弯曲试验钢筋受弯曲部位表面不得产生裂纹。

(4) 冷轧扭钢筋机械性能应符合表2-47的规定。

冷轧扭钢筋（JGJ 3046—1998）　　**表 2-47**

抗拉强度 σ_b（N/mm²）	伸长率 δ_{10}（$A_{11.3}$）（%）	冷弯 180°（弯心直径 = $3a$）
≥580	≥4.5	受弯曲部位表面不得产生裂纹

(5) 钢筋混凝土用于热处理钢筋的机械性能应符合表2-48的规定。

余热处理钢筋机械性能（GB 13014—91）　　**表 2-48**

表面形式	钢筋级别	强度等级代号	公称直径（mm）	$\sigma_s(R_{eL})$（MPa）	$\sigma_b(R_m)$（MPa）	$\delta_5(A_5)$（%）	冷弯 d——弯心直径 a——公称直径
				不小于			
月牙状	Ⅲ	KL400 （RRB400）	8～25 28～40	440	600	14	90°, $d=3a$ 90°, $d=4a$

冷弯试验时，受弯曲部位外表面不得产生裂纹。

(6) 预应力混凝土用冷拔低碳钢丝的主要力学性能应符合表2-49的规定。

冷拔低碳钢丝的机械性能（JGJ 19—92）　　**表 2-49**

项次			1		2
钢丝级别			甲级		乙级
钢丝直径			4	5	3～5
抗拉强度（MPa）	Ⅰ组	不小于	700	650	550
	Ⅱ组		650	600	
伸长率（%）标距 100mm		不小于	2.5	3	2
反复弯曲（180°）次数			4		4

(7) 钢筋混凝土用热轧光圆钢筋机械性能应符合表2-50的

规定。

钢筋混凝土用热轧光圆钢筋的主要力学性能（GB 13013—1991）　　**表 2-50**

表面形状	钢筋级别	强度等级代号	公称直径 (mm)	$\sigma_s(R_{eL})$ (MPa)	$\sigma_b(R_m)$ (MPa)	$\delta_5(A)$ (%)	冷弯 d——弯心直径 a——钢筋公称直径
				不小于			
光圆	Ⅰ	R235 (HPB235)	8～20	235	370	25	$d=a$

冷弯试验时，受弯曲部位外表面不得产生裂纹。

(8) 冷拉钢筋用钢筋混凝土用热轧钢筋经再加工制成。冷拉Ⅰ级钢筋适用于钢筋混凝土结构中的受拉钢筋，冷拉Ⅱ、Ⅲ、Ⅳ级钢筋可用作预应力混凝土结构的预应力筋。其机械性能应符合表 2-51 中的规定。

冷拉钢筋的机械性能（GB 50204—2002）　　**表 2-51**

项次	钢筋级别	直径 (mm)	屈服强度 (MPa)	抗拉强度 (MPa)	伸长率 δ_{10} $(A_{11.3})$%	冷弯	
						弯曲角度	弯心直径 a＝钢筋直径
1	冷拉Ⅰ级	≤12	280	370	11	180°	$d=3a$
2	冷拉Ⅱ级	≤25 28～40	450 430	510 490	10 10	90° 90°	$d=3a$ $d=4a$
3	冷拉Ⅲ级	8～40	500	580	8	90°	$d=5a$
4	冷拉Ⅳ级	10～28	700	835	6	90°	$d=5a$

冷弯后不得有裂纹、起层等现象。

(9) 预应力钢绞线机械性能应符合表 2-52 规定钢绞线尺寸及拉伸性能。

预应力钢绞线机械性能（GB/T 5224—1999） 表 2-52

钢绞线结构	钢绞线公称直径(mm)	强度级别(MPa)	整根钢绞线的最大负荷(kN)	屈服负荷(kN)	伸长率 A_{gt}(%)	1000h松弛率(%)不大于			
						Ⅰ级松弛		Ⅱ级松弛	
						初始负荷			
			不小于			70%公称最大负荷	80%公称最大负荷	70%公称最大负荷	80%公称最大负荷
1×2	5.00	1570	15.4	13.1	3.5	8.0	12	2.5	4.5
		1720	16.9	14.3					
		1860	18.2	15.5					
	5.80	1570	20.7	17.6					
		1720	22.7	19.3					
		1860	24.6	20.9					
	8.00	1470	37.2	31.6					
		1570	39.7	33.7					
		1720	43.5	37.0					
		1860	47.1	40.0					
	10.00	1470	58.1	49.4					
		1570	62.0	52.7					
		1720	67.9	57.7					
		1860	73.5	62.5					
	12.00	1470	83.6	71.1					
		1570	89.3	75.9					
		1720	97.9	83.2					

续表

钢绞线结构	钢绞线公称直径(mm)	强度级别(MPa)	整根钢绞线的最大负荷(kN)	屈服负荷(kN)	伸长率 A_{gt}(%)	1000h松弛率(%)不大于			
						Ⅰ级松弛		Ⅱ级松弛	
						初始负荷			
			不小于			70%公称最大负荷	80%公称最大负荷	70%公称最大负荷	80%公称最大负荷
1×3	6.20	1570	31.1	26.4					
		1720	34.1	29.0					
		1860	36.8	31.3					
	6.50	1570	33.3	28.3					
		1720	36.5	31.0					
		1860	39.4	33.5					
	8.60	1470	55.9	47.5					
		1570	59.7	50.7					
		1720	65.4	55.6	3.5	8.0	12	2.5	4.5
		1860	70.7	60.1					
	10.80	1470	87.2	74.1					
		1570	93.1	79.1					
		1720	102	86.7					
		1860	110	93.5					
	12.90	1470	126	107					
		1570	134	114					
		1720	147	125					
	8.74	1570	60.6	51.5	3.5	8.0			
1×7	标准型 9.50	1860	102	86.6					
	标准型 11.10	1860	138	117					
	标准型 12.70	1860	184	156					
	标准型 15.20	1720	239	203	3.5	8.0	12	2.5	4.5
		1860	259	220					
	模拔型 12.70	1860	209	178					
	模拔型 15.20	1860	300	255					

注：1. Ⅰ级松弛即普通松弛级，Ⅱ级松弛即低松弛级它们分别适用所有钢绞线。
2. 屈服负荷不小于整根钢绞线公称最大负荷的85%。
3. 表中公称直径8.74的1×3绞线只适用刻痕钢绞线。

（10）预应力混凝土用热处理钢筋（GB 4463—84）性能应符合表 2-53 的规定。

预应力混凝土用热处理钢筋性能（GB 4463—84）　　**表 2-53**

公称直径（mm）	牌　号	$\sigma_{0.2}$（$R_{p0.2}$）（MPa）	σ_b（R_m）（MPa）	δ_{10}（$A_{11.3}$）（%）
6	$40Si_2Mn$	≥1325	≥1470	6
8.2	$48Si_2Mn$			
10	$45Si_2Cn$			

（11）预应力混凝土用钢丝（GB/T 5223—2002）力学性能应符合表 2-54、表 2-55 及表 2-56 的规定。

冷拉钢丝的力学性能　　**表 2-54**

公称直径 d_n（mm）	抗拉强度 σ_b（R_m）/MPa 不小于	规定非比例伸长应力 $\sigma_{p0.2}$（$R_{p0.2}$）（MPa）不小于	最大力下总伸长率（L_0=200mm）δ_{gt}(A_{gt})（%）不小于	弯曲次数（次/180°）不小于	弯曲半径 R（mm）	断面收缩率 ψ(%) 不小于	每 210mm 扭矩的扭转次数 n 不小于	初始应力相当于 70%公称抗拉强度时，1000h 后应力松弛率 r(%) 不大于
3.00	1470 1570 1670 1770	1100 1180 1250 1330	1.5	4	7.5	—	—	8
4.00				4	10	35	8	
5.00				4	15		8	
6.00	1470 1570 1670 1770	1100 1180 1250 1330		5	15		7	
7.00				5	20	30	6	
8.00				5	20		5	

消除应力光圆及螺旋肋钢丝的力学性能　　表 2-55

公称直径 d_n (mm)	抗拉强度 $\sigma_b(R_m)$ (MPa) 不小于	规定非比例伸长应力 $\sigma_{p0.2}(R_{p0.2})$ (MPa) 不小于		最大力下总伸长率 (L_0=200mm) $\delta_{gt}(A_{gt})$ (%) 不小于	弯曲次数 (次/180°) 不小于	弯曲半径 R (mm)	应力松弛性能		
							初始应力相当于公称抗拉强度的百分数(%)	1000h 后应力松弛率 r(%) 不大于	
		WLR	WNR					WLR	WNR
							对所有规格		
4.00	1470 1570 1670 1770 1860	1290 1380 1470 1560 1640	1250 1330 1410 1500 1580	3.5	3	10	60 70 80	1.0 2.0 4.5	4.5 8 12
4.80					4	15			
5.00									
6.00	1470 1570 1670 1770	1290 1380 1470 1560	1250 1330 1410 1500		4	15			
6.25					4	20			
7.00					4	20			
8.00	1470 1570	1290 1380	1250 1330		4	20			
9.00					4	25			
10.00	1470	1290	1250		4	25			
12.00					4	30			

消除应力的刻痕钢丝的力学性能　　表 2-56

公称直径 d_n (mm)	抗拉强度 $\sigma_b(R_m)$ (MPa) 不小于	规定非比例伸长应力 $\sigma_{p0.2}(R_{p0.2})$ (MPa) 不小于		最大力下总伸长率 (L_0=200mm) $\delta_{gt}(A_{gt})$ (%) 不小于	弯曲次数 (次/180°) 不小于	弯曲半径 R (mm)	应力松弛性能		
							初始应力相当于公称抗拉强度的百分数(%)	1000h 后应力松弛率 r(%) 不大于	
		WLR	WNR					WLR	WNR
							对所有规格		
≤5.0	1470 1570 1670 1770 1860	1290 1380 1470 1560 1640	1250 1330 1410 1500 1580	3.5	3	15	60 70 80	1.5 2.5 4.5	4.5 8 12
>5.0	1470 1570 1670 1770	1290 1380 1470 1560	1250 1330 1410 1500			20			

4. 钢材检验的取样

钢材的力学性能按检验批抽样检验，在技术标准中，不同品种材料对检验批的组成会有不同的规定，材料的出厂产品合格证、出厂检验报告列出了材料的出厂批号与各项性能指标。为确保工程质量，现行混凝土结构工程施工质量验收规范（GB 50204—2002）以强制性条文规定，进场后的材料必须“按进场的批次和产品的抽样检验方案”“抽取试件作力学性能检验”。

钢材品种不同抽取试样的数量和方法亦各不相同。抽样人员应分清钢材的进场批次，并按批次正确地取样。常用建筑钢筋抽取试样的规定如下：

（1）取样数量

常用建筑钢筋按进场批次抽取试样的数量如表 2-57 所示。

钢筋抽取样数量表　　　　**表 2-57**

钢筋品种	试样数量（个/批）			备注
	拉伸	弯曲	反复弯曲	
1. 钢筋混凝土用热轧带肋钢筋(GB 1499—1998)	2	2	—	
2. 钢筋混凝土用热轧光圆钢筋(GB 13013—1991) 钢筋混凝土用余热处理钢筋（GB 13014—1991）	2	2	—	
3. 低碳圆盘条（GB/T 701—1997）	1	2	—	直径≤6.5，端头切去 5m，直径＞6.5～12.5，端头切去 4m 后取样
4. 预应力混凝土用热处理钢筋（GB 446—84）	10%盘/批 1个/盘	—	—	不少于 25 盘
5. 预应力混凝土用钢丝(GB/T 5223—2002)	1个/盘	—	1个/盘	$A_{p0.2}$，A_{gt}每批 3 个
6. 预应力混凝土用钢绞线（GB/T 5224—1995）	3	—	—	

续表

钢筋品种		试样数量（个/批）			备注
		拉伸	弯曲	反复弯曲	
7. 冷轧带肋钢筋（GB 13788—2000）		1个/盘	—	2	
8. 冷拔钢丝（JGJ 19—92）	甲级	1个/盘	—	5%，≥5盘 1个/盘	端头切去500mm，再取样
	乙级	3	—	3	端头切去500mm，再取样
9. 冷拉钢筋（GB 50204—1992）		2	2	—	同级别、同直径≤20t为一批
10. 冷轧扭钢筋（JG 3046—1998）		2	1	—	端头切去500mm再取样

（2）取样步骤

抽取钢材试样的一般步骤如下：

a. 携带抽样材料的产品合格证、出厂检验报告和抽样记录，会同抽样见证人赴材料现场。

b. 核实抽样对象的批号、品种、规格。

c. 随机抽出样品钢材，检查确认外观质量合格。

d. 按规定切取所需试样，并及时对被抽样品钢材和所切取的试样编号。

e. 检查确认试样的外观质量和规格，做好抽样记录和签证。

f. 保存好样品钢材和所切取的试样，送试验室试验。

对于抽取的钢筋试样通常可直接送去检验，对于金属结构钢材，则还应按检验标准（GB 228）的规定进行再加工。

（3）钢筋试样的制备

样品钢筋被抽出，经外观质量检验合格后，即进入制备试样工作，一般步骤是先切去样品钢筋的端部一段，长度见表备注，表中未注明者一般宜切去300～500mm，然后切取各检验项目的试样。每根样品钢筋的一端只切取各检验项目的一个试样，每根试样的长度可按下列规定执行：

a. 钢筋拉伸试样长度一般可按式 2-4 计算，切取：

$$L = L_0 + 3d + 2h \tag{2-4}$$

式中 L——试样总长；

d——钢筋直径；

h——试验机夹持长（在不确知时可取 $h = 120$mm）。

b. 钢筋弯曲试样长度一般可按式 2-5 计算，切取：

$$L = 0.5\pi(d + a) + 140\text{mm} \tag{2-5}$$

式中 d——弯心直径；

a——试样直径。

c. 钢筋（丝）反复弯曲试样长度一般可按 200mm 切取。

5. 钢筋拉伸试验（GB/T 228—2002）

（1）检验目的

依据材质标准的规定，通过试验求得屈服强度 R_{eL}、（或规定非比例延伸强度 $R_{p0.2}$）抗拉强度 R_m 和伸长率 A（$A_{11.3}$ 或 A_{100}）等指标，确认钢筋拉伸力学性能是否符合有关技术标准的规定，评定钢筋力学性能是否合格。

现行试验方法标准为《金属材料室温拉伸试验方法》GB/T 228—2002。

（2）主要试验设备

钢筋拉伸试验的主要设备有：

a. 相应负载能力的材料试验机，准确度 1 级或优于 1 级，并按照 GB/T 16825 标准进行检验合格。

b. 引申计，其可夹持标距与示值范围应与试样要求相吻合，准确度不劣于 1（D）级，并按 GB/T 12160 标准经计量检验合格。

c. 游标卡尺、钢直尺等。

（3）试验的一般步骤

钢筋拉伸试验的一般步骤如下：

a. 核实试样，确认试样外观质量、品种、规格、数量和检验项目。

b. 分划原始标距标点，测定试样截面积，作好试验前的试样记录。

c. 检查调整好试验设备，使试验设备处于启动工作状态。

d. 安置试样，将试样对准夹头中心安置夹紧，确保试样中心受拉。

e. 开动试验机，按 GB 228 的有关规定速率平稳均匀地给试样施加负载，依次测定屈服强度（或规定非比例延伸强度），抗拉强度，读取记录其相应的力值（F_{eL}，$F_{p0.2}$和 F_m），直至试样被拉断。

f. 取下破断试样，使试验机恢复起始状态。

g. 检查破断试样，按 GB 228 的有关规定，确认其有效性，然后测定和记录试样的断后伸长量。

h. 检查确认试验记录，签名后进行数据处理和结果评定。

需要测定非比例伸长强度的试样，应按 GB 228 的有关规定进行相应操作。

(4) 试样原始标距标点的分划

钢筋（含钢丝、钢绞线等原材料）的拉伸试样均采用不经再加工的原始截面试样，允许调直但不得使用可导致冷加工和退火的调直方法，不得使外观质量受损。

试样经调直后，将试样的原始标距 L_0 刻画在试样中部，先刻画 L_0 的两个端点标记，然后以 5mm 或 10mm 的分格，在 L_0 中间刻画若干标点。此项工作宜在分划机上进行，手工刻制时应用小标记，细墨线作原始标记，不得用可引起过早断裂的缺口作标记。原始标距应准确到 ±1%。

(5) 原始横截面积（S_0）的测定

钢筋拉伸试样原始横截面积除低碳热轧圆盘条品种外一律取技术标准中的公称横截面积，保留 4 位有效数字。

低碳热轧圆盘条（GB/T 701）原始横截面积 S_0 用重量法测

定，即：测量试样的总长 L_t，称量试样的质量 m 按式 2-6 计算原始横截面积：

$$S_0 = \frac{m}{\rho L_t} \tag{2-6}$$

式中 ρ——材料密度。

试样长度和质量的测量应准确到 ±0.5%，密度应至少取 3 位有效数字。

（6）试验速率

拉伸试验应平稳地给试样增加外力。钢筋拉伸试验在屈服前的速率应为：（6～60）N/（$mm^2 \cdot s$）；屈服阶段的应变速率应为 0.00025/s～0.0025/s 之间，如不能直接调节这一应变速率，应通过屈服即将开始前的应力速率来调整，在屈服完成之前不再调节试验机的控制；若测定规定非比例延伸强度，其应变速率不应超过 0.0025/s。

测定钢筋抗拉强度（R_m）的速率不应超过 0.008/s。（两夹具间钢筋的拉伸应变）。

（7）屈服强度（R_e）的测定

1）屈服力的测定

呈现明显屈服（不连续屈服）现象的金属材料，按产品标准规定测定上屈服强度或下屈服强度或两者。如未具体规定，应测定上屈服强度和下屈服强度，或下屈服强度。具体方法依据试验机性能可选下列方法之一（参阅图 2-6）。

a. 图解方法：试验时记录力—延伸曲线或力—位移曲线。从曲线图读取力首次下降前的最大力和不计初始瞬时效应时屈服阶段中的最小力或屈服平台的恒定力。仲裁试验采用图解方法。

b. 指针方法：试验时，读取测力度盘指针首次回转前指示的最大力和不计初始瞬时效应时屈服阶段中指示的最小力或首次停止转动指示的恒定力。

c. 可以使用自动装置（例如微处理机等）或自动测试系统测定上屈服强度和下屈服强度，可以不绘制拉伸曲线图。

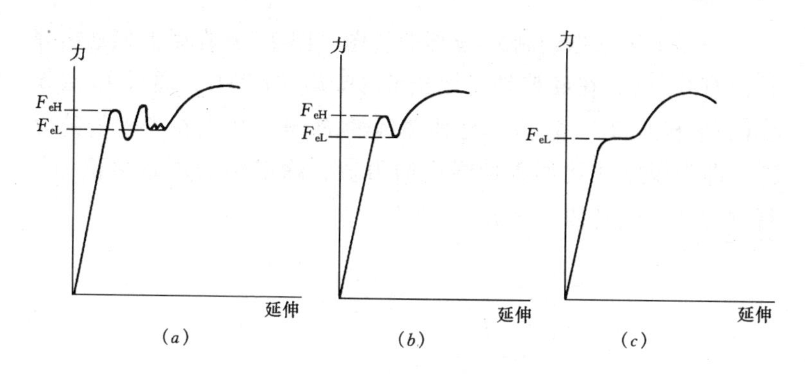

图 2-6　屈服力　位置示意图

2）屈服强度按式 2-7 计算，即

$$R_e = \frac{F_{eL}(\text{或 } F_{eH})}{S_0} \tag{2-7}$$

式中　F_{eL}（F_{eH}）——下屈服力（上屈服力），取值至 0.1 分度或最小显示值。

S_0——钢筋原始截面积。

当 200MPa＜R_e＜1000MPa，修约到 5MPa；

R_e＞1000MPa，修约到 10MPa。

（8）规定非比例延伸强度（$R_{p0.2}$）测定

测定非比例延伸率的方法较多，下面重点介绍图解法中的拉力-延伸曲线图法和力-夹头位移曲线图法的一般方法与步骤。

1）力-延伸曲线图法

①在试样拉伸试验的过程中，当试样负载达 10％预期 $R_{p0.2}$ 的拉力（称预拉力）时，将引申计夹持安装在试样上，记读引申计上的示值，引申计的标距 $L_e \geqslant L_0/2$。

②以每级 20％预期 $R_{p0.2}$ 的力分级施加拉力至 80％预期 $R_{p0.2}$ 时的力值，逐级读出记录引申计上的示值。加载应变速度不应超过 0.0025/s。

③以每级 5％预期 $R_{p0.2}$ 的力分级施加拉力，至大于 $R_{p0.2}$，逐级读出记录引申计读数，加载应变速度不应超过 0.0025/s。

④以上述数据绘制力-延伸曲线图（图 2-7）在图上先划出弹性段直线$\overline{OA}$，在延伸轴上定出 0.2% L_0 的点 C，通过 C 点作$\overline{OA}$的平行线$\overline{CB}$，交于力-延伸曲线的 B 点。B 点在力轴上的力 $F_{p0.2}$即为规定非比例延伸强度的力值，除以钢筋原始面积 S_0，得规定非比例延伸强度 $R_{p0.2}$。

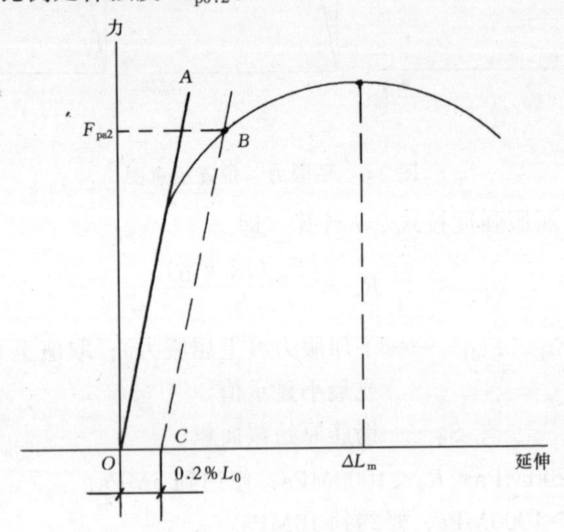

图 2-7 力-延伸曲线图

绘制力-延伸曲线图要准确。力轴上 $F_{p0.2}$ 的长度宜不小于 100mm，延伸轴上 0.2% L_0 的长度宜不小于 5mm。

若不能明确确定弹性直线（$\overline{OA}$）以致不能以足够的准确度划出平行线$\overline{CB}$时，非比例延伸应力可采用 GB 228 中的滞后环法和逐步逼近法测定。

具有自动装置（例如微处理机等）或自动测试系统的条件时，使用上述方法可以不绘制力-延伸曲线图。

2）力-夹头位移曲线法

在拉伸试验过程中利用试验机的绘图系统，绘制力-夹头位移曲线，在延伸轴上找出相当于 0.2% L_C（L_C：试样平行长度，对钢筋试验即为夹头间距离）的 C 点，通过 C 点作$\overline{OA}$段的平行线，在力-夹头位移图上交于 B 点，从而求得 $F_{p0.2}$（参阅图 2-7）和规定非比例延伸强度 $R_{p0.2}$。

此方法只允许在日常一般试验中应用，仲裁试验不采用此法。

此方法的应用要求 0.2% L_C 值在所绘制的图中相应的标尺长应不小于 5mm。

在日常检验中，预应力混凝土用钢丝（GB/T 5223—2002）和预应力钢铰线（GB/T 5224）的 $R_{p0.2}$ 也可以用规定总伸长率为 1%时的应力 σ_{t1} 来代替。

(9) 最大总伸长率（A_{gt}）的测定

在用引申计得到的力-延伸曲线图上测定最大力时的总延伸（ΔL_m）（参阅图 2-7）按式 2-8 计算最大总伸长率：

$$A_{gt} = \frac{\Delta L_m}{L_e} \times 100\%（取值 \pm 0.5\%） \qquad (2\text{-}8)$$

式中 L_e——引申计标距，GB/T 5223—2002 预应力钢筋混凝土用钢丝 $L_e = 200$；GB/T 5224—1995 材料，1×2 和 1×3 钢铰线 $L_e \geqslant 400$mm，1×7 钢铰线 $L_e \geqslant 500$mm。在无明确要求时，（实际所用 L_e 值应试验报告中注明）。

(10) 抗拉强度的测定

钢筋被拉断后试验机上指示（显示）的最大力值便是计算抗拉强度的力值 F_m，取值至 0.1 分度或最小显示值，按式 2-9 计算抗拉强度。

$$R_m = F_m / S_0 \qquad (2\text{-}9)$$

当 200MPa $< R_m <$ 1000MPa 时计算结果修约至 5MPa；R_m >1000MPa 时，修约到 10MPa。

(11) 伸长率的测定

1) 试样被拉断后伸长率测定的基本方法如下：

将断裂的部位仔细地配接在一起使其处于同一轴线上，必要时应用装置加以固定，用分辨率优于 0.1mm 的量具或装置，测定出断后标距（L_u）长，准确至 ±0.25mm，按式 2-10 计算断向

伸长率 A，取值至0.5%，即：

$$A = \frac{L_u - L_0}{L_0} \times 100\% \tag{2-10}$$

原则上只有断裂处与最接近的标距标记的距离不小于原始标距的三分之一情况，所得 A 值方为有效。但断后伸长率大于或等于规定值时，不管断裂位置处于何处，其值均为有效。

2）当试样断裂位置小于原始标距的三分之一且测量结果又小于规定值时，可用移位方法测定断伸长率，其方法如下：

①试验前将原始标距（L_0）细分为 N 等分。

②试验后，以符号 X 表示断裂后试样短段的标距标记，以符号 Y 表示断裂试样长段的等分标记，此标记与断裂处的距离最接近于断裂处至标距标记 X 的距离。

如 X 与 Y 之间的分格数为 n，按如下方法测定断后伸长率：

a. 如（$N-n$）为偶数［见图2-8（a）］，测量 X 与 Y 之间的距离和测量从 Y 至距离为：

$$\frac{1}{2}(N - n) \tag{2-10a}$$

个分格的 Z 标记之间的距离。按照式（2-10b）计算断后伸长率：

$$A = \frac{XY + 2YZ - L_0}{L_0} \times 100\% \tag{2-10b}$$

b. 如（$N-n$）为奇数［见图2-8（b）］，测量 X 与 Y 之间的距离，和测量从 Y 至距离分别为：

$$\frac{1}{2}(N - n - 1) \text{和} \frac{1}{2}(N - n + 1) \tag{2-10c}$$

个分格的 Z' 和 Z'' 标记之间的距离。按照式（2-10d）计算断后伸长率：

$$A = \frac{XY + YZ' + YZ'' - L_0}{L_0} \times 100\% \tag{2-10d}$$

③对于断后伸长率规定值低于5%时，宜用下列方法测定伸长率：

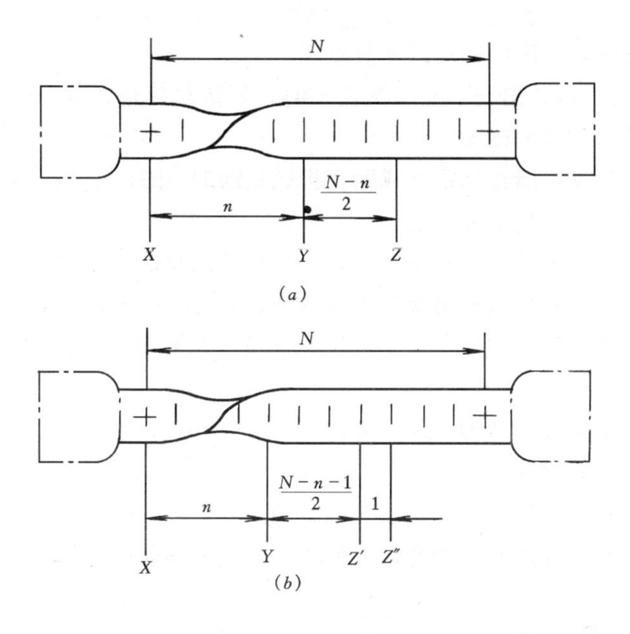

图 2-8 移位方法的图示说明

注：试样头部形状仅为示意性。

试验前在平行长度的一端处作一很小的标记。使用调节到标距的分规，以此标记为圆心划一圆弧。拉断后，将断裂的试样置于一装置上，最好借助螺丝施加轴向力，以使其在测量时牢固地对接在一起。以原圆心为圆心，以相同的半径划第二个圆弧。用工具显微镜或其他合适的仪器测量两个圆弧之间的距离即为断后伸长，准确到±0.02mm。为使画线清晰可见，试验前可涂上一层染料。

（12）试验结果评定

1）做拉伸试验的试样，如果其中一根试样的屈服强度、抗拉强度或伸长率三个指标中有一个不符合指标规定值时，即为拉伸试验不合格，应进行第二次抽样复验。在复检试验中，若仍有一个指标不符合规定，不论这个指标在第一次试验中是否合格，拉伸试验也判定为不合格，该批钢筋即为不合格品，应按照质量管理规定：降级使用或退货处理。

2）试验出现下列情况之一时，其试验结果无效，应重做同样数量试样的试验。

①试样断在标距外或断在机械刻画的标距标记上，而且断后伸长率小于规定最小值。

②试验期间设备发生故障，影响了试验结果。

若试验后试样出现两个或两个以上的缩颈及显示出肉眼可见的冶金缺陷（例如分层、气泡、夹渣、缩孔等），应在试验记录和报告中注明。

6. 钢筋的弯曲试验（GB/T 232—1999）

（1）试验目的

钢筋的弯曲试验是建筑钢材的主要工艺性能试验，用以测定钢材在冷加工时承受变形的能力，是判定钢筋质量的重要指标之一。

（2）试验设备

应在配备下列弯曲装置之一的试验机或压力机上完成试验。

a. 支辊式弯曲装置，见图 2-9。

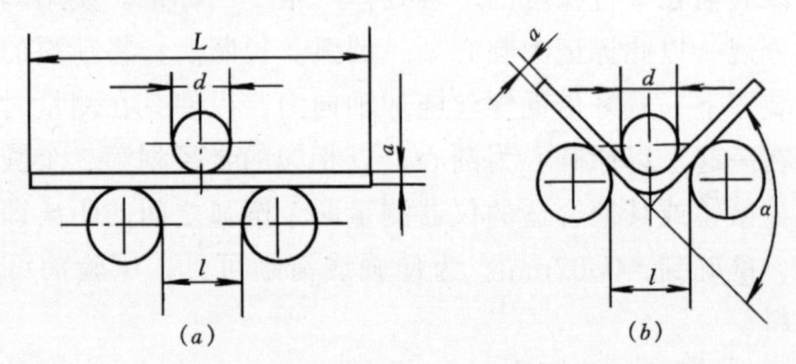

图 2-9　支辊式弯曲装置

b. V 形模具式弯曲装置，见图 2-10。

c. 虎钳式弯曲装置，见图 2-11。

d. 翻板式弯曲装置，见图 2-12。

1）支辊式弯曲装置

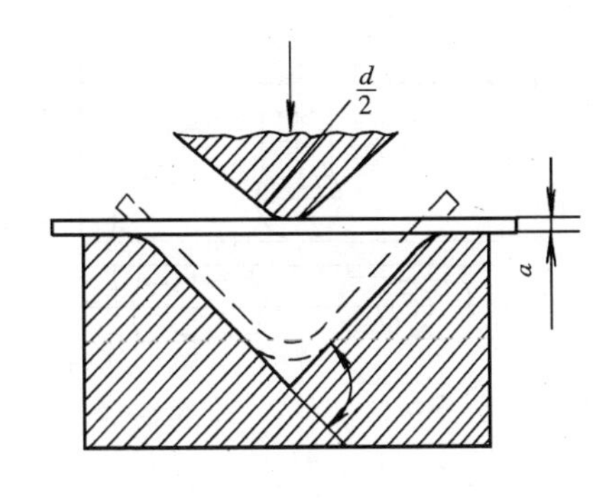

图 2-10　V 形模具式弯曲装置

a. 支辊长度应大于试样宽度或直径。支辊半径应为 1～10 倍试样厚度。支辊应具有足够的硬度。

b. 除非另有规定，支辊间距离应按照式（2-11）确定：

$$l = (d + 3a) \pm 0.5a \tag{2-11}$$

此距离在试验期间应保持不变。

c. 弯曲压头直径应在相关产品标准中规定。弯曲压头宽度应大于试样宽度或直径。弯曲压头应具有足够的硬度。

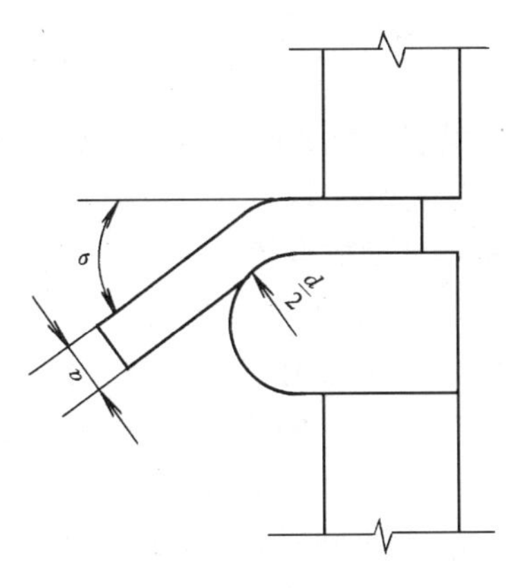

图 2-11　虎钳式弯曲装置

2）V 形模具式弯曲装置

模具的 V 形槽其角度应为 $180° - \alpha$（见图 2-10），弯曲角度应在相关产品标准中规定。弯曲压头的圆角半径为 $d/2$。

模具的支承棱边应为倒圆，其倒圆半径应为 1～10 倍试样厚度。模具和弯曲压头宽度应大于试样宽度或直径，弯曲压头应具有足够的硬度。

3）虎钳式弯曲装置

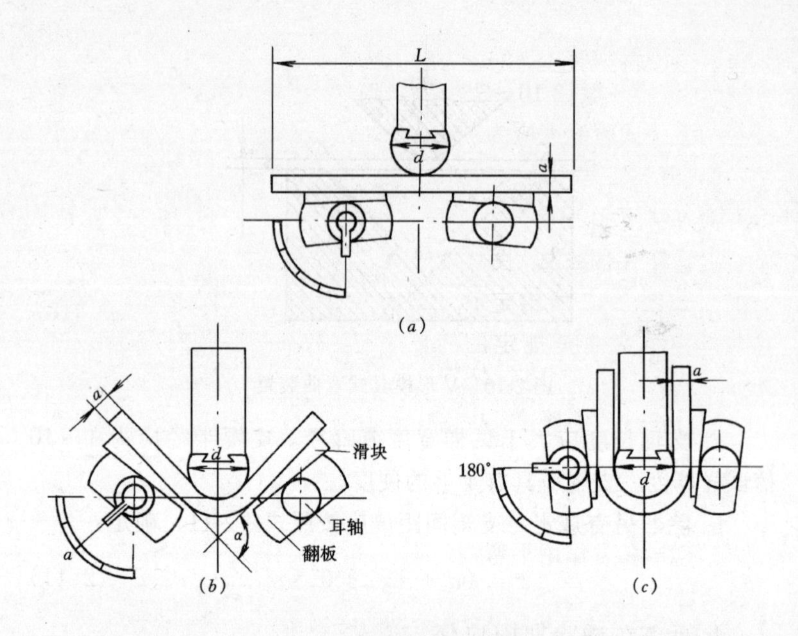

图 2-12　翻板式弯曲装置

装置由虎钳配备足够硬度的弯心组成（见图 2-11），可以配置加力杠杆。弯心直径应按照相关产品标准要求，弯心宽度应大于试样宽度或直径。

4）翻板式弯曲装置

a. 翻板带有楔形滑块，滑块宽度应大于试样宽度或直径。滑块应具有足够的硬度。翻板固定在耳轴上，试验时能绕耳轴轴线转动。耳轴连接弯曲角度指示器，指示 0°～180°的弯曲角度。

b. 翻板间距离应为两翻板的试样支承面同时垂直于水平轴线时两支承面间的距离（见图 2-12）。按照式 2-12 确定。

$$l = (d + 2a) + e \tag{2-12}$$

式中　e 可取值 2～6mm。

c. 弯曲压头直径应在相关产品标准中规定：弯曲压头宽度应大于试样宽度或直径。弯曲压头的压杆其厚度应略小于弯曲压头直径，见图 2-12，弯曲压头应具有足够的硬度。

(3) 试验程序

1) 试验一般在10～35℃的室温范围内进行，对温度要求严格的试验，试验温度应为23±5℃。

2) 由相关产品标准规定，采用下列方法之一完成试验。

①试样在图2-9、图2-10、图2-11以及图2-12所给定的条件和在力作用下弯曲至规定的弯曲角度。

②试样在力作用下弯曲至两臂相距规定距离且相互平行（见图2-10和图2-14）。

③试样在力作用下弯曲至两臂直接接触（见图2-15）。

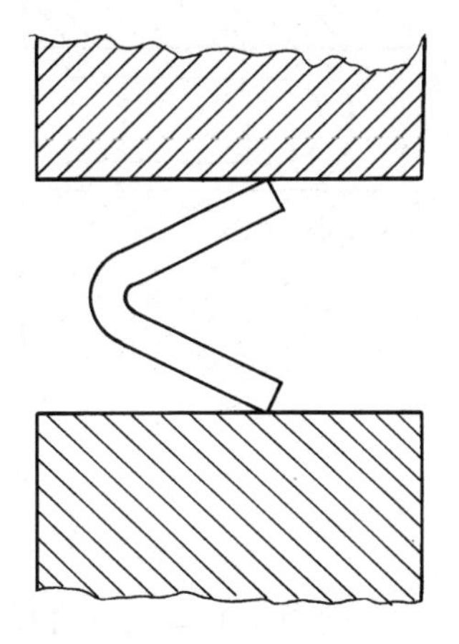

图2-13 试样置于两平行压板之间

3) 试样弯曲至规定弯曲角度的试验，应将试样放在两支辊（见图2-9a）或V形模具（见图2-10）或两水平翻板（见图2-12）上，试样轴线应与弯曲压头轴线垂直，弯曲压头在两支座之间的中点处对试样连续施加力使其弯曲，直至达到规定的弯曲角度。

如不能直接达到规定的弯曲角度，应将试样置于两平行压板之间（见图2-13），连续施加力压其两端使进一步弯曲，直至达到规定的弯曲角度。

4) 试样弯曲至180°角两臂相距规定距离且相互平行的试验，采用图2-13的方法时，首先对试样进行初步弯曲（弯曲角度应尽可能大），然后将试样置于两平行压板之间（见图2-13）连续施加力压其两端使进一步弯曲，直至两臂平行（见图2-14）。试验时可以加或不加垫块。除非产品标准中另有规定，垫块厚度等于规定的弯曲压头直径；采用图2-16的方法时，在力作用下不改变力的方向，弯曲直至达到180°角（见图2-12c）。

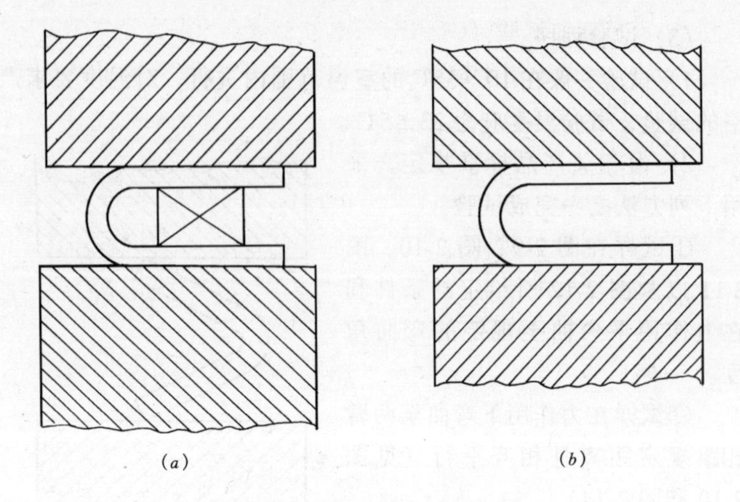

图 2-14　试样弯曲至两臂平行

5）试样弯曲至两臂直接接触的试验，应首先将试样进行初步弯曲（弯曲角度应尽可能大），然后将其置于两平行压板之间（见图 2-13），连续施加力压其两端使进一步弯曲，直至两臂直接接触（见图 2-15）。

6）可以采用图 2-11 所示的方法进行弯曲试验，试样一端固定，绕弯心进行弯曲，直至达到规定的弯曲角度。

7）弯曲试验时，应缓慢施加弯曲力。

(4) 试验结果评定

1）应按照相关产品标准的要求评定弯曲试验结果，如未规定具体要求，弯曲试验后试样弯曲外表面无肉眼可见裂纹应评定为合格。

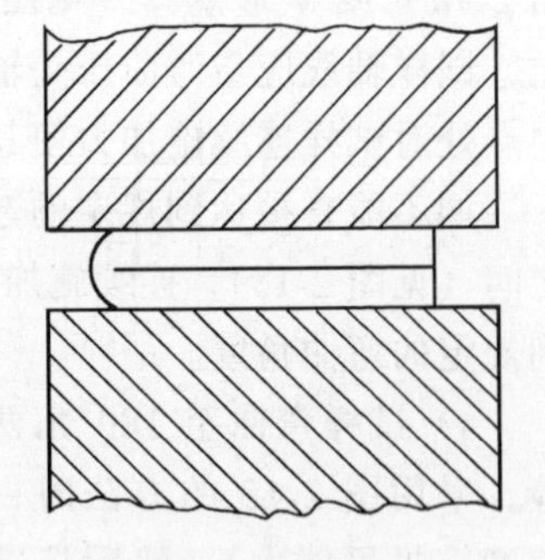

图 2-15　试样弯曲至两臂直接接触

2）相关产品标准规定的弯曲角度认作为最小值；规定的弯曲半径认作为最大值。

7. 反复弯曲试验（GB 238—1984）

反复弯曲试验用于检验金属线材在反复弯曲中承受塑性变形的能力。其原理是将试样一端夹紧，然后绕着规定的圆柱形表面使试样弯曲 90°，并按相反方向反复弯曲。

试样从外观检查合格的任意部位截取，长度为 200mm。必要时可对试样进行矫直，当用手不能矫直时，可将试样置于木材、塑料或铜的平面上，用这些材料制成的锤子轻轻锤直。矫直时试样表面不得有损伤，也不允许受任何扭曲。

试验机应有图 2-16 的构造，其中：弯曲圆柱 A 和 B（5）的圆弧半径 r，拨杆（3）的孔径 d_g，弯曲圆柱与拨杆间距 h，应符合表 2-58 的规定。

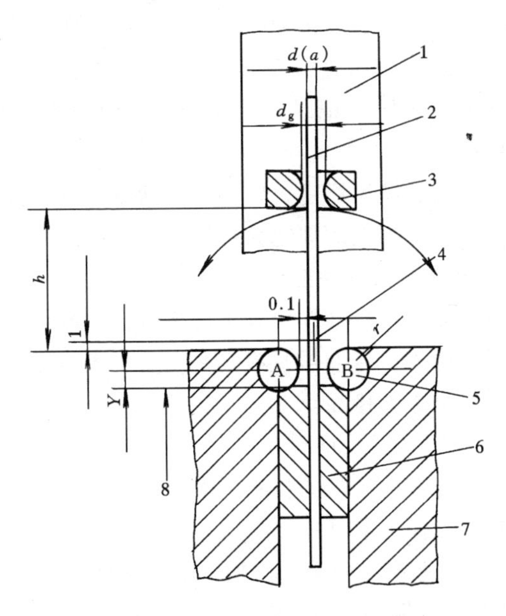

图 2-16　钢丝反复弯折机示意图

1—弯曲臂；2—试样；3—拨杆；4—弯曲臂转动中心；5—弯曲圆柱 A 和 B；6—夹块；7—支座；8—夹持面的顶面

钢丝直径与 r，h，d_g 表　　表 2-58

线材公称直径（d）(mm)	弯曲圆弧半径（r）(mm)	拨杆距离（h）(mm)	拨杆孔径（d_g）(mm)
72.0～3.0	7.5±0.1	25	2.5 和 3.5
73.0～4.0	10.0±0.1	35	3.5 和 4.5
74.0～6.0	15.0±0.1	50	4.5 和 7.0
76.0～8.0	20.0±0.1	75	7.0 和 9.0
78.0～10.0	25.0±0.1	100	9.0 和 11.0

试验应在 10～35℃ 的室温下进行。试验时使弯曲臂（图 2-16（1））处于垂直位置，将试样由拨杆孔插入并夹紧其下端，使试样垂直弯曲圆柱轴线所在平面，以平稳而无冲击的状态将试样从起始位置向一侧弯曲 90°再返回到起始位置，作为做一次 180°弯曲；再向另一侧弯曲 90°，再返回到起始位置，作为第二次 180°弯曲。如是依次连续反复弯曲至有关标准中规定的弯曲次数或试样折断为至，记录弯曲次数（折断时的最后一次不计数）。弯曲速度不大于 1 次/s。

反复弯曲试验结果评定，以不计折断时最后一次的弯曲次数符合有关材质技术标准的规定为合格。

8. 钢筋原材料力学性能复验

检验批钢筋第一次抽样检验不合格时，可做第二次抽样，对不合格项目（拉伸、弯曲或反复弯曲等）进行复验。复验合格，该检验批质量仍为合格品。

GB/T 17505《钢及钢产品交货一般技术要求》提供了复验的抽样方法，若被检产品的技术标准没有作出具体规定时，钢筋力学性能复验工作可取其中之一进行，即：

（1）在原检验批中将第一次抽取的样品挑出，从余下的产品中随机地选出另外两根（或盘）钢筋，从中分别制出复验试样，在与第一次试验相同的条件下再做一次同类型的试验，其结果应全部合格。

（2）如果原抽样钢筋保留在检验批中，仍需抽出两根（或盘）钢筋样品，从中分别制出复验试样，但其中的一个试样必须在第一次抽样的样品钢筋上切取，其试验结果应全部合格。

(3) 对于像冷轧带肋钢筋、预应力钢筋混凝土用钢丝有进行逐盘抽样检验的项目，则复验应在不合格盘上再抽双倍试样进行相同项目的试验，双倍试验应全部合格。

9. 钢筋焊接接头试验（JGJ 18—1996，JGJ 27—2001）

(1) 钢筋焊接接头取样数量和检验项目

钢筋焊接接头力学性能检验的试验应在外观检查合格的生产批中随机抽取。检验批的组成和抽样数量应符合下列规定：

1）钢筋电渣压力焊接头在一般构筑物中,应以300个同级别钢筋接头作为一个检验批;在现浇钢筋混凝土多层结构中,应以每一楼层或施工区段中的300个同级别钢筋接头作为一批,不足300个接头仍应作为一批。每一检验批中随机切取三个试件做拉伸试验。

2）钢筋闪光对焊接头应以同一台班内，由同一焊工完成的300个同级别、同直径钢筋焊接接头作为一个检验批，当同一台班内焊接接头数量较少，可在一周之内累计计算；累计不足300个接头，应按一批计。每一检验批应随机切取6个试件，3个做拉伸试验，3个做弯曲试验。

3）钢筋电弧焊接头在一般构筑物中，应从成品中每批随机切取3个试样进行拉伸试验；在装配式结构中可按生产条件制作模拟试件；在工厂焊接条件下，以300个同接头型式、同钢筋级别的接头作为一个检验批；在现场安装条件下，每一至二楼层中的300个同型式、同钢筋级别的接头作为一批；不足300个时，仍作为一批。

4）钢筋气压焊接接头在一般构筑物中，以300个接头为一个检验批；在现浇钢筋混凝土房屋结构中，以同一楼层的300个接头作为一批，不足300个接头仍应作为一批。每一检验批随机抽取6个试样，3个做拉伸试验，3个做弯曲试验。

5）预埋件钢筋T形接头应以300件同类型预埋件为一个检验批，(一周内连续焊接时可累计计算)，不足300件时亦应按一批计。每一检验批随机切取3件作拉伸试验。

拉伸试样尺寸见表2-58，弯曲试样尺寸同钢筋原材料，焊接接头应置于试样长度的1/2处。

(2) 拉伸试验

1) 试验目的:

测定焊接接头抗拉强度，观察断裂位置和断口形貌，判断延性式脆性断裂。

2) 试件形式及尺寸:

钢筋闪光对焊、电弧焊、电渣压力焊、气压焊、⊥形焊件接头拉伸应符合表2-59的规定（JGJ 27—2001)。

焊接钢筋拉伸试样尺寸表 **表 2-59**

焊接方法		接头型式	试样尺寸 (mm)	
			l_s	$L \geq$
电阻点焊		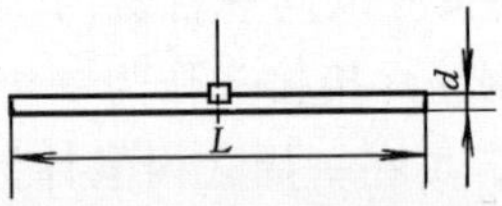	—	300 l_s+2l_j
闪光对焊		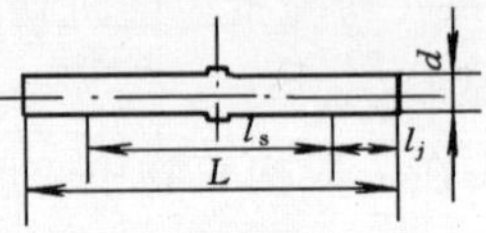	$8d$	l_s+2l_j
电弧焊	双面帮条焊	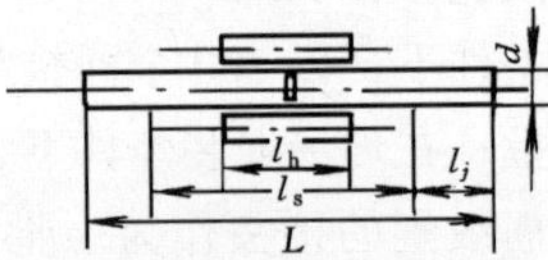	$8d+l_h$	l_s+2l_j
	单面帮条焊	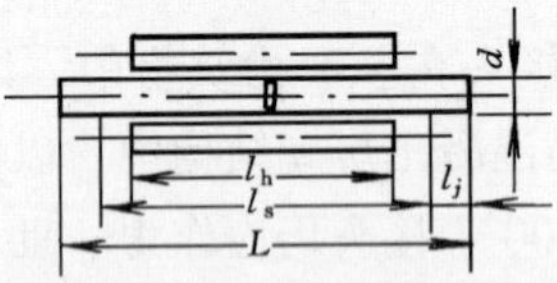	$5d+l_h$	l_s+2l_j
	双面搭接焊	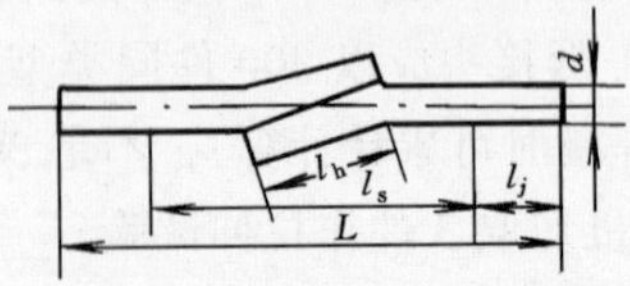	$8d+l_h$	l_s+2l_j

续表

焊接方法		接头型式	试样尺寸（mm）	
			l_s	$L \geqslant$
电弧焊	单面搭接焊	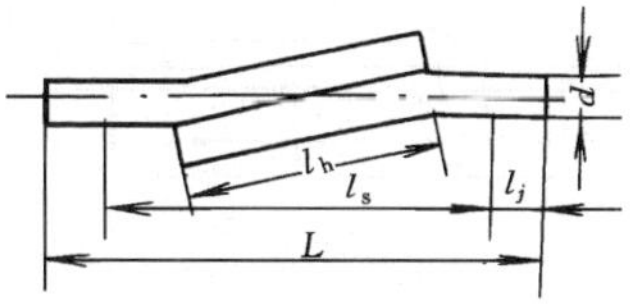	$5d + l_h$	$l_s + 2l_j$
	熔槽帮条焊	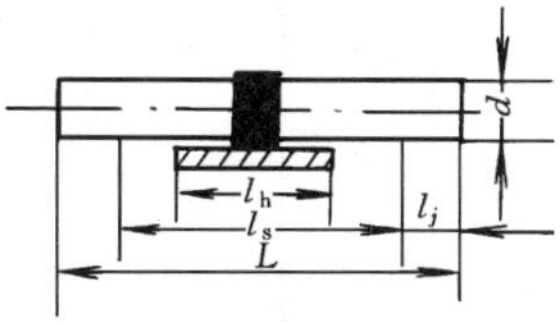	$8d + l_h$	$l_s + 2l_j$
	坡口焊	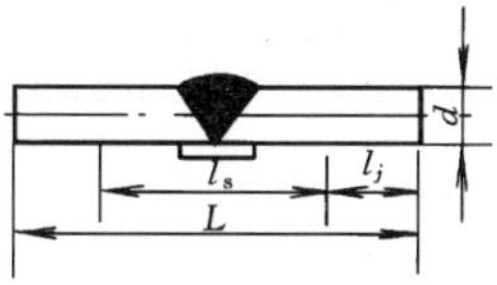	$8d$	$l_s + 2l_j$
	窄间隙焊	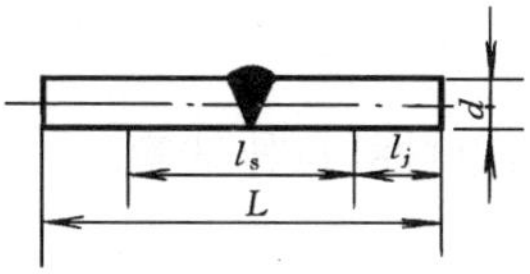	$8d$	$l_s + 2l_j$
电渣压力焊		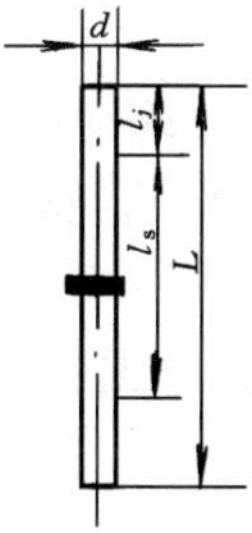	$8d$	$l_s + 2l_j$

续表

焊接方法	接头型式	试样尺寸（mm）	
		l_s	$L\geqslant$
气压焊	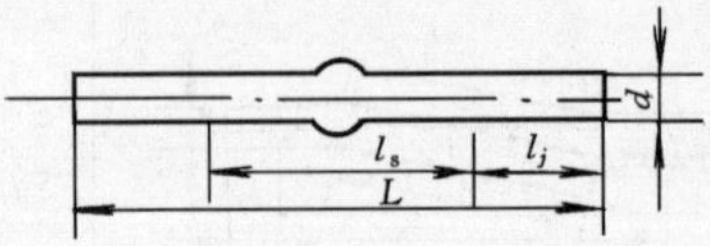	$8d$	l_s+2l_j
预埋件电弧焊	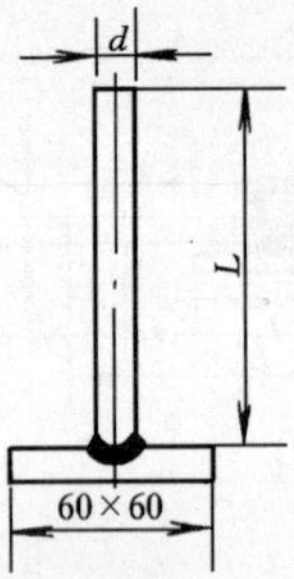	—	200
预埋件埋弧压力焊			

注：l_s——受试长度；

l_h——焊缝（或镦粗）长度；

l_j——夹持长度（100～200mm）；

L——试样长度；

d——钢筋直径。

3）试验设备同钢筋原材料拉伸试验。

4）试验步骤：

①试验前，核查确认试件，并做好有关原始记录。

② 检查和调整好试验机。

③将试件夹紧于试验机上，加荷应连续而平稳，不得有冲击或跳动。加荷速度为3～30MPa/s，直到试件拉断（或出现缩颈后）停止。

5）试验过程中应记录下列数据：

①钢筋级别和公称直径；

②焊接接头的外观检验；

③试件拉断或颈缩前的最大荷载值（取值1/10分度或最小显示值）;

④断裂特征，断裂位置与离开焊缝的距离塑性断裂或脆性断裂等。

6）试验结果计算：

试件抗拉强度按式2-13计算

$$R_m = \frac{F_m}{S_0} \tag{2-13}$$

式中 R_m——试件抗拉强度，MPa；

F_m——试件断裂前的最大荷载，N；

S_0——试件公称横向面积，mm^2。

抗拉强度值的修约办法同钢筋原材料拉伸试验。

7）试验结果评定（GB 12219—89　JGJ 18—96）：

①闪光对焊，电弧焊三个试件，抗位强度不得低于该钢筋级别规定指标，若有两个试件在焊缝或热影响区发生脆性断裂时，应取双倍数量的试件进行复验，复验结果若仍有一个试件的抗拉强度低于规定指标或有三个试件是脆性断裂，则该批焊件即为不合格。

②电渣压力焊的三个试件，抗拉强度均不得低于规定指标，若有一个试件的抗拉强度低于理论值，应取双倍数量的试件复验。复验结果，仍有一个试件抗拉强度达不到上述要求，该批焊件即为不合格。

③压气焊三个试件，抗拉强度不得低于该钢筋级别规定指标，并断压焊面之外，是塑性断裂。若有一个试件不符合规定值时，应取两倍数量的试件进行复验，复验结果，若仍有一个接头不符合要求，则该批件即为不合格。

④预埋件钢筋T形焊三个试件，抗拉强度均不低于规定指标，若有一个试件抗拉强度低不符合规定值，应取两部数量的试件进行复验，复验结果，若仍有一个试件不合格，该批试件判为不合格。

(3) 钢筋焊件弯曲试验

对于闪光对接焊和气压焊的焊接接头除应进行拉伸试验外，还应进行弯曲试验，试验时将接头置于弯曲压头的轴线平面内，使焊缝始终处于最大弯曲面上，弯曲施力的基本方法同钢筋原材料试验。

1）对于闪光对焊要进行弯曲试验时，应将受压面的金属毛刺和镦粗变形部分消除，且与原材料外表平齐。当试验结果，有两个试件发生破断时，应再取两倍数量试件复验。复验结果，当仍有三个试件发生破断时，应确认该批接头为不合格。

2）对于气压焊进行弯曲试验时，应将试件复压面的凸起部分消除，并应与原材料外表平齐。当试验结果有一个试件发生破断时，应再取两倍数量试件进行复验。复验结果，若仍有一个试件不符合要求，应确定该批接头为不合格品。

3）弯曲试验的弯心直径和弯曲角度，应符合表 2-60 的规定。

焊接钢筋弯心直径与弯曲角度表 **表 2-60**

钢筋等级	弯心直径 d		弯曲角度
	$d \leqslant 25$mm	$d > 25$mm	
HPB235	$2d$	$3d$	90°
HRB335	$4d$	$5d$	90°
HRB400 RRB400	$5d$	$6d$	90°
RRB500	$7d$	—	90°

10. 钢筋机械连接接头

目前常用的钢筋机械连接接头有“带肋钢筋套筒连接接头”、“钢筋锥螺纹接头”和“镦粗直螺纹接头”。

“带肋钢筋套筒连接接头”是通过挤压连接用钢套筒，使之产生塑性变形，与带肋钢筋紧密咬合而形成的接头。执行技术标准 JGJ 108—1996。

“钢筋锥螺纹接头”是把钢筋的连接端加工成锥形螺纹（简

称丝头)，通过特制的锥形螺纹连接套管把两根钢筋连接在一起的接头。执行技术标准 JGJ 109—1996。

“镦粗直螺纹接头”是将钢筋的连接端先行镦粗，再加工出圆柱螺纹，与带螺纹的连接套筒形成连接头。执行技术标准 JG/T 3057—1999。

钢筋机械连接接头按批验收，日常生产中，对检验批产品抽样作外观质量检验和抗拉强度检验，同时应对母材钢筋作抗拉强度检验。

钢筋机械连接接头的抗拉强度检验要求如下：

(1) 检验批的组成

钢筋机械连接接头的检验批由同一施工条件，同一批原材料构成的同等级、同型式、同规格的500个接头构成。

(2) 样品数量和试样尺寸

每检验批应随机抽取3个接头做单向拉伸试验，其尺寸应符合图2-17的规定。

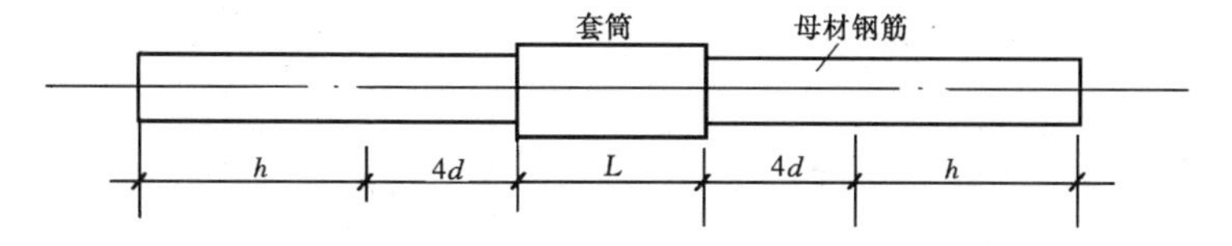

图 2-17　钢筋机械接头拉伸试样

L—套筒长；d—母材钢筋直径；h—试验机夹持长（不确定时取 120mm）

(3) 试验设备与现场试验方法

1) 钢筋机械连接接头单向拉伸试验设备用钢筋原材料试验设备。

2) 接头现场单向拉伸试验可采用零到破坏的一次加载制度。方法步骤参照原材料钢筋试验进行。

试验测定抗拉承载力（等同母材抗拉强度)，记录接头破坏形态——“钢筋母材拉断”、“连接件拉断”和“钢筋从连接件中滑脱”。

3) 试验结果按下列规定评定接头等级（JGJ 107—1996)：

A级：$f_{mst}^0 \geqslant f_{tk}$对于锥螺纹接头尚应大于0.9倍用实际横截面面积计算的母材实际抗拉强度f_{st}^0。

B级：$f_{mst}^0 \geqslant 1.35 f_{tk}$。

式中 f_{mst}^0——母材公称原始截面积计算的抗拉强度；

f_{tk}——钢筋抗拉强度标准值。

（4）单向拉伸强度的复验

检验批第一次抽出的样品中，如果有一个试样的抗拉强度不符合设计等级的要求，则应评为检验批抗拉强度一次检验不合格。此时，应再在同一检验批中抽取双倍（6个）试样进行复验试验。复验试样结果均符合设计等级要求时，该检验批仍评为抗拉强度合格，否则为不合格。

（七）水　泥

1. 硅酸盐水泥、普通硅酸盐水泥（GB175—1999）

（1）定义及代号

1）硅酸盐水泥：

凡由硅酸盐水泥熟料、0～5%石灰石或粒化高炉矿渣、适量石膏磨细制成的水硬性胶凝材料，称为硅酸盐水泥，硅酸盐水泥分为两种类型，不掺加混合材料的称为Ⅰ型硅酸盐水泥。代号为P·Ⅰ。在硅酸盐水泥粉磨时掺加不超过水泥质量5%石灰石或粒化高炉矿渣混合材料的称Ⅱ型硅酸盐水泥，代号P·Ⅱ。

2）普通硅酸盐水泥：

凡由硅酸盐水泥熟料、6%～15%混合材料、适量石膏磨细制成的水硬性胶凝材料，称为普通硅酸盐水泥。代号P·0。

掺活性混合材料时，最大掺量不得超过15%，其中允许用不超过水泥质量5%的窑灰或不超过水泥质量10%的非活性混合材料来代替。

掺非活性混合材料时，最大掺量不得超过水泥质量10%。

（2）强度等级

硅酸盐水泥强度等级分为 42.5、42.5R、52.5、52.5R、62.5、62.5R。

普通硅酸盐水泥强度等级分为 32.5、32.5R、42.5、42.5R、52.5、52.5R。

(3) 技术要求

1) 不溶物：Ⅰ型硅酸盐水泥中不溶物不得超过 0.75%；
Ⅱ型硅酸盐水泥中不溶物不得超过 1.5%。

2) 烧失量：Ⅰ型硅酸盐水泥中烧失量不得大于 3.0%；
Ⅱ型硅酸盐水泥中烧失量不得大于 3.5%；
普通水泥烧失量不得大于 5.0%。

3) 氧化镁：水泥中氧化镁的含量不宜超过 5.0%。如果水泥经压蒸安定性试验合格，则水泥中氧化镁的含量允许放宽到 6.0%。

4) 三氧化硫：水泥中三氧化硫的含量不得超过 3.5%。

5) 细度：硅酸盐水泥比表面积大于 $300m^2/kg$。普通水泥 $80\mu m$ 方孔筛筛余不得超过 10.0%

6) 凝结时间：硅酸盐水泥初凝不得早于 45min。终凝不得迟于 6.5h。普通水泥初凝不得早于 45min。终凝不得迟于 10h。

7) 安定性：用沸煮法检验必须合格。

8) 强度：水泥强度等级按规定龄期的抗压强度和抗折强度来划分，各强度等级水泥的各龄期强度不得低于表 2-61 的数值：

硅酸盐水泥、普通水泥强度指标 单位：MPa **表 2-61**

品 种	强度等级	抗压强度		抗折强度	
		3 天	28 天	3 天	28 天
硅酸盐水泥	42.5	17.0	42.5	3.5	6.5
	42.5R	22.0	42.5	4.0	6.5
	52.5	23.0	52.5	4.0	7.0
	52.5R	27.0	52.5	5.0	7.0
	62.5	28.0	62.5	5.0	8.0
	62.5R	32.0	62.5	5.5	8.0

续表

品　种	强度等级	抗压强度		抗折强度	
		3天	28天	3天	28天
普通水泥	32.5	11.0	32.5	2.5	5.5
	32.5R	16.0	32.5	3.5	5.5
	42.5	16.0	42.5	3.5	6.5
	42.5R	21.0	42.5	4.0	6.5
	52.5	22.0	52.5	4.0	7.0
	52.5R	26.0	52.5	5.0	7.0

9）碱：水泥中碱的含量按 $Na_2O + 0.658K_2O$ 计算值来表示。

2. 矿渣硅酸盐水泥、火山灰质硅酸盐水泥及粉煤灰硅酸盐水泥（GB1344—1999）

（1）定义与代号

1）矿渣硅酸盐水泥：

凡由硅酸盐水泥熟料和粒化高炉矿渣,适量石膏磨细制成的水硬性胶凝材料称为矿渣硅酸盐水泥,代号P·S,水泥粒化高炉矿渣掺加量按质量百分比计为20%～70%。允许用石灰石、窑灰、粉煤灰和火山灰质混合材料中的一种材料代替矿渣,代替数量不得超过水泥质量的8%,替代后水泥中粒化高炉矿渣不得少于20%。

2）火山灰质硅酸盐水泥：

凡由硅酸盐水泥熟料和火山灰质混合材料、适量石膏磨细制成的水硬性胶凝材料称为火山灰质硅酸盐水泥（简称火山灰水泥），代号P·P。水泥中火山灰质混合材料掺量按质量百分比计为20%～50%。

3）粉煤灰硅酸盐水泥：

凡由硅酸盐水泥熟料和粉煤灰、适量石膏磨细制成的水硬性胶凝材料称为粉煤灰硅酸盐水泥，代号P·F。水泥中粉煤灰掺量按质量百分比计为20%～40%。

（2）强度等级

矿渣水泥、火山灰水泥、粉煤灰水泥强度等级分为32.5、

32.5R、42.5、42.5R、52.5、52.5R。

(3) 技术要求

1) 氧化镁：熟料中氧化镁的含量不宜超过5.0%。如果水泥经压蒸安定性试验合格，则熟料中氧化镁的含量允许放宽到6.0%。

2) 三氧化硫：矿渣水泥中三氧化硫的含量不得超过4.0%；火山灰水泥和粉煤灰水泥中，三氧化硫的含量不得超过3.5%。

3) 细度：80μm方孔筛筛余不得超过10%。

4) 凝结时间：初凝不得早于45min，终凝不得迟于10h。

5) 安定性：用沸煮法检验必须合格。

6) 强度：水泥强度等级按规定龄期的抗压强度和抗折强度来划分，各强度等级水泥的各龄期强度不得低于表2-62的数值：

矿渣、火山灰、粉煤灰水泥强度

等级指标 单位：MPa **表2-62**

强度等级	抗压强度		抗折强度	
	3天	28天	3天	28天
32.5	10.0	32.5	2.5	5.5
32.5R	15.0	32.5	3.5	5.5
42.5	15.0	42.5	3.5	6.5
42.5R	19.0	42.5	4.0	6.5
52.5	21.0	52.5	4.0	7.0
52.5R	23.0	52.5	4.5	7.0

7) 碱：水泥中碱的含量按 $Na_2O + 0.658K_2O$ 计算值来表示。

3. 水泥试验依照GB/T1345，GB/T1346，GB/T17671进行

(八) 粉 煤 灰

1. 定义及类别

从煤粉炉排出的烟气中收集到的细颗粒粉末称为粉煤灰，按排放方式粉煤灰分为干排灰和湿排灰。我国过去习惯按原煤煤种不同，把粉煤灰分为两种：一种是烟煤和无烟煤的普通粉煤灰，另一种是很少的褐煤和次烟煤的粉煤灰。这两种粉煤灰的性质不同，前者化学成分中氧化钙含量较低，叫低钙粉煤灰，后者氧化钙含量较高，叫高钙粉煤灰。有些发电厂，为了脱硫或有意提高氧化钙含量，采取了在炉内喷入石灰石粉等措施，由此得到的粉煤灰叫作“增钙粉煤灰”。

2. 应用范围及技术要求

粉煤灰的应用，主要集中于建筑业、造纸业、筑路等。依据《用于水泥和混凝土中的粉煤灰》，(GB 1596—91)，拌制水泥混凝土砂浆时，作掺合料的粉煤灰成品应满足表 2-63 的要求，在水泥生产中作活性混合材料的粉煤灰应满足表 2-64 的要求。在实际应用中，配置混凝土时，选用符合表 2-63 中的Ⅰ、Ⅱ级技术指标的粉煤灰，Ⅲ级粉煤灰用于配制砂浆或修公路的填层。

作掺合料的粉煤灰质量表　　表 2-63

序号	指标		级别		
			Ⅰ	Ⅱ	Ⅲ
1	细度（0.045mm 方孔筛余）(%)	不大于	12	20	45
2	需水量比（%）	不大于	95	105	115
3	烧失量（%）	不大于	5	8	15
4	含水量（%）	不大于	1	1	不规定
5	三氧化硫（%）	不大于	3	3	3

作活性混合材料的粉煤灰质量表　　表 2-64

序号	指标		级别	
			Ⅰ	Ⅱ
1	烧失量（%）	不大于	5	8
2	含水量（%）	不大于	1	1
3	三氧化硫（%）	不大于	3	3
4	28 天抗压强度比（%）	不小于	75	62

3. 取样及判定

(1) 取样：

1) 散装灰取样—从不同部位取 15 份试样。每份不少于 1kg。混合拌匀，按四分法缩取比试验所需量大一倍的试样（称为平均试样)。

2）袋装灰取样—从每批中任抽10袋，并从每袋中各取试样不少于1kg，按1）中的方法混合缩取平均试样。

(2）判定:产品技术指标均达到技术要求中相应等级时判定为该等级,有一项指标低于Ⅲ级粉煤灰要求时判为等外品。出现等外品数据时则应重新从同一批中加倍取样,进行复检,复检仍不合格时,则该批粉煤灰必须经过再加工,经检验合格方能使用。

4. 粉煤灰相关性能试验依据GB176，GBJ146—90进行

(九) 石 油 沥 青

石油是现阶段最重要的能源之一，也是有机合成工业的主要原料。沥青是石油的非能源产品，但在节能方面有着特殊重要的意义。据统计，好的沥青公路较砂石路可节约燃料10%～20%。因此，世界各国对道路沥青的研究都予以极大的重视。此外，各种沥青产品还广泛地应用于城建、建材、化工和冶金等部门。由于石油沥青具有良好的耐腐蚀性、粘结性、不透水性和化学稳定性而用途越来越广泛。

1. 沥青的定义及分类

(1）定义

沥青是黑色到暗褐色的固态或半固态粘稠状物质。加热时逐渐溶解。它全部以固态或半固态存在于自然界或由石油炼制过程制得，沥青主要由高分子的烃类或非烃类组成。

(2）分类

沥青材料按品种分为石油沥青和焦油沥青两大类。石油沥青是石油工业的副产品，是各项建筑中应用最广泛的沥青材料。根据生产石油沥青的原料、工艺及其用途等不同，可以将石油沥青分为普通石油沥青、建筑石油沥青及道路石油沥青三大类。

2. 石油沥青的技术性质

(1）普通石油沥青

由含蜡原油的减压蒸馏残油，经氧化制得的高软化点沥青。其适用于道路和建筑工程及制造油毡等防水材料之用。根据性质及用途分为75、65、55三个牌号。其技术指标要求见表2-65。

普通石油沥青技术指标要求　　表2-65

项目		质量指标		
		75号	65号	55号
软化点（环球法），℃	不低于	60	80	100
延度（25℃），cm	不小于	2	1.5	1
针入度（25℃，100g），1/10mm	不大于	75	65	55
溶解度（三氯甲烷，四氯化碳或苯），%	不小于	98	98	98
闪点（开口），℃	不低于	230	230	230
水分，%	不大于	痕迹	痕迹	痕迹

（2）建筑石油沥青

由天然原油的减压渣油在一定的温度下通入压缩空气经氧化或其他工艺过程而制得的石油沥青。适用于建筑物屋面和地下防水的胶结料及制造涂料、油毡和防腐材料等。建筑石油沥青按针入度不同分为10、30、40三个牌号。技术指标要求见表2-66。

建筑石油沥青技术指标要求　　表2-66

项目		质量指标			试验方法
		10	26～35	40	
针入度（25℃，100g，5s），1/10mm	不大于	10～25	2	36～50	GB/T4509
延度（25℃，5cm/min），cm	不小于	1.5	2.5	3.5	GB/T4508
软化点（环球法），℃	不低于	95	75	60	GB/T 4507
溶解度（三氯乙烷，三氯乙烯，四氯化碳或苯），%	不小于	99.5			GB/T 11148
蒸发损失（163℃，5h），%	不大于	1			GB/T 11964
蒸发后针入度比，%	不小于	65			①
脆点，℃		报告			GB/T4510
闪点（开口），℃	不低于	230			GB/T267

①测定蒸发损失后样品的针入度之比乘以100后，所得到的百分比，称为蒸发后针入度比。

(3) 道路石油沥青

由天然石油蒸馏残余物或残余物经氧化及调和而制成的道路石油沥青或由溶剂脱沥青工艺及调和方法制得的沥青。按针入度可分为200、180、140、100甲、100乙、60甲、60乙七个牌号。技术指标见表2-67。

道路石油沥青技术指标 **表2-67**

项目	质量指标						
	200	180	140	100甲	100乙	60甲	60乙
针入度(25℃,100g),1/10mm	201~300	161~200	121~160	91~120	81~120	51~80	41~80
延度(25℃),cm 不小于	—	100	100	90	60	70	40
软化点(环球法),℃	30~45	35~45	38~48	42~52	42~52	45~55	45~55
溶解度(三氯乙烷,三氯乙烯,四氯化碳或苯),%	99	99	99	99	99	99	99
蒸发后针入度比,%	50	60	60	65	65	70	70
闪点(开口),℃	180	200	230	230	230	230	230
蒸发损失(163℃,5h),%	1						

(十) 混凝土外加剂

在混凝土拌和物中掺入不超过水泥质量5%,并能使混凝土按要求改变性质的物质,称为混凝土外加剂。

由于外加剂掺量很少,故其体积在混凝土配合比设计中可忽略不计,只作为外掺物。

随着科学技术的不断发展,要改变混凝土的技术性质和节约水泥等,可以有多种途径。如为了提高混凝土强度,一般可采用高强度等级的水泥和减少水灰比的办法就可达到,但由于水灰比太小,拌和物干硬,和易性很差,为保证成型密实就需要采用振动加压、高频振捣等施工方法,故而成本就高,且工艺复杂,难以推广。但若在混凝土中加入少量外加剂，不需改变生产工艺，不需复杂的生产设备，就能达到目的，因而可以认为，在混凝土中加入少量化学外加剂是改善混凝土各种性能最有效、最简便的方法。

1. 外加剂的作用

各类外加剂加入混凝土中的作用有以下几方面：

（1）能改善混凝土拌和物的和易性、减轻体力劳动强度、有利于机械化作业，这对保证并提高混凝土等的工程质量很有好处。

（2）能减少养护时间、或缩短预制构件厂的蒸养时间；也可使工地提早拆除模板，加快模板周转；还可以提早对预应力钢筋混凝土的钢筋放张、剪筋。总之，掺用外加剂可以加快施工进度，提高建设速度。

（3）能提高或改善混凝土质量。有些外加剂掺入到混凝土中后，可以提高混凝土的强度，增加混凝土的耐久性、密实性、抗冻性及抗渗性，并可改善混凝土的干燥收缩及徐变性能。有些外加剂还能提高混凝土中钢筋的耐锈蚀性能。

（4）在采取一定的工艺措施之后，掺加外加剂能适当地节约水泥而不致影响混凝土的质量。

外加剂种类繁多，功能多样，所以国内外分类方法很不一致，通常有以下两种分类方法：

2. 外加剂的分类

（1）按外加剂主要功能分类

1）改善混凝土拌和物和易性的外加剂，如减水剂、引气剂等。

2）调节混凝土凝结硬化性能的外加剂。如早强剂、速凝剂、缓凝剂等。

3）调节混凝土含气量的外加剂。如引气剂、发泡剂、发沫剂、消泡剂等。

4）改善混凝土物理力学性能的外加剂。如引气剂、膨胀剂、抗冻剂、防水剂、减水剂等。

5）增强混凝土中钢筋抗锈蚀性能的外加剂。如阻锈剂。

6）为混凝土提供特殊性能的外加剂。如着色剂、脱模剂、喷射剂等。

（2）按外加剂化学成分分类

1）无机物类：

主要是一些电解质盐类，如 $CaCl_2$、Na_2SO_4 等早强剂。另外还有某些金属单质如铝粉等加气剂，以及少量氢氧化物等。

2）有机物类：

这类物质种类很多，其中大部分属于表面活性剂的范畴，有阴离子型、阳离子型、非离子型以及两性表面活性剂等，其中以阴离子表面活性剂应用最多。还有一些有机物，它本身并不明显的具有表面活性作用，但也可以在某种用途中作为外加剂使用。

3）复合型类：

各种外加剂往往仅仅在某些方面或某一方面有较好性能，功能单一。因而可将有机与有机或有机与无机等数种外加剂复合使用，使其具有多种功能，这将对扩大外加剂的使用起促进作用。

目前建筑工程中应用较多、较成熟的几种外加剂有：减水剂、早强剂、引气剂、调凝剂、防冻剂、膨胀剂等。

3. 几种常用外加剂

（1）普通减水剂及高效减水剂

在混凝土坍落度基本相同的条件下，能减少拌和用水量或大幅减少拌和物用水量的外加剂。

1）品种：

混凝土工程中可采用下列普通减水剂：

本质素磺酸盐类：本质素磺酸钙、本质素磺酸钠、木质素磺酸镁及丹宁等；

混凝土工程中可采用下列高效减水剂：

①多环芳香族磺酸盐类：萘和萘的同系磺化物与甲醛缩合的盐类、胺基础酸盐等；

②水溶性树脂磺酸盐类：磺化三聚氰胺树脂、磺化古码隆树脂等；

③脂肪族类：聚羧酸盐类、聚丙烯酸盐类、脂肪族羟甲基酸盐高缩聚物等；

④其他：改性木质素磺酸钙、改性丹宁等。

2）适用范围：

普通减水剂及高效减水剂可用于混凝土、钢筋混凝土、预应力混凝土，并可制备高强高性能混凝土。

普通减水剂宜用于日最低气温5℃以上施工的混凝土，不宜单独用于蒸气养护混凝土；高效减水剂宜用于日最低气温0℃以上施工的混凝土；

当掺用含有木质素磺酸盐类物质的外加剂时应先做水泥适应性试验，合格后方可使用。

3）检测项目：见表2-68及表2-69。

(2）引气剂及引气减水剂

引气剂是在搅拌混凝土过程中能引入大量均匀分布、稳定而封闭的微小气泡的外加剂。

引气减水剂是兼有引气和减水功能的外加剂。

1）品种：

混凝土工程中可采用下列引气剂：

①松香树脂类：松香热聚物、松香皂类等；

②烷基和烷基芳烃磺酸盐类：十二烷基磺酸盐、烷基苯磺酸盐、烷基苯酚氧乙烯醚等；

③脂肪醇磺盐类：脂肪醇聚氧乙烯醚、脂肪醇聚氧酸钠、脂肪醇硫酸钠等；

④皂甙类：三萜皂甙等；

⑤其他：蛋白质盐、石油磺酸盐等。

混凝土工程中可采用由引气剂与减水剂复合而成的引气减水剂。

2）适用范围：

掺减水剂及引气剂混凝土性能 表 2-68

试验项目		外加剂品种																	
		普通减水		高效减水剂		早强减水剂		缓凝高效减水剂		缓凝减水剂		引气减水剂		早强剂		缓凝剂		引气剂	
		一等品	合格品	一等品	合格品	一等品	合格品	一等品	合格品	一等品	合格品	一等品	合格品	一等品	合格品	一等品	合格品	一等品	合格品
减水率 %，不小于		8	5	12	10	8	5	12	10	8	5	10	10	—	—	—	—	6	6
泌水率比，%，不大于		95	100	90	95	95	100	100		100		70	80	100		100	110	70	80
含气量，%		≤3.0	≤4.0	≤3.0	≤4.0	≤3.0	≤4.0	<4.5		<5.5		>3.0		—		—		>3.0	
凝结时间之差，min	初凝	-90～+120		-90～+120		-90～+90		>+90		>+90		-90～+120		-90～+90		>+90		-90～+120	
	终凝																		
抗压强度比%，不小于	1d	—	—	140	130	140	130	—		—		—		135	125	—		—	
	3d	115	110	130	120	130	120	125	120	100		115	110	130	120	100	90	95	80
	7d	115	110	125	115	115	110	125	115	110		110		110	105	100	90	95	80
	28d	110	105	120	110	105	100	120	110	110	105	100		100	95	100	90	90	80
收缩率比，%不大于	28d	135		135		135		135		135		135		135		135		135	
相对耐久性指标，% 200次，不小于		—		—		—		—		—		80	60	—		—		80	60
对钢筋锈蚀作用		应说明对钢筋有无锈蚀危害																	

注：1. 除含气量外，表中所列数据为掺外加剂混凝土与基准混凝土的差值或比值。

2. 凝结时间指示，“-”号表示提前，“+”号表示延缓。

3. 相对耐久性指标一栏中，“200 次≥80 和 60”表示将 28d 龄期的掺外剂混凝土试件冻融循环 200 次后，动弹性模量保留值≥80%或≥60%。

4. 对于可用高频振捣排除的，由于外加剂引入的气泡的产品。允许用高频振捣，达到某类型性能指标要求的外加剂，可按本表进行命名和分类，但须在产品说明书和包装上注明“用于高频振捣的××剂”。

引气剂及引气减水剂，可用于抗冻混凝土、抗渗混凝土、抗硫酸盐混凝土、泌水严重的混凝土、贫混凝土、轻骨料混凝土、人工骨料配制的普通混凝土、高性能混凝土以及有饰面要求的混凝土。

引气剂、引气减水剂不宜用于蒸养混凝土及预应力混凝土，必要时，应经试验。

3）检测项目：见表2-68及表2-69。

减水剂及引气剂匀质性能 **表2-69**

试验项目	指标
含固量或含水量	对液体外加剂，应在生产厂所控制值的相对量的3%内； 对固体外加剂，应在生产厂控制值的相对量的5%之内。
密度	对液体外加剂，应在生产厂所控制值的±0.02g/cm^{3}之内
氯离子含量	应在生产厂所控制值相对量的5%之内
水泥净浆流动度	应不小于生产控制值的95%
细度	0.315mm筛筛余应小于15%
pH值	应在生产厂控制值±1之内
表面张力	应在生产厂控制值±1.5之内
还原糖	应在生产厂控制值±3%
总碱量（$Na_2O+0.658K_2O$）	应在生产厂控制值的相对量的5%之内
硫酸钠	应在生产厂控制值的相对量的5%之内
泡沫性能	应在生产厂控制值的相对量的5%之内
砂浆减水率	应在生产厂控制值±1.5之内

（3）缓凝剂、缓凝减水剂及缓凝高效减水剂

缓凝剂是延长混凝土凝结时间的外加剂。缓凝减水剂及缓凝高效减水剂是兼有早强和减水功能的外加剂。

1）品种：

混凝土工程中可采用下列缓凝剂及缓凝减水剂：

①糖类：糖钙、葡萄糖酸盐等；

②木质素磺酸盐类：木质素磺酸钙、木质素磺酸钠等；

③羟基羧及其盐类：柠檬酸、酒石酸钾钠等；

④无机盐类：锌盐、磷酸盐等；

⑤其他：胺盐及其衍生物、纤维素醚等。

混凝土工程中可采用由缓凝剂与高效减水剂复合而成的缓凝高效减水剂。

2）适用范围：

缓凝剂、缓凝减水剂及缓凝高效减水剂可用于大体积混凝土、碾压混凝土、炎热气候条件下施工的混凝土、自流平免振混凝土、滑模施工或拉模施工的混凝土及其他需要延缓凝结时间的混凝土。缓凝高效减水剂可制备高强高性能混凝土。

缓凝剂、缓凝减水剂及缓凝高效减水剂宜用于日最低气温5℃以上施工的混凝土，不宜单独用于有早强要求的混凝土及蒸养混凝土。

柠檬酸及酒石酸钾钠等缓凝剂不宜单独用于水泥用量较低、水灰比较大的贫混凝土。

当掺用含有糖类及木质素磺酸盐类物质的外加剂时应先作水泥适应性试验，合格后方可使用。

使用缓凝剂、缓凝减水剂及缓凝高效减水剂施工，宜根据温度选择品种并调整掺量，满足工程要求方可使用。

3）检测项目：见表2-68及表2-69。

（4）早强剂及早强减水剂

早强剂是加速混凝土早期强度发展的外加剂。早强减水剂是兼有缓凝和减水功能的外加剂。

1）品种：

混凝土工程中可采用下列早强剂：

①强电解质无机盐类早强剂：硫酸盐、硫酸复盐、硝酸盐、亚硝酸盐、氯盐等；

②水溶性有机化合物：三乙醇胺、甲酸盐、乙酸盐、丙酸盐

等；

③其他：有机化合物、无机盐复合物。

2）适用范围：

早强剂及早强减水剂适用于蒸养混凝土及常温、低温和最低温度不低于－5℃环境中施工的有早强要求的混凝土工程。炎热环境条件下不宜使用早强剂、早强减水剂。

掺入混凝土后对人体产生危害或对环境产生污染的化学物质严禁用作早强剂。含有六价铬盐、亚硝酸盐等有害成分的早强剂严禁用于饮水工程及与食品相接触的工程等。含有硝铵灰的物质严禁用于办公、居住等建筑工程。

下列结构中严禁采用含有氯盐配制的早强剂及早强减水剂：

①预应力混凝土结构；

②在相对湿度大于80％环境中使用的结构、处于水位变化部位的结构、露天结构及经常受水淋、受水流冲刷的结构；

③直接接触酸、碱或其他侵蚀性介质的结构；

④经常处于温度为60℃以上的结构，需经蒸养的钢筋混凝土预制构件；

⑤有装饰要求的混凝土，特别是要求色彩一致的或是表面有金属装饰的混凝土；

⑥薄壁混凝土结构，中级和重级工作制吊车的梁、屋架、落锤及锻锤混凝土基础结构；

⑦使用冷拉钢筋或冷拔低碳钢丝的结构；

⑧直接靠近高压电源的结构；

⑨骨料具有碱活性的混凝土结构。

在下列混凝土结构中严禁采用含有强电解质无机盐类的早强碱水剂：

①与镀锌钢材或铝铁相接触部位的结构，以及有外露钢筋预埋铁件而无防护措施的结构；

②使用直流电源的结构及距离高压直流电源100m以内的结构。

3）检测项目：见表 2-68 及表 2-69

（5）防冻剂

能使混凝土在负温下硬化，并在规定时间内达到足够防冻强度的外加剂。

1）品种

混凝土工程中可采用下列防冻剂：

①强电介质无机盐类：

a. 强电介质无机盐类；

b. 氯盐类：以氯盐为防冻组分的外加剂；

c. 无氯盐类：以亚硝酸盐、硝酸盐等无机盐为防冻组分的外加剂。

②水溶性有机化合物类：以某些醇类为防冻组分的外加剂。

③有机化合物与无机盐复合类。

④复合型防冻剂：以防冻组分复合早强、引气、减水等组分的外加剂。

2）适用范围：

含强电解质无机盐的防冻剂用于混凝土中，必须符合本节的有关规定。

亚硝酸盐、碳酸盐无机盐防冻剂严禁于预应力混凝土结构。

含有六价铬盐、亚硝酸盐等有害成分的防冻剂，严禁用于饮水工程及与食品相接触的工程等，严禁食用。

含有硝胺、尿素等产生刺激性气味的防冻剂，严禁用于办公、居住等建筑工程。

有机化合物类防冻剂可用于混凝土工程、钢筋混凝土工程及预应力混凝土工程。

有机化合物与无机盐复合防冻剂及复合型防冻剂可用于混凝土工程、钢筋混凝土工程及预应力混凝土工程。

对水工、桥梁及有特殊抗冻融性要求的混凝土工程，应通过试验确定防冻剂品种及掺量。

3）检测项目：见表 2-70 及表 2-71。

掺防冻剂混凝土性能 表 2-70

试验项目		性能指标					
		一等品			合格品		
减水率,%	不小于	10			—		
泌水率,%	不大于	80			100		
含气量,%	不小于	3.0			2.0		
凝结时间差,min	初凝 终凝	−150～+150			−210～+210		
抗压强度比,% 不小于	规定温度,℃	−5	−10	−15	−3	−10	−15
	R_{28}	100		95	95		90
	R_{-7}	20	12	10	20	10	8
	R_{-7+28}	95	90	85	90	85	80
	R_{-7+56}	100			100		
28d 收缩率比,%	≤	135					
抗渗高度,%	≤	100					
50 次冻融强度损失率比,%	≤	100					
对钢筋锈蚀作用		应说明对钢筋有无锈蚀作用					

防冻剂匀质性 表 2-71

试验项目	指标
含固量	液体防冻剂：应在生产厂控制值的相对量的 3%之内
含水量	粉状防冻剂：应在生产厂控制值的相对量的 5%之内
密度	液体防冻剂：应在生产研制控制值的 ±0.02 之内
氯离子含量	应在生产厂控制值相对量的 5%之内
水泥净浆流动度	应不小于生产厂控制值的 95%
细度	粉状防冻剂细度应在生产厂控制值的 ±2%之内

注：尿素为主要成分的防冻剂，含固量和含水量，测之时恒温温度可为 80～85℃；粉套防冻剂的细度应全部通过 0.315mm 筛。

(6) 膨胀剂

能使混凝土产生一定体积膨胀的外加剂。

1) 品种：

混凝土工程中可采用下列膨胀剂：

①硫铝酸钙类：

②硫铝酸钙—氧化钙类；

③氧化钙类。

2）适应范围：

膨胀剂的适用范围应符合表 2-72 的规定。

膨胀剂的适用范围 表 2-72

用途	适用范围
补偿收缩混凝土	地下、水中、海水中、隧道等构筑物，大体积混凝土（除大坝外）配筋路面和板、屋面与厕浴间防水、构件补强、渗漏修补、预应力钢筋混凝土、回填槽等
填充用膨胀混凝土	结构后浇带、隧洞堵头、钢管与隧道之间的填充等
填充用膨胀砂浆	机械设备的底座灌浆、地脚螺栓的固定、梁柱接头、构件补强、加固
自应力混凝土	仅用于常温下使用的自应力钢筋混凝土压力管

含硫铝酸钙类、硫铝酸钙—氧化钙类膨胀剂的混凝土（砂浆）不得用于长期环境温度 80℃ 以上的工程。

含氧化钙类膨胀剂配制的混凝土（砂浆）不得用于海水或有侵蚀性水的工程。

掺膨胀剂的混凝土适用于钢筋混凝土工程和填充性混凝土工程。

掺膨胀剂的大体积混凝土，其内部最高温度应符合有关标准的规定，混凝土内外温差宜小于 25℃。

掺膨胀剂的补偿收缩混凝土刚性屋面宜于南方地区，其设计、施工应按《屋面工程设计规范》（GB50207）执行。

3）掺膨胀剂混凝土（砂浆）的性能要求：

施工用补偿收缩混凝土，其性能应满足表 2-73 的要求。

补偿收缩混凝土的性能 表 2-73

项目	限制膨胀率（$\times10^{-4}$）	限制干缩率（$\times10^{-4}$）	抗压强度（MPa）
龄期	水中 14d	水中 14d，空气中 28d	28d
性能指标	≥1.5	≤3.0	≥25

填充用膨胀混凝土；其性能应满足表2-74的要求。

填充用膨胀混凝土的性能　　表2-74

项　　目	限制膨胀率 ($\times10^{-4}$)	限制干缩率 ($\times10^{-4}$)	抗压强度 (MPa)
龄　　期	水中14d	水中14d，空气中28d	28d
性能指标	≥2.5	≤3.0	≥30.0

掺膨胀剂混凝土的抗压强度试验应按《普通混凝土力学性能试验方法》（GBJ81）进行。填充用膨胀混凝土的强度试件应在成型后第三天拆模。

膨胀砂浆：其性能应满足表2-75的要求。灌浆用膨胀砂浆用水量按砂浆流动度250±10mm的用水量。抗压强度采用40mm×40mm×160mm试模，无振动成型，拆模、养护、强度检验应按《水泥胶砂强度试验方法》（GB/T17671）进行。

膨胀砂浆性能　　表2-75

流动度 (mm)	限制膨胀率 ($\times10^{-4}$)		抗压强度（MPa）		
	3d	7d	1d	3d	28d
≥250	≥10	≥20	≥20	≥30	≥60

自应力混凝土：掺膨胀剂的自应力混凝土的性能应符合《自应力硅酸盐水泥》（JC/T218）的规定。

（7）泵送剂

能改善混凝土拌和物泵送性能的外加剂。

1）品种：

混凝土工程中，可采用由减水剂、缓凝剂、引气剂等复合而成的泵送剂。

2）适用范围：

泵送剂适用于工业与民用建筑及其他构筑物的泵送施工的混凝土；特别适用于大体积混凝土、高层建筑和超高层建筑；适用于滑模施工等；也适用于水下灌注桩混凝土。

3）检测项目：见表2-76及表2-77。

泵送剂匀质性指标　　　　表 2-76

试验项目	指标
含固量	液体泵送剂:应在生产厂控制值相对量的 6%之内
含水量	固体泵送剂:应在生产厂控制值相对量的 10%之内
密度	液体泵送剂:应在生产厂控制值的 ±0.02g/cm³ 之内
细度	固体泵送剂:0.315mm 筛筛余应小于 15%
氯离子含量	应在生产厂控制值相对量的 5%之内
减碱量($Na_2O+0.658K_2O$)	应在生产厂控制值的相对量的 5%之内
水泥净浆流动度	应不小于生产控制值的 95%

泵送剂受检混凝土的性能指标　　　　表 2-77

试验项目			性能指标	
			一等品	合格品
坍落度增加值，mm	≥		100	80
常压泌水率比，%	≤		90	100
压力泌水率比，%	≤		90	95
含气量，%	≤		4.5	5.5
坍落度保留值，mm	≥	30min	150	120
		60min	120	100
抗压强度比，%	≥	3d	90	85
		7d	90	85
		28d	90	85
收缩率比，%	≤	28d	135	135
对钢筋的锈蚀作用			应说明对钢筋有无锈蚀作用	

(8) 防水剂

能降低混凝土在静水压力下的透水性的外加剂。

1) 品种：

①无机化合物类：氯化铁、硅灰粉末、锆化合物等。

②有机化合物类：脂肪酸及其盐类、有机硅表面活性剂（甲基硅醇钠、乙基硅醇钠、聚乙基羟基硅氧烷）、石蜡、地沥青、橡胶及水溶性树脂乳液等。

③混凝物类：无机类混合物、有机类混凝物、无机类与有机类混合物。

④复合类：上述各类与引气剂、减水剂、调凝剂等外加剂复合的复合型防水剂。

2）适用范围：

防水剂可用于工业与民用建筑的屋面、地下室、隧道、巷道、给排水池、水泵站等有防水抗渗要求的混凝土工程。

3）检测项目：见表2-78、表2-79及表2-80。

防水剂匀质性指标 表2-78

试验项目	指标
含固量	液体防水剂：应在生产厂控制值相对量的3%之内
含水量	粉状防水剂：应在生产厂控制值相对量的5%之内
总碱量（$Na_2O+0.658K_2O$）	应在生产厂控制值相对量的5%
密度	液体防水剂：应在生产厂控制值的$\pm 0.02g/cm^3$之内
氯离子含量	应在生产厂控制值相对量的5%之内
细度（0.315mm筛）	筛余小于15%

注：含固量和密度可任选一项检验。

防水剂受检砂浆的性能指标 表2-79

<table>
<tr><th colspan="3" rowspan="2">试验项目</th><th colspan="2">性能指标</th></tr>
<tr><th>一等品</th><th>合格品</th></tr>
<tr><td colspan="3">净浆安定性</td><td>合格</td><td>合格</td></tr>
<tr><td rowspan="2">凝结时间</td><td>初凝，min</td><td>不小于</td><td>45</td><td>45</td></tr>
<tr><td>终凝，h</td><td>不大于</td><td>10</td><td>10</td></tr>
<tr><td colspan="2" rowspan="2">抗压强度比，%</td><td>7d</td><td>100</td><td>85</td></tr>
<tr><td>28d</td><td>90</td><td>80</td></tr>
<tr><td colspan="2">透水压力比，%</td><td>不小于</td><td>300</td><td>200</td></tr>
<tr><td colspan="2">40h吸水量比，%</td><td>不大于</td><td>65</td><td>75</td></tr>
<tr><td colspan="2">28d收缩率比，%</td><td>不大于</td><td>125</td><td>135</td></tr>
<tr><td colspan="3">对钢筋的锈蚀作用</td><td>无</td><td>无</td></tr>
</table>

注：除凝结时间、安定性为受检净浆的试验结果外，表中所列数据均为受检砂浆与基准砂浆的比值。

防水剂受检混凝土的性能指标　　表 2-80

试验项目			性能指标	
			一等品	合格品
净浆安定性			合格	合格
泌水率比，%	不大于		50	70
凝结时间差，min	不小于	初凝	-90	
		终凝	—	
抗压强度比，%	不小于	3d	100	90
		7d	110	100
		28d	100	90

(9) 速凝剂

能使混凝土迅速凝结硬化的外加剂。

1) 品种：

在喷射混凝土工程中采用的粉状速凝剂：以铝酸盐、碳酸盐等为主要成分的无机盐混合物等。

在喷射混凝土工程中可采用的液体速凝剂：以铝酸盐、水玻璃等为主要成分，与其他无机盐复合面成的复合物。

2) 适用范围：

速凝剂可用于采用喷射法施工的喷射混凝土，亦可用于需要速凝的其他混凝土。

3) 检测项目：见表 2-81。

表 2-81

试验项目 / 产品等级	净浆凝结时间（min），不迟于		1d 抗压强度（MPa）不小于	28d 抗压强度比% 不小于	细度（筛余）% 不大于	含水率，% 小于
	初凝	终凝				
一等品	3	10	8	75	15	2
合格品	.5	10	7	70	16	2

注：28d 抗压强度比为掺速凝剂与掺者的抗压强度比。

复 习 题

1. 混凝土外加剂的作用是什么?

2. 混凝土外加剂分为几类?

3. 混凝土工程中可采用哪些防冻剂?应用时应注意什么?

4. 混凝土膨胀剂分为几类?使用中有什么要求?

三、建筑砂浆

建筑砂浆是由胶凝材料、细骨料和水配制而成的材料。建筑砂浆在建筑工程中是一项用量大、用途广泛的建筑材料。在砖石结构中，通过砂浆把砖、石块、砌块砌筑成整体。墙面、地面及钢筋混凝土梁、柱等结构表面用砂浆抹面起到保护结构和装饰作用，镶贴大理石、瓷砖及制做钢丝网水泥制品也要用到砂浆。

根据用途建筑砂浆分为砌筑砂浆、抹面砂浆、装饰砂浆及特种砂浆（如绝热、防水、吸声、耐酸砂浆，聚合物砂浆等）。根据胶凝材料可分为水泥砂浆、石灰砂浆及混合砂浆。混合砂浆又分为水泥石灰砂浆、水泥粘土砂浆和石灰粘土砂浆。

（一）砌筑砂浆

用于砌筑砖石砌体的砂浆称为砌筑砂浆。它起着粘结砖石，传递荷载，填实砖石缝隙，提高砌体绝热，隔声性能的作用。

1. 砌筑砂浆的组成材料

（1）水泥

普通水泥、矿渣水泥、火山灰水泥等常用品种的水泥都可以用来配制砌筑砂浆，选择水泥强度等级一般为砂浆强度等级的4～5倍，所以一般采用中等强度等级的水泥就能够满足需要。如果水泥强度等级较高，可掺加混合材料如粉煤灰等。对于一些特殊用途的砂浆，如修补裂缝、预制构件嵌缝等应采用膨胀水泥。

（2）石灰

为了改善砂浆的和易性和节约水泥，可在水泥砂浆中掺适量石灰或粘土膏浆而制成混合砂浆。为了保证砂浆质量，需将生石灰熟化成石灰膏，然后掺入砂浆中搅拌均匀。如采用生石灰粉时，需将生石灰粉熟化2d后掺入砂浆中搅拌均匀使用。

(3) 沙子

砌筑砂浆用砂应符合普通混凝土用砂的质量要求，因砂浆层较薄，对砂的最大粒径应当有所限制。对于毛石砌体所用的砂，最大粒径应小于砂浆厚度的1/4～1/5。对于砖砌体用砂以使用中砂为宜，粒径不得大于2.5mm。对于光滑的抹面及勾缝砂浆则应采用细砂。为了保证砂的质量，尤其在配制高强度砂浆时，需选用洁净的砂，对砂中粘土杂质的含量应有所限制。对强度为10MPa以上的砂浆用砂其粘土杂质含量不得超过5%，对2.5MPa及5MPa的砂浆用砂其粘土杂质含量不得超过10%。

如采用冶金工业废渣代替沙子，必须严格按照有关规定进行质量检验。

(4) 增塑材料

为改善砂浆和易性，除采用石灰膏外，还可采用其他改性材料。

1) 塑化剂，普通混凝土中采用的引气剂和减水剂对砂浆有增塑作用。砂浆常用的增塑剂为木质磺酸钙及松香脂皂等。

2) 保水剂，常用的有甲基纤维素、硅藻土等，能减少砂浆泌水、防止离析、改善和易性。

2. 砌筑砂浆的技术性质

新拌的砂浆主要要求具有良好的和易性。和易性良好的砂浆容易在砖石的基面上铺设成均匀的薄层，而且能够和底面紧密粘结。既便于施工操作，提高劳动生产率，又能保证工程质量。砂浆的和易性包括流动性和保水性两个方面。

硬化后的砂浆应具有所需的强度和对基面的粘结力，而且其变形性不能过大。

(1) 流动性

砂浆的流动性也叫做稠度，是指在自重或外力作用下流动的性能。

施工时，砂浆铺设在粗糙不平的砖石表面上，要能很好地铺成均匀密实的砂浆层，要求砂浆具有一定的流动性。

砂浆的流动性与许多因素有关，如胶凝材料用量、用水量、砂颗粒级配及细度、颗粒形状、增塑材料的品种及掺量等。砂浆的流动性用砂浆稠度仪测定并用沉入度表示。

砂浆流动性的选择与砌体材料及施工天气情况有关，对于砌筑多孔吸水的砌体材料和干热气候，则要求砂浆流动度大一些；如砌筑密实不吸水的砌体材料或湿冷的气候时，可要求砂浆流动度小些。一般情况可参考表 3-1 选择砂浆的（稠度）。

建筑砂浆的稠度（沉入度 cm） **表 3-1**

砌体种类	干燥气候或多孔砌块	寒冷气候或密实砌块	抹灰工程	机械施工	手工操作
砖砌体	80～100	60～80	准备层	80～90	110～120
普通毛石砌体	60～70	40～50	底层	70～80	70～80
振捣毛石砌体	20～30	10～20	面层	70～80	90～100
炉渣混凝土砌块	70～90	50～70	石膏浆面层	—	90～120

（2）保水性

新拌砂浆能够保持水分的能力叫作保水性。保水性也指砂浆中各项组成材料不易离析的性质。新拌砂浆在存放运输和使用过程中，都必须保持其中水分不致很快流失，才能形成均匀密实的砂浆层，从而保证砌体具有良好的质量。如果砂浆的保水性不良，在施工过程中就容易泌水，分层离析或由于水分流失而使流动性变坏，不易铺成均匀的砂浆层，同时在砌筑时水分容易被砖石迅速吸收，影响胶凝材料的正常硬化，降低砂浆本身强度，而且与基面粘结不牢，降低砌体质量。凡是砂浆内胶凝材料用量充足，尤其是掺入的砂浆，其保水性都很好。砂浆中掺入适量的引气剂或减水剂，也能改善砂浆的保水性。

砂浆的保水性用分层度表示。将搅拌均匀的砂浆，先测其沉入度，然后装入分层度测定仪，静置 30min 后，去掉上部 20cm 厚的砂浆，再测其剩余部分砂浆的沉入度，先后两次沉入度的差值称为分层度，保水性良好的砂浆其分层度是较小的。砂浆的分层度在 10～30mm 之间为宜，分层度大于 30mm 的砂浆，保水性不良，容易产生离析，不便于施工；分层度接近于零的砂浆，容易产生干缩裂纹。

(3) 砂浆的强度

砂浆的强度等级是以边长为 70.7mm 的立方体试块，按标准条件养护至 28d 的抗压强度值来确定。砂浆强度等级有 M20、M15、M10、M7.5、M5、M2.5。特别重要的砌体才用 M10 以上的砂浆。

砂浆的强度主要取决于水泥的强度等级和水泥的用量。

影响砂浆抗压强度的因素很多，很难用公式准确地计算出其抗压强度。在施工中，多采用试配的办法通过试验来确定其抗压强度。

(4) 粘结力

砖石砌体是靠砂浆把块状的砖石材料粘结成为坚固砌体，因此要求砂浆对砖石必须有一定的粘结力。一般情况，砂浆的抗压强度越高其粘结力越大。此外，砂浆的粘结力与砖石表面状况、清洁程度、湿润情况以及施工养护条件等都有直接关系。如果砌筑砌体前先把砖浇水润湿，砖表面不沾泥土，就可以提高砂浆与砖之间的粘结力，保证砌体的质量。

(5) 砂浆的变形

砂浆在承受荷载或温度变化时，容易产生变形，如果变形过大或者变形不均匀，都会引起沉陷或裂缝，降低砌体质量。如果使用轻骨料或混合材料掺量过多时，也会造成砂浆的收缩变形过大。

3. 砌筑砂浆的配合比

砌筑砂浆按设计要求的类别和强度等级来配制。砌筑砂浆的配合比，可以通过计算、试配确定；也可查阅有关资料选择，如参考表3-2。

砂浆的配合比表示方法，有绝对材料用量表示法及相对材料比例表示法。前一种是给出$1m^3$砂浆中水泥、石灰膏、砂及塑化剂的绝对质量—kg/m^3；后一种是以水泥为基准数1，依次给出石灰膏、砂及塑化剂质量与水泥质量的比值，即$1:Q_D/Q_C:Q_S/Q_C:Q_P/Q_C$。

砌筑砂浆参考配合比　　　　表3-2

水泥品种等级	砂浆强度等级	每$1m^3$砂浆材料用量（kg）			水泥:石灰膏:砂
		水泥 Q_C	石灰膏 Q_D	中砂 Q_S	
32.5级	M5	180	160	1450	1:0.9:8.1
	M7.5	220	120	1450	1:0.55:6.6
矿渣水泥	M10	260	80	1450	1:0.31:5.6
32.5级	M5	170	170	1450	1:1:8.5
	M7.5	210	130	1450	1:0.62:6.9
普通水泥	M10	255	90	1450	1:0.35:5.7

（1）砌筑砂浆的配合比设计

1）砌筑砂浆配制强度

砂浆与混凝土类似，其强度也是在一定范围内上下波动的。砌筑砂浆的配制强度应高于设计强度，可按式3-1确定：

$$f_{m,0} = f_2 + 0.645\sigma \quad (3\text{-}1)$$

式中　$f_{m,0}$——砂浆的配制强度，即该等级砂浆现场强度平均值，精确至0.1MPa；

f_2——砂浆设计强度，MPa；

σ——砂浆现场强度标准差，精确至0.1MPa。

砌筑砂浆现场强度标准差，按式3-2确定：

$$\sigma = \sqrt{\frac{\sum_{i=1}^{n} f_{m,i}^2 - n\mu_{fm}^2}{n-1}} \tag{3-2}$$

式中 $f_{m,i}$——统计周期内同一品种砂浆第 i 组试件的强度，MPa；

f_m——统计周期内同一品种砂浆组试件强度的平均值，MPa；

μ_{fm}——统计周期内同一品种砂浆试件的总组数，n 不应小于 25。

当不具有近期统计资料时，其砂浆现场强度标准差 σ 可按表 3-3 取用。

砂浆强度标准差选用表（MPa） **表 3-3**

施工水平	砂浆设计强度等级					
	M2.5	M5.0	M7.5	M10.0	M15.0	M20.0
优良	0.50	1.00	1.50	2.00	3.00	4.00
一般	0.62	1.25	1.88	2.50	3.75	5.00
较差	0.75	1.50	2.25	3.00	4.50	6.00

2）混合砂浆配合比计算

砌筑多孔或吸水块体材料时，砂浆中的水泥用量按式 3-3 确定：

$$Q_C = \frac{1000(f_{m,0} - \beta)}{\alpha f_{ce}} \tag{3-3}$$

式中 Q_C——每 $1m^3$ 砂浆的水泥用量，kg/m^3；

$f_{m,0}$——砂浆的配制强度，MPa；

f_{ce}——水泥的实测强度，精确至 0.1MPa；

α、β——砂浆的特征系数。$\alpha = 3.03$，$\beta = -15.09$。

当无法取得水泥的实测强度，且无水泥强度富余系数 r_c 时，可直接用水泥强度等级值 $f_{ce,k}$。

掺合料（石灰膏等）用量按式 3-4 求出：

$$Q_D = Q_A - Q_C \tag{3-4}$$

式中 Q_D——每 $1m^3$ 砂浆的掺合料用量，kg/m^3；

Q_C——每 $1m^3$ 砂浆的水泥用量，kg/m^3；

Q_A——每 $1m^3$ 砂浆中水泥与掺合料的总量水平，kg/m^3。

Q_A 的合适值为 $300 \sim 350kg/m^3$。

若用石灰膏作增塑掺合料，Q_D 是指稠度为（120±5）mm 的石灰膏。不同稠度的石灰膏，可按表 3-4 进行换算。

不同稠度石灰膏换算系数 **表 3-4**

石灰膏稠度，(mm)	130	120	110	100	90	80	70	60	50	40
换算系数	1.05	1.00	0.99	0.97	0.95	0.93	0.92	0.90	0.88	0.87

每 $1m^3$ 砂浆需干燥状态（含水率小于 0.5%）中砂 $1m^3$，平均为 $1450kg/m^3$。

每 $1m^3$ 砂浆中的用水量（Q_W），可在 270～330kg 选用，或根据经验选择。此时，混合砂浆中的用水量，不包括石灰膏中的水；当采用细砂或粗砂时，用水量分别取上限或下限；稠度要求小于 70mm 时，水量可小于下限；施工现场气候炎热或干燥季节，可酌情增加水量。

3）水泥砂浆配合比要求

若用水泥砂浆砌筑多孔或吸水的块材，水泥砂浆的水泥、沙子和水的用量按表 3-5 选取。

水泥砂浆配合比选取表 **表 3-5**

砂浆强度等级	水泥用量 $Q_C(kg/m^3)$ 32.5 级	水泥用量 $Q_C(kg/m^3)$ 42.5 级	砂用量 Q_S (kg/m^3)	水用量 $Q_W(kg/m^3)$ 粗砂	水用量 $Q_W(kg/m^3)$ 中砂	水用量 $Q_W(kg/m^3)$ 细砂
M2.5～M7.5	200～230	200	$1m^3$ 砂的堆积密度	270	270～330	330
M10	220～280	220				
M15	280～340	280				
M20	340～400	340				

注：1. 可根据施工水平合理选择水泥用量 Q_C；

2. 稠度小于 70mm 时，Q_W 可小于 $270kg/m^3$；

3. 施工现场气候炎热或干燥季节，可酌情况增加 Q_W。

4）配合比试配、调整与确定

按上述计算结果的比例及现场搅拌方法，进行试拌，测定其拌和物稠度与分层度。若和易性不能满足要求，应调整材料用量，直到符合要求为止。确定试配砂浆基准配合比，并采用比基准配合比的水泥用量增加及减少10%的两个配合比，在保证稠度、分层度合格的条件下，做平行试验。将三组配合比分别成型试件、养护、测定强度，从中选定符合配制强度要求，且水泥用量较小的砂浆配合比。

配合比设计结果：

① 水泥：石灰膏：砂：塑化剂 = $Q_C : Q_D : Q_S : Q_P$

② 水泥/水泥：石灰膏/水泥：砂/水泥：塑化剂/水泥 = $1 : Q_D/Q_C : Q_S/Q_C : Q_P/Q_C$

若水泥砂浆用于砌筑不吸水块材（如石材、混凝土砌块等）时，其配合比的设计，除用水量 Q_W 参考表3-5，运算式用式3-3以及式3-4外，计算过程与试配、调整和确定过程与普通混凝土设计过程较为相似。

（2）砌筑砂浆配合比计算实例

要求计算用于砌筑烧结多孔砖墙体的M7.5级，稠度80mm的水泥石灰混合砂浆的配合比。原料主要参数：水泥为32.5级普通硅酸盐水泥，强度富余系数 $\gamma_e = 1.1$，石灰膏稠度100mm；中砂，含水率小于0.5%，（属于干燥状态），堆积密度为1450kg/m³；施工水平一般。

1）计算配制强度 $f_{m,0}$：

$$f_{m,0} = f_2 + 0.645\sigma$$

其中 $f_2 = 7.5\text{MPa}$；

$\sigma = 1.88\text{MPa}$（表3-3）；

$$f_{m,0} = 7.5 + 0.645 \times 1.88 = 8.7\text{MPa}$$

2）计算水泥用量 Q_C：

$$Q_C = \frac{1000(f_{m,0} - \beta)}{\alpha f_{ce}}$$

$f_{ce} = r_e f_{ce,k} = 1.1 \times 32.5 = 35.7MPa$

α 取 3.03，β 取 -15.09

$$Q_C = 1000(8.7 + 15.09)/3.03 \times 35.7 = 220kg/m^3$$

3）计算石灰膏用量 Q_D：

$$Q_D = Q_A - Q_C = 330 - 220 = 110kg/m^3$$

因所用石灰膏稠度为 100mm，故计算值应下调，即

$$Q_{D实用} = 0.97 \times Q_D = 107kg/m^3。$$

4）沙子用量　　$Q_S = 1450kg/m^3$。

5）计算结果：

每 $1m^3$ 砂浆材料用量(kg)为：水泥∶石灰膏∶砂 = 220∶107∶1450；材料用量比例为：1∶107/220∶1450/220 = 1∶0.49∶6.59。初选用水量为 270kg。

4. 建筑砂浆试验（配合比试验必做三项）

（1）试验依据

《普通砂浆基本性能试验方法》(JGJ70—1990)。

（2）砂浆稠度和分层度的测定

1）主要仪器：

①砂浆稠度测定仪由支架、底座、带滑杆圆锥体、刻度盘及圆锥形金属筒组成，形状和结构见图3-1。

②砂浆分层度筒由上、中、下三层金属圆及左右两根连接螺栓组成，形状和尺寸如图 3-2。

③捣棒、拌铲、抹刀等。

2）试验步骤：

①将按配合比称好的水泥、砂和混合料拌和均匀，然后逐次加水，和易性凭观察符合要求时，停止加水，再拌和

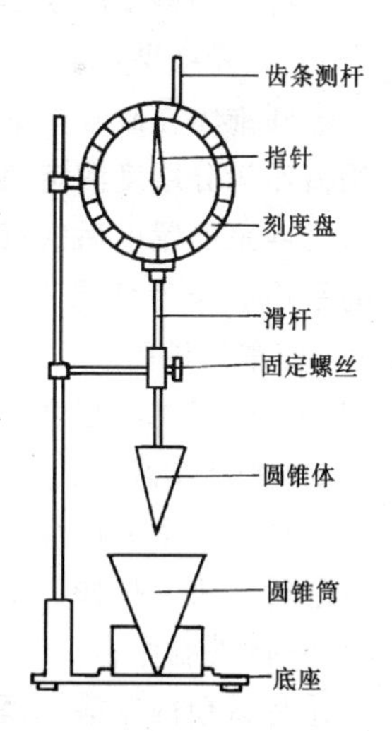

图 3-1　砂浆稠度测定仪

均匀。一般共拌 5min。

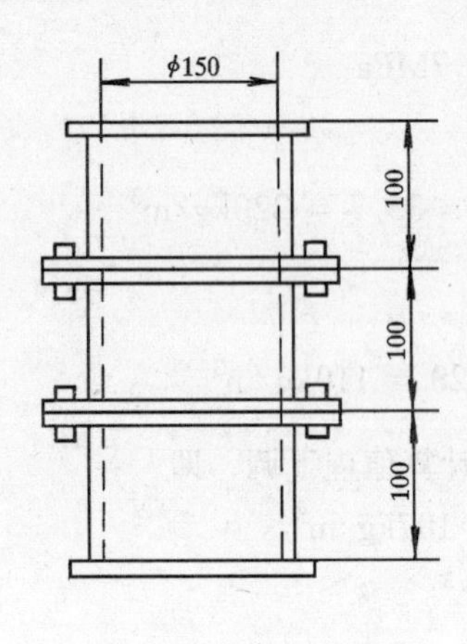

图 3-2 砂浆分层度仪

②将拌和好的砂浆一次注入稠度测定仪的金属筒内，砂浆表面低于筒口约 10mm。用捣棒自筒边向中心插捣 25 次，前 12 次插至筒底，再轻轻摇动或敲击金属筒，使砂浆表面平整。

③将筒移至测定仪底座上，放下滑杆使圆锥体与砂浆中心表面接触，固定滑杆，调整刻度盘指针指零。

④放松滑杆旋钮，使圆锥体自由落入砂浆中，10s 后读取刻度盘所示沉入值。

⑤将筒中砂浆倒出与同批砂浆重新拌和均匀，并一次注满分层度筒。

⑥静置 30min 后，去掉上中层圆筒砂浆，取出底层砂浆重新拌匀，再次用稠度测定仪测定圆锥体沉入值。

3）试验结果：

①圆锥体在砂浆中的沉入值即为稠度（cm）。以两次试验的平均值作为分层度测定值。

②砂浆静置前后的沉入值之差即为分层度（cm）。以两次试验的平均值作为分层度测定值。两次分层度测定值之差如大于 2cm，应重做试验。

（3）砂浆抗压强度测定

1）主要仪器：

①试模、立方体金属或塑料试模，内壁边长为 70.7mm。

②压力机、捣棒、刮刀等。

2）试件制作；

①将试模内壁涂一薄层机油，放在铺有吸水性较好的湿纸的普通粘土砖上，砖含水率不应大于 2%。

②将砂浆一次装满试模，用捣棒插捣25次，并用刮刀沿试模内壁插入数次。待砂浆表面出现麻斑后，将高出试模的砂浆刮去并抹平。

③试件制作好后，应在20±5℃温度条件下停置一昼夜24±2h，然后编号和拆模。水泥砂浆和混合砂浆试件应分别于20±3℃、相对湿度90%以上和20±3℃、相对湿度60%～80%条件下继续养护至28d。

3）试验步骤：

取出试件，将表面刷净擦干。以试件的侧面作为受压面进行加荷，加荷速度每秒钟为预定破坏荷载的10%。加荷至试件破坏，记录极限破坏荷载 F。

4）试验结果：

①计算试件的抗压强度 f_c（精确至0.1MPa）。

$$f_c = F/A \tag{3-5}$$

式中 F——试件极限破坏荷载，N；

A——试件受压面积，mm^2。

②以六个试件测定值的算术平均值作为该组试件的抗压强度值。当最大值或最小值与平均值之差超过20%时，以中间四个试件的平均值作为抗压强度值。

注：普通砂浆基本性能试验方法（JGJ70—90）共有试验方法8项。

（二）抹面砂浆

凡涂抹在建筑物或构筑物表面的砂浆统称为抹面砂浆。根据其功能的不同，可分为普通抹面砂浆、饰面砂浆、防水砂浆及其他特种砂浆（如绝热、耐酸、防射线砂浆等）。

对抹面砂浆要求具有良好的和易性，容易抹成均匀平整的薄层，便于施工。还要有较高的粘结力，能与基层粘结牢固。

抹面砂浆的组成材料与砌筑砂浆基本相同，但为了防止砂浆层开裂，有时需要加入一些纤维材料，为了使砂浆具有某些功能需用特殊骨料或掺合料。

1. 普通抹面砂浆

普通抹面砂浆对建筑物或构筑物起保护作用，它可以抵抗风雨及有害介质对建筑物的侵蚀，并能提高建筑物的耐久性，同时使表面平整美观。

抹面砂浆通常分为两层或三层施工，各层抹灰要求不同，所以各层选用的砂浆也有区别。底层抹灰的作用是使砂浆与底面粘结牢固，因此要求砂浆具有良好的和易性和粘结力，底面要求粗糙以提高与砂浆的粘结力，中层抹灰主要是为了抹平，面层抹灰要求平整光洁，达到规定的饰面要求。

底层及中层抹灰多用水泥混合砂浆，面层抹灰多用水泥混合砂浆或掺麻刀、纸筋的石灰砂浆，在潮湿房间或地下建筑物应用水泥砂浆，普通抹面砂浆配合比可参考表3-6。

普通抹面砂浆参考配合比 **表3-6**

材料	体积配合比	材料	体积配合比
水泥:砂	1:2～1:3	石灰:石膏:砂	1:0.4:2～1:2:4
石灰:砂	1:2～1:4	石灰:粘土:砂	1:1:4～1:1:8
水泥:石灰:砂	1:1:6～1:2:9	石灰膏:麻刀	100:1.3～100:2.5 重量比

2. 装饰砂浆

涂抹在建筑物内外的表面以增加装饰效果为主的砂浆叫作装饰砂浆。

装饰砂浆常用的胶凝材料有石灰、石膏、普通硅酸盐水泥，白水泥及彩色水泥等。装饰砂浆采用的骨料除天然砂外，还采用色石渣，是由大理石、白云石、蛇纹石或其他具有色彩的岩石破碎加工而成；采用彩色瓷粒及玻璃球。以彩色瓷粒代替有色石渣用于装饰砂浆，具有饰面厚度薄、自重轻、耐久性好等优点。玻璃球有各种镶色或花芯，镶嵌在装饰砂浆中具有良好的装饰效果。

装饰砂浆是通过选用合适的材料及适当的施工工艺，做出具有一定质感、线型和色彩的饰面，从而提高建筑物的装饰效果。

几种常用建筑装饰砂浆的类型包括：

(1) 拉毛：在水泥砂浆的基面上，抹上一层由普通水泥掺入适量石灰膏的素浆或砂浆，其比例为水泥∶石灰∶砂＝1∶0.5∶1，然后随即拉毛。

(2) 拉条抹灰：是用模具把面层砂浆做出竖线条的饰面，面层砂浆的配合比为：水泥∶砂∶细纸筋灰＝1∶2～2.5∶0.5。

(3) 弹涂：是用弹涂器将不同色彩的水泥浆弹涂在基面上，形成3～5mm的扁圆形斑点，再喷罩甲基硅树脂。弹涂饰面材料主要采用白水泥，加入10%～15%的胶以改善其性能，其色彩应通过样板试配，通过弹涂在墙面上形成疏密均匀的色浆斑点。

(4) 水磨石：在水泥砂浆基层上，按设计分格抹水泥石渣浆，硬化后磨光露出石渣即成水磨石饰面，水泥、石渣浆的配合比为：水泥∶石渣＝1∶1.5～2.5，水泥可采用普通水泥，白水泥或彩色水泥，石渣采用粒径为4～12mm的白云石或大理石，水磨石饰面优点是平整光滑、整体性好，易于保持清洁，适用于清洁度要求高的场所。

(5) 水刷石：在水泥砂浆基层上，先薄刮一层水泥净浆，随即抹水泥石渣浆，其体积配合比依石渣粒径而定，当石渣粒径为8mm时，水泥∶石渣＝1∶1；当石渣粒径为6mm时，则水泥∶石渣1∶1.25，水泥石渣浆厚度为石渣粒径的2.5倍，要求将水泥石渣浆拍实拍平，当它开始凝固时，用刷子或喷雾器把水泥用水冲刷掉，直到露半个石渣为止。

(6) 平粘石：在水泥砂浆基层上抹一层粘结砂浆，然后立即用人工或机械向粘结砂浆甩小石渣（粒径4mm或6mm），拍平压实，使石渣埋入粘结砂浆约1/2，即为干粘石饰面。

3. 防水砂浆

防水砂浆用作混凝土或砖石砌体工程的防水层，又叫刚性防水层，对于变形较大的工程不宜做刚性防水层。

防水砂浆可用水泥砂浆制做，也可以在水泥砂浆中掺防水剂以提高其抗渗能力。水泥应采用强度等级32.5级以上的普通水泥，砂宜用中砂，配合比为水泥:砂=1:2.5～3，防水剂为氯化物金属盐类防水剂或金属皂类防水剂，掺量为水泥重量的3%左右。

防水砂浆应分4～5层分层涂抹在基面上，每层厚度约5mm，总厚度20～30mm。涂抹时要严格保证密实，涂抹后要加强养护，以保证防水砂浆具有良好的抗掺能力。

4. 绝热砂浆

采用水泥、石灰、石膏等胶凝材料与膨胀珍珠岩、膨胀蛭石或陶粒砂等轻质多孔骨料，按一定比例配制的砂浆称为绝热砂浆。绝热砂浆具有轻质和良好的绝热性能，其导热系数约为0.07～0.1W/（m·K)。绝热砂浆可用于屋面、墙壁或供热管道的绝热。

5. 吸声砂浆

一般绝热砂浆都具有吸声性能，可以用作吸声砂浆。也可以采用水泥、石膏、砂、锯末配制成吸声砂浆，其体积配合比为水泥:石膏:砂:锯末=1:1:3:5。在石灰、石膏、砂浆中掺入玻璃纤维，矿物棉等纤维材料也可作为吸声砂浆。吸声砂浆常用于室内墙壁及天棚的吸声。

复 习 题

1. 砂浆在砌体中起什么作用?

2. 砂浆强度的高低取决于哪种材料，水泥砂浆中水泥用量不应小于多少?

3. 砂浆稠度、分层度如何测定?

4. 设计用于砌筑砖墙的M7.5等级，稠度70～100mm的水泥石灰砂浆重量配合比。

原材料的主要参数，水泥32.5R；沙子：中砂，堆积密度1450kg/m^3，含水率2%；石灰膏稠度100mm，施工水平一般。

5. 水泥砂浆和混合砂浆养护条件有什么不同?

四、混　凝　土

1. 混凝土的基本概念

混凝土是由水、胶凝材料及粗细骨料等原材料按一定的比例配合，经拌和、成型和硬化而成的人造石材。

2. 混凝土的分类

(1) 按照混凝土表观密度可分为：

特重混凝土　干表观密度（试件在温度为105±5℃的条件下干燥到恒重所测的表观密度）大于2500kg/m^3 的混凝土。

普通混凝土　干密度为1900～2500kg/m^3，由天然的砂、石作为骨料而制成的。这类混凝土常用于工业与民用建筑中，本章将着重加以介绍。

轻混凝土　干密度小于1900kg/m^3 混凝土。它又分为：①轻骨料混凝土；②多孔混凝土；③大孔混凝土。

(2) 按照不同工程的用途分为：

结构混凝土、防水混凝土、耐热混凝土、耐酸混凝土、装饰混凝土、纤维混凝土、聚合物混凝土和防辐射混凝土等。

(3) 按照胶凝材料的种类不同可分为：

水泥混凝土、石膏混凝土、沥青混凝土、聚合物混凝土等。

(4) 按照施工工艺的不同可分为：

泵送混凝土、喷射混凝土、自流平混凝土等。

随着混凝土技术的不断发展，混凝土的种类会越来越丰富。

（一）普通混凝土的性能

1. 普通混凝土拌和物性能

普通混凝土拌和物是指由水泥、水、粗细骨料等拌制而成的未凝固的混合料，即指硬化以前的混凝土，也称为新拌混凝土。

混凝土拌和物试验主要包括：和易性、凝结时间、泌水与压力泌水、表观密度、含气量、水洗法分析等试验。

(1) 和易性的概念

和易性（或称工作性）是指拌和物是否易于施工操作，并能获得质量均匀、成型密实的性能。和易性是一项综合的技术性质，它包括流动性、粘聚性及保水性三方面的涵义。

流动性（有时称稠度）是指混凝土拌和物在自重或机械振捣作用下，易于产生流动并能均匀密实填满模板的性质。它反映混凝土拌和物的稀稠程度，是最主要的工艺性质。拌和物流动性好，则操作方便，容易成型和振捣密实。

粘聚性是指混凝土拌和物之间有一定的粘聚力，施工中不分层，能保持整体均匀的性质。混凝土拌和物是由不同密度和粒径的固体颗粒及水组成的，在自重或外力作用下，各种组成材料的沉降速度不同。如果混凝土拌和物的各材料间比例不当，施工中会发生分层、离析（混凝土中某些组分与拌和物分离）等现象，即粘聚性差，将影响硬化混凝土的强度和耐久性。

保水性是指混凝土拌和物保持水分的能力，或不致产生严重泌水的性能。混凝土拌和物中的水，一部分供水泥水化用，另一部分是为了使混凝土拌和物具有足够的流动性，以方便浇筑和振捣。若拌和物的保水性差，在运输、浇筑、振捣等操作中失去拌和水，将使混凝土的流动性降低；若在凝结硬化前泌水（部分拌和水从混凝土中析出）并聚集到混凝土表面，将引起表面疏松或聚集在骨料及钢筋的下面，形成孔隙，削弱骨料及钢筋与水泥石的粘结力，影响混凝土的质量。

混凝土拌和物和易性是以上有关性质的综合概念。每个性质各有其内容，它们之间既互相联系、又互相矛盾。如当粘聚性好，保水性往往也好；而当流动性增大时，粘聚性和保水性则往往变差。因此，所谓拌和物的和易性就是这三方面性质在某种具体条件下矛盾统一的概念，不同工程对和易性的要求也不同，应根据情况所侧重，又要互相照顾。

(2) 和易性的测定方法

由于和易性是一项综合性的技术性质，目前还难以找到一种既简便易行、迅速准确，又能全面反映和易性概念的指标及测定方法。

从流动性、粘聚性和保水性三方面讲，拌和物性质受流动性影响最大，所以一般描述和易性的方法是以测定流动性为主，并辅以对粘聚性和保水性的经验观察（目测）评定，最后综合判断混凝土拌和物的和易性是否满足需要。这里主要介绍坍落度试验和维勃稠度试验方法。

1）坍落度法

这种方法是测定混凝土拌和物在自重作用下的流动性，而粘聚性和保水性则依据肉眼观察判断。

试验时，将拌和物按规定方法分三层装入坍落筒内，每层插捣 25 次，三层装完后刮平，然后垂直向上将筒提起并移到一旁，此时拌和物因自重将产生坍落现象，量出坍落的高度（以 mm 计），即为混凝土拌和物的坍落度，见图 4-1。然后再用捣棒轻击拌和物锥体的侧面，观察其粘聚性。若锥体逐渐下沉，表示粘聚性良好；若锥体倒塌、部分崩塌或出现离析现象，则表示粘聚性不好。与此同时，观察锥体底部是否有较多的稀浆析出，评定其保水性。最后，以流动性来综合评定混凝土拌和物的和易性。

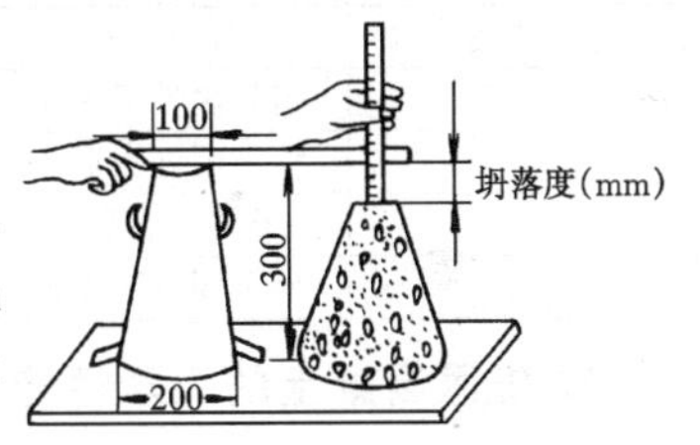

图 4-1　混凝土坍落度试验

2）维勃稠度法

该法是由瑞士 V·勃纳（Bahrner）提出的，故称维勃（或称VB）稠度法。

对于坍落度小于 10mm 的干硬性混凝土拌和物，通常采用维勃稠度仪（图 4-2）测定其流动性。

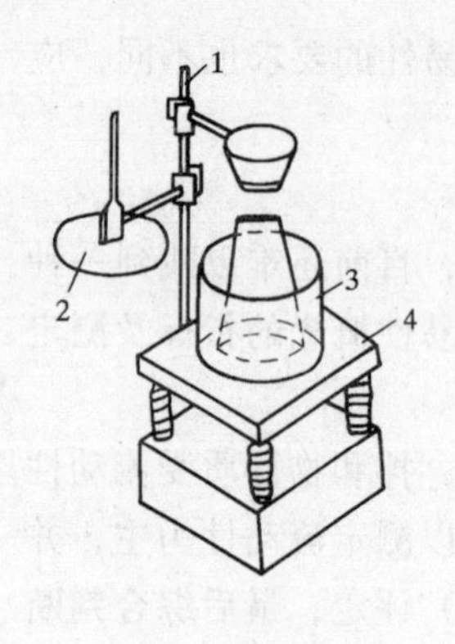

图 4-2 维勃稠度仪

1—滑动棒；2—透明圆盘；3—容器；4—台式振动机

维勃稠度法是测定拌和物在振动作用下的流动性能。其测试方法如下：

试验时，在坍落筒中按规定的方法装满混凝土拌和物，提起坍落筒，将透明圆盘放在拌和物试体上，开动振动台，同时用秒表计时，直至透明圆盘的底面完全为水泥浆所布满时停止秒表，关闭振动台。所读秒数，即为维勃稠度。

该方法适用于骨料最大粒径不超过 40mm，维勃稠度在 5～30s 之间的混凝土拌和物稠度测定。

混凝土拌和物按其维勃稠度大小，可分为四级，见表 4-1 所示。

混凝土按维勃稠度分级及允许偏差 **表 4-1**

级别	名称	维勃稠度（s）	允许偏差
V_0	超干硬性混凝土	≥31	±6
V_1	特干硬性混凝土	30～21	±6
V_2	干硬性混凝土	20～11	±4
V_3	半干硬性混凝土	10～5	±3

2. 普通混凝土的力学性能

混凝土的强度是混凝土最重要的力学性质，混凝土的强度与混凝土的其他性质密切相关，如抗渗、抗冻等耐久性能指标。

混凝土的强度包括抗压、抗拉、抗弯、抗剪和对钢筋的握裹强度等。其中抗压强度最大，抗拉强度最小，抗拉强度大约只有抗压强度的 1/10～1/20。一般所说的强度是指混凝土的抗压强度。

（1）立方体抗压强度试验

我国采用立方体抗压强度作为混凝土的强度特征值，它是用立方体试件在外力作用下达到破坏时的极限应力来表示的。由于影响混凝土强度的因素很多，为使强度值具有可比性，故必须在标准条件下进行测定。根据国家标准试验方法，规定制做边长为150mm的立方体标准试件，在标准条件（温度20±3℃、相对湿度90%以上）下，养护28d龄期，用标准试验方法测得的抗压强度值称为混凝土立方体抗压强度，简称立方抗压强度，单位“MPa”，以“f_{cu}”表示。

在实际施工中，允许采用非标准尺寸的试件。按照《混凝土结构工程施工与验收规范》（GB50204—2001）规定，混凝土立方体试件的最小尺寸应根据粗骨料的最大粒径确定，当采用非标准尺寸试件时，应将其抗压强度乘以折算系数，换算成标准尺寸试件的抗压强度，如表4-2所示。

试件不同尺寸的强度换算系数 **表4-2**

骨料最大粒径（mm）	试件尺寸（mm^3）	强度换算系数
31.5及以下	100×100×100	0.95
40	150×150×150	1
60	200×200×200	1.05

1）试验采用的试验设备应符合下列规定：

a. 混凝土立方体抗压强度试验所采用压力试验机的精度为±1%，其量程应能使试件的预期破坏荷载值不小于全量程的20%，也不大于全量程的80%。

b. 混凝土强度等级≥C60时，试验机上、下压板与试件之间应各垫以钢垫板，其厚度至少为25mm。钢垫板应机械加工。其平面度应为每100mm允许偏差为±0.02mm；表面硬度≥55HRC；硬化层厚度约为5mm。

c. 试件从养护地点取出后应及时进行试验；先将试件擦拭干净，测量尺寸，并检查其外观。

d. 试件安放在试验机的下压板或垫板上，试件的承压面应与成型时的顶面垂直。试件的中心应与试验机下压板中心对准，开动试验机，当上压板与试件或钢垫板接近时，调整球座，使接触均衡。

e. 在试验过程中应连续而均匀地加荷，加荷速度应为：混凝土强度等级＜C30 时，取每秒钟 0.3～0.5MPa；混凝土强度等级≥C30 且＜C60 时，取每秒钟 0.5～0.8MPa；混凝土强度等级≥C60 时，取每秒钟 0.8～1.0MPa。

f. 当试件接近破坏而开始迅速变形时，停止调整试验机油门，直至破坏。然后记录破坏荷载。

2）立方体抗压强度试验结果计算及确定按下列方法进行；

①混凝土立方体抗压强度应按式 4-1 计算：

$$f_{ck} = \frac{F}{A} \tag{4-1}$$

式中 f_{ck}——混凝土立方体试件抗压强度，MPa；

F——极限荷载，N；

A——试件承压面积，mm^2。

混凝土立方体抗压强度计算应精确至 0.1MPa。

②强度值的确定应符合下列规定：

a. 三个试件测值的算术平均值作为该组试件的强度值（精确至 1MPa）；

b. 三个测值中的最大值或最小值中如有一个与中间值的差值超过中间值的 15%，则把最大及最小值一并舍除，取中间值作为该组试件的抗压强度值；

c. 如有两个测值与中间值的差均超过中间值的 15%，则该组试件的试验结果无效。

③混凝土强度等级≤C60 时，用非标准试件测得的强度值均应乘以尺寸换算系数，其值为：对 200×200×200mm^3 试件为 1.05；对 100×100×100mm^3 试件为 0.95。当混凝土强度等级≥C60 时，应采用标准试件。

（2）抗折强度试验

试件不得有明显的缺损；在长向中部 1/3 区段内不得有表面直径超过 5mm、深度超过 1.3mm 的孔洞。

1）试验采用的试验设备应符合下列规定：

①试验机同立方体强度要求。

②试验机应能施加均匀、连续、速度可控的荷载，并带有能使两个相等荷载同时作用在试件跨度3分点处的抗折试验装置，见图。

③试件的支座和加荷头应采用直径为20～40mm、长度不小于$b+10$mm（b：试件截面宽度）的硬钢圆柱，支座立脚点铰支，其他应为滚动支点。

2）抗折强度试验步骤应按下列方法进行：

①试件从养护地取出后应及进行试验，先擦净试件，测量记录试件尺寸（精确至1mm）。

②按图4-3装置试件，安装尺寸偏差不得大于1mm。试件的承压面应为试件成型时的侧面。支座及承压面与圆柱的接触面应平稳、均匀，否则应垫平。

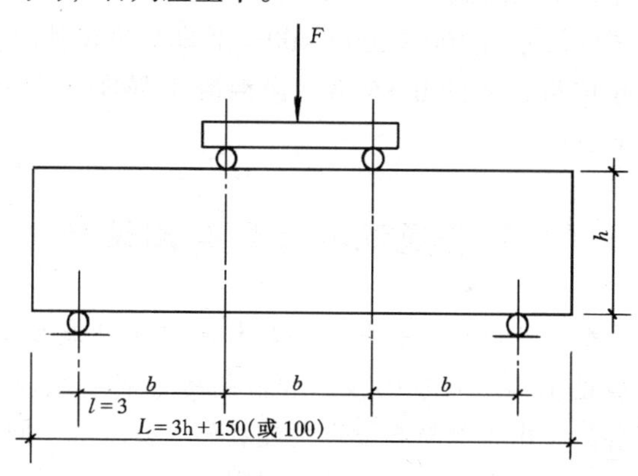

图4-3 抗折试验装置

③施加荷载应保持均匀、连续。加荷速度：当混凝土强度等级<C30时，每秒0.02～0.08MPa。自试件临近破坏至破坏期内，不得变动试验机加荷油泵的油门。

④记录试件破坏荷载的试验机示值及试件下边缘断裂位置。

3）抗折强度试验结果计算及确定按下列方法进行：

①若试件下边缘断裂位置处于两个集中荷载作用线之间，则试件的抗折强度f_f（MPa）按式4-2计算：

$$f_f = \frac{FL}{bh^2} \tag{4-2}$$

式中 f_f——混凝土抗折强度，MPa；

F——破坏荷载，N；

L——支座间距即跨度，mm；

b——试件截面宽度，mm；

h——试件截面高度，mm。

抗折强度计算应精确于0.1MPa。

②三个试件中若有一个折断面位于两个集中荷载之外，则该试件的试验结果应予舍弃，混凝土抗折强度值按另两个试件的试验结果计算。若有两个试件的下边缘断裂位置位于两个集中荷载作用线之外，则该组试件试验无效。

③当试件尺寸为$100\times100\times400mm^3$非标准试件时，抗折强度应取试验抗折强度的0.85倍。当混凝土强度等级≥C60时，应采用标准试件。

（二）普通混凝土配合比设计

混凝土配合比设计就是根据原材料的技术性能及施工要求，确定出能满足工程所要求的技术经济指标的各项组成材料的用量。尽管混凝土由于原材料技术性能和施工要求的不同而有普通混凝土、掺粉煤灰混凝土、轻骨料混凝土、水工混凝土、道路混凝土、耐腐蚀混凝土、纤维混凝土、聚合物混凝土等之分，但就配合比设计而言，虽各有所别，而共同的实质问题仍是确定四项原材料用量之间的三个对比关系，即水与水泥之间、砂与石之间、水泥浆与骨料之间的对比关系。

1. 普通混凝土配合比设计中的参数

（1）混凝土配制强度的确定

为使混凝土强度保证率不小于95%，必须使混凝土的试配强度高于设计强度等级。配制强度按式4-3计算：

$$f_{cu.o} \geqslant f_{cu.k} + 1.645\sigma \quad (4\text{-}3)$$

式中 $f_{cu.o}$——混凝土配制强度，MPa；

$f_{cu.k}$——混凝土立方体抗压强度标准值，MPa；

σ——混凝土强度标准差，MPa。

如施工单位有近期的同一品种混凝土强度资料时。σ 可根据同类混凝土统计资料计算求得，并应符合下列规定：

①计算时，强度试件组数不应少于 25 组。

②当混凝土强度等级为 C20 和 C25 级，其强度标准差计算值小于 2.5MPa 时，计算配制强度用的标准差应取不小于 2.5MPa；当混凝土强度等级等于或大于 C30 级，其强度标准差计算值小于 3.0MPa，计算配制强度用的标准差应取不小于 3.0MPa。

如施工单位无历史统计资料时，σ 可按表 4-3 选取。

混凝土强度标准差参考值 **表 4-3**

混凝土强度等级	<C20	C20～C35	>C35
σ（MPa）	4.0	5.0	6.0

遇有下列情况时应提高混凝土配制强度：

a. 现场条件与试验室条件有显著差异时；

b. C30 级及其以上强度等级的混凝土，采用非统计方法评定时。

（2）初步确定水灰比（W/C）

根据配制强度及水泥实际强度，利用混凝土强度公式，求出水灰比。

为了保证混凝土的耐久性，最大水灰比应满足表 4-7 要求。

混凝土强度等级小于 C60 级时，混凝土水灰比宜按式 4-4 计算：

$$\frac{W}{C} = \frac{\alpha_a \cdot f_{ce}}{f_{cu.o} + \alpha_a \cdot \alpha_b \cdot f_{ce}} \quad (4\text{-}4)$$

式中 α_a、α_b——回归系数；

f_{ce}——水泥28d抗压强度实测值，MPa。

当无水泥28d抗压强度实测值时，公式中的 f_{ce} 值可按式(4-5)确定：

$$f_{ce} = \gamma_c \cdot f_{ceg} \tag{4-5}$$

式中 γ_c——水泥强度等级值的富余系数，可按实际统计资料确定；

f_{ceg}——水泥强度等级值，MPa。

回归系数 α_a 和 α_b 宜按下列规定确定；

①回归系数 α_a 和 α_b 应根据工程所使用的水泥、骨料、通过试验由建立的水灰比与混凝土强度关系式确定；

②当不具备上述试验统计资料时，其回归系数可按表4-4采用。

回归系数 α_a、α_b 选用表 **表4-4**

系数 \ 石子粒径	碎石	卵石
α_a	0.46	0.48
α_b	0.07	0.33

(3) 每立方米混凝土用水量的确定

1) 干硬性和塑性混凝土用水量的确定：

水灰比在0.40～0.80范围时，根据粗骨料的品种、粒径及施工要求的混凝土拌和物稠度，其用量可参考表4-5、表4-6选取。(掺用各种外加剂时，用水量相应减少)

干硬性混凝土用水量 单位：kg/m^3 **表4-5**

拌和物稠度		卵石最大粒径（mm）			碎石最大粒径（mm）		
项目	指标	10	20	40	16	20	40
维勃稠度(s)	16～20	175	160	145	180	170	155
	11～15	180	165	150	185	175	160
	5～10	185	170	155	190	180	165

塑性混凝土的用水量　单位：kg/m³　表 4-6

拌和物稠度		卵石最大粒径（mm）				碎石最大粒径（mm）			
项目	指标	10	20	31.5	40	16	20	31.5	40
坍落度（mm）	10～30	190	170	160	150	200	185	175	165
	35～50	200	180	170	160	210	195	185	175
	55～70	210	190	180	170	220	205	195	185
	75～90	215	195	185	175	215	215	205	195

2）流动性和大流动性混凝土用水量的确定

①以坍落度 90mm 的用水量为基础，按坍落度每增加 20mm 用水量增加 5kg，计算出未掺外加剂时的混凝土的用水量。

②掺外加剂时的混凝土用水量可按式 4-6 计算：

$$m_{wa} = m_{wo}(1-\beta) \tag{4-6}$$

式中　m_{wa}——掺外加剂时每立方米混凝土的用水量，kg；

m_{wo}——未掺外加剂时每立方米混凝土的用水量，kg；

β——外加剂的减水率，%。

混凝土的最大水灰比和最小水泥用量　表 4-7

环境条件		结构物类别	最大水灰比			最小水泥用量（kg）		
			素混凝土	钢筋混凝土	预应力混凝土	素混凝土	钢筋混凝土	预应力混凝土
1. 干燥环境		·正常的居住或办公用房内部件	不作规定	0.65	0.60	200	260	300
2. 潮湿环境	无冻害	·高湿度的室内部件 ·室外部件 ·在非侵蚀性土或水中的部件	0.70	0.60	0.60	225	280	300
	有冻害	·经受冻害的室外部件 ·在非侵蚀性土或水中且经受冻害的部件 ·高湿度且经受冻害的室内部件	0.55	0.55	0.55	250	280	300
3. 有冻害和除冻剂的潮湿环境		·以受冻害和除冻剂作用的室内和室外部件	0.50	0.50	0.50	300	300	300

(4) 水泥用量的确定

为了保证混凝土的耐久性，在混凝土设计时应当按该混凝土所处的环境，考虑其满足耐久性要求所必需的最低水泥用量，可参见表4-7。

(5) 混凝土砂率的确定

1) 坍落度为10～60mm的混凝土砂率可根据粗骨料品种、粒径及水灰比按表4-8选用。

混凝土砂率（%）　　表4-8

水灰比 W/C	卵石最大粒径（mm）			碎石最大粒径（mm）		
	10	20	40	16	20	40
0.4	26～32	25～31	24～30	30～35	29～34	27～32
0.5	30～35	29～34	28～33	33～38	32～37	30～35
0.6	33～38	32～37	31～36	36～41	35～40	33～38
0.7	36～41	34～40	34～49	39～44	38～43	36～41

2) 坍落度大于60mm的混凝土砂率，可经试验确定，也可在表4-9的基础上，坍落度每增加20mm，砂率增大1%的幅度予以调整。

长期处于潮湿和严寒环境中混凝土的最小含气量　　表4-9

粗骨料最大粒径(mm)	最小含气量(%)	粗骨料最大粒径(mm)	最小含气量(%)
40	4.5	20	5.5
25	5.0		

注：含气量的百分比为体积比。

3) 坍落度小于10mm的混凝土，其砂率应经试验确定。

(6) 外加剂和掺合料的掺量

应通过试验确定，并应符合国家现行标准《混凝土外加剂应用技术规范》(GBJ119)、《粉煤灰在混凝土和砂浆中应用技术规程》(JGJ28)、《粉煤灰混凝土应用技术规程》(GBJ146)、《用于水泥与混凝土中粒化高炉矿渣粉》(GB/T18046) 等的规定。

当进行混凝土配合比设计时，对长期处于潮湿和严寒环境中的混凝土，应掺用引气剂或引气减水剂。引气剂的掺入量应根据混凝土的含气量并经试验确定。混凝土的最小含气量应根据粗骨料粒径按表 4-9 确定。混凝土的含气量亦不宜超过 7%。混凝土中的粗骨料和细骨料应做坚固性试验。

2. 混凝土配合比的计算步骤

进行混凝土配合比计算时，其计算公式和有关参数表格中的数值均系以干燥状态骨料为基础。当以饱和面干骨料为基准进行计算时，则应做相应的修正。

注：干燥状态骨料系指含水率小于 0.5% 的细骨料或含水率小于 0.2% 的粗骨料。

1）混凝土配合比应按下列步骤进行计算：

①计算配制强度 $f_{cu.o}$并求出相应的水灰比；

②选取每立方米混凝土的用水量（每立方米混凝土用水量可按表 4-4、4-5 查得），并计算出每立方米混凝土的水泥用量。

③选取砂率，计算粗骨料和细骨料的用量，（混凝土砂率可按表 4-8 选取）。

2）粗骨料和细骨料用量的确定；

①用重量法时按式 4-7 计算：

$$m_{co} + m_{so} + m_{go} + m_{wo} = m_{cp} \tag{4-7}$$

$$\beta_s = \frac{m_{so}}{m_{go} + m_{so}} \times 100\%$$

式中 m_{co}——每立方米混凝土的水泥用量，kg；

m_{go}——每立方米混凝土的粗骨料用量，kg；

m_{so}——每立方米混凝土的细骨料用量，kg；

m_{wo}——每立方米混凝土的用水量，kg；

β_s——砂率，%；

m_{cp}——每立方米混凝土拌和物的假定重量，kg，可取 2350～2450kg/m³。

②当采用体积法时，应按式 4-8 计算：

$$\frac{m_{co}}{\rho_c}+\frac{m_{go}}{\rho_g}+\frac{m_{so}}{\rho_s}+\frac{m_{wo}}{\rho_w}+0.01\alpha=1 \tag{4-8}$$

式中 ρ_c——水泥密度，kg/m^3，可取 2900～3100kg/m^3；

ρ_g——粗骨料的表观密度，kg/m^3；

ρ_s——细骨料的表观密度，kg/m^3；

ρ_w——水的密度，kg/m^3；

α——混凝土的含气量百分数，在不使用引气型外加剂时，α 可取 1。

粗骨料和细骨料的表观密度（ρ_g、ρ_s）应按现行行业标准《普通混凝土用碎石或卵石质量标准及检验方法》（JGJ53）和《普通混凝土用砂质量标准及检验方法》（JGJ52）规定的方法测定。

3. 混凝土配合比的试配、调整与确定

（1）进行混凝土配合比试配时应采用工程中实际使用的原材料。混凝土的搅拌方法,宜与生产时使用的方法相同。混凝土配合比试配时,每盘混凝土的最小搅拌量应符合表 4-10 的规定。当采用机械搅拌时,其搅拌量不应小于搅拌机额定搅拌量的 1/4。

混凝土试配的最小搅拌量 **表 4-10**

骨料最大粒径（mm）	拌和物数量（L）
31.5 及以下	15
40	25

（2）按计算的配合比进行试配时，首先应进行试拌，以检查拌和物的性能。当试拌得出的拌和物坍落度或维勃稠度不能满足要求或粘聚性和保水性不好时，应在保证水灰比不变的条件下相应调整用水量或砂率，直到符合要求为止，然后提出供混凝土强度试验用的基准配合比。混凝土强度试验时至少应采用三个不同的配合比。当采用三个不同的配合比时，其中一个应为基准配合比，另外两个配合比的水灰比，宜较基准配合比分别增加或减少 0.05；用水量应与基准配合比相同，砂率可分增加或减少 1%。

当不同水灰比的混凝土拌和物坍落度与要求值的差超过允许偏差时，可通过增、减用水量进行调整。

制做混凝土强度试验试件时，应检验混凝土拌和物的坍落度、维勃稠度、粘聚性、保水性及拌和物的表观密度，并以此结果作为相应配合比的混凝土拌和物的性能。进行混凝土强度试验时，每种配合比至少应制做一组（三块）试件，标准养护到28d时试压。需要时可同时制作几组试件，供快速检验或较早龄期试压，以便提前定出混凝土配合比供施工使用。但应以标准养护28d强度或按现行国家标准《粉煤灰混凝土应用技术规程》(GBJ146)、现行行业标准《粉煤灰在混凝土和砂浆中应用技术规程》（JGJ28）等规定的龄期强度的检验结果为依据调整配合比。

(3) 配合比的调整与确定

1) 根据试验得出的混凝土强度与其相对应的灰水比（C/W）关系,用作图法或计算法求出与混凝土配制强度（$f_{cu.o}$）相对应的水灰比,并应按下列原则确定每立方米混凝土的材料用量:

①用水量（m_w）应在基准配合比用水量的基础上根据制做强度试件时测得的坍落度或维勃调度进行调整确定;

②水泥用量（m_c）应以用水量乘以选定出来的灰水比计算确定;

③粗骨料和细骨料用量（m_g 和 m_s）应在基准配合比的粗骨料和细骨料用量的基础上，按选定的灰水比进行调整后确定。

2) 经试配确定配合比后，应按下列步骤进行校正:

①确定材料用量计算混凝土表观密度 $\rho_{c.c}=m_c+m_g+m_s+m_w$;

②实测混凝土表观密度 $\rho_{c.t}$;

③应按式4-9计算混凝土配合比校正系数:

$$\delta=\frac{\rho_{c.t}}{\rho_{c.c}} \tag{4-9}$$

式中　$\rho_{c.t}$——混凝土表观密度实测值，kg/m^3;

$\rho_{c.c}$——混凝土表观密度计算值，kg/m³。

当混凝土表观密度实测值与计算值之差的绝对值不超过计算值的2%时，计算确定的配合比即为确定的设计配合比；当二者之差超过2%时，应将配合比中每项材料用量均乘以δ校正系数，即为确定的设计配合比。

4. 普通混凝土配合比设计实例

【例4-1】 某工程采用现浇钢筋混凝土梁，最小截面尺寸为300mm，钢筋最小间距为60mm。设计强度等级为C25。施工要求混凝土拌和物坍落度为50±10mm。原材料：水泥为32.5R级普通硅酸盐水泥，密度3.1g/cm³；砂为中砂，表观密度2.60g/cm³；石子采用卵石，最大粒径40mm，表观密度2.65g/cm³；水采用饮用水。现场采用机械搅拌。振捣成型。

1. 初步计算配合比

【解】 (1) 确定配置强度$f_{cu.o}$。

查表4-3，取$\sigma=5.0\text{MPa}$

$f_{cu.o}=f_{cu.k}+1.645\sigma=25+1.645\times5=33.22\text{MPa}$

(2) 水灰比W/C。

若水泥实际统计富余系数$\gamma_c=1.09$。

$$f_{ce}=\gamma_c\times f_{cu.k}=1.09\times32.5=35.42\text{MPa}$$

$$\frac{W}{C}=\frac{\alpha_a\cdot f_{ce}}{f_{cu.o}+\alpha_a\cdot\alpha_b\cdot f_{ce}}$$

$$=\frac{0.48\times35.42}{33.22+0.48\times0.33\times35.42}=0.44$$

由于该结构是正常的居住或办公房屋内部件，根据JGJ55的要求最大水灰比不得大于0.65，故计算水灰比0.44符合要求。

(3) 确定用水量m_{wo}卵石，坍落度40～60mm，1立方米混凝土用水量参照表4-4选用$m_{wo}=165\text{kg}$。

$$m_{co}=\frac{m_{wo}}{W/C}=\frac{165}{0.44}=375\text{kg}$$

由于该结构是正常的居住或办公房内部件，根据 JGJ55 的要求最小水泥用量不得小于 260kg，故计算水泥用量 375kg 符合要求。

(4) 确定砂率 β_s。

参照表 4-7 砂率表的选用范围 26%～31%，现取 $\beta_s = 30\%$

(5) 计算砂（m_{so}）、石（m_{go}）用量

用体积计算：

$$\frac{m_{co}}{\rho_c} + \frac{m_{go}}{\rho_g} + \frac{m_{so}}{\rho_s} + \frac{m_{wo}}{\rho_w} + 0.01\alpha = 1$$

$$\beta_s = \frac{m_{so}}{m_{go} + m_{so}} \times 100\%$$

$$\frac{375}{3.1} + \frac{m_{go}}{2.65} + \frac{m_{so}}{2.60} + \frac{165}{1} + 10 \times 1 = 1000$$

联立方程，求得　　$m_{so} = 556\text{kg}$　　$m_{so} = 1298\text{kg}$

2. 确定基准配合比

按照初步计算配合比，计算出 25L（根据 JGJ55 最小搅拌量）混凝土拌和物所需材料的用量：

水泥 $0.025 \times 375 = 9.38\text{kg}$　　沙子 $0.025 \times 556 = 13.90\text{kg}$

石子 $0.025 \times 1298 = 32.45\text{kg}$　水　$0.025 \times 165 = 4.12\text{kg}$

搅拌均匀后，实际测得坍落度值为 55mm，粘聚性、保水性均良好符合设计要求。

混凝土基准配合比为：

水泥:砂:石:水 = 375:556:1298:165

3. 确定试验室配合比

根据规范要求，配制三个不同水灰比的混凝土，并留置试件。三种水灰比分别为：0.39、0.44、0.49。试件标准养护 28d，进行强度试验，得到混凝土试配强度，见表 4-11。

混凝土试配强度表　　表 4-11

W/C	试验强度（MPa）	W/C	试验强度（MPa）
0.39	45.8	0.49	31.2
0.44	36.9		

按图 4-4 求出与试配设计强度 32.2MPa 相对应的水灰比为 0.47。符合要求的配合比为：

用 水 量：$m_w = 165$kg

水泥用量：$m_c = 351$kg

砂 用 量：$m_s = 556$kg

石 用 量：$m_g = 1298$kg

混凝土拌和物实测表观密度为 2388kg/m³。计算表观密度：

$$\rho_{c.c} = 351 + 165 + 1298 + 556 = 2370\text{kg/m}^3$$

$$\delta_1 = \frac{2388 - 2370}{2370} = 0.76\% < 2\%$$

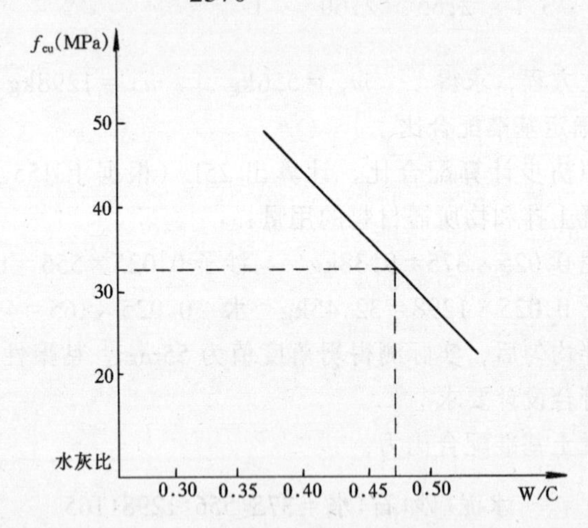

图 4-4　实测强度—水灰比关系

故不需要调整。

试验室设计混凝土配合比为：

水泥:砂:石:水 = 351:556:1298:165 = 1:1.58:3.70:0.47

在实际工程中应根据现场砂、石材料的含水率对砂石的用量进行调整。

（三）粉煤灰混凝土

粉煤灰用到混凝土中能改善混凝土性能、提高工程质量、节约水泥、降低混凝土成本、节约资源等。在混凝土中掺加的粉煤灰应满足有关标准对粉煤灰的要求。

1. 粉煤灰用于混凝土中根据等级，按下列规定应用

（1）Ⅰ级粉煤灰适用于钢筋混凝土和跨度小于6m的预应力钢筋混凝土。（2）Ⅱ级粉煤灰主要用于钢筋混凝土和无筋混凝土。（3）Ⅲ级粉煤灰主要用于无筋混凝土。对强度等级C30及以上的无筋粉煤灰混凝土，宜采用Ⅰ、Ⅱ级粉煤灰。（4）预应力钢筋混凝土、钢筋混凝土及设计强度等级C30及以上的无筋混凝土的粉煤灰等级，如经试验论证，可采用比（1）、（2）、（3）条规定低一等级的粉煤灰。

2. 粉煤灰用于下列混凝土时，应采取相应措施

（1）粉煤灰用于要求高抗冻融性的混凝土时，必须掺入引气剂。（2）粉煤灰混凝土在低温条件下施工时，宜掺入对粉煤灰混凝土无害的早强剂或防冻剂，并应采取适当的保温措施。（3）用于早期脱模、提前负荷的粉煤灰混凝土，宜掺用高效减水剂、早强剂等外加剂。（4）掺有粉煤灰的钢筋混凝土，对含有氯盐外加剂的限制，应符合现行国家标准的有关规定。

3. 粉煤灰混凝土配合比设计中的有关规定

粉煤灰混凝土的设计强度等级、强度保证率、标准差及离异系数等指标，应与基准混凝土相同。粉煤灰混凝土设计强度等级的龄期，地上工程宜为28天；地面工程宜为28天或60天；地下工程宜为60天或90天；大体积混凝土工程宜为90天或180天。

混凝土中粉煤灰可采用等量取代法、超量取代法和外加法。

当混凝土超强较大或配置大体积混凝土时，可采用等量取代法；当主要为改善混凝土和易性时，可采用外加法。粉煤灰混凝土配合比设计，应按绝对体积法计算。

粉煤灰采用超量取代法时，超量取代系数可按表 4-12 选用。

粉煤灰的超量取代系数 **表 4-12**

粉煤灰等级	超量系数	粉煤灰等级	超量系数
Ⅰ	1.1～1.4	Ⅲ	1.5～2.0
Ⅱ	1.3～1.7		

粉煤灰含水率大于 1％时，应从粉煤灰混凝土配合比用水量中扣除。粉煤灰混凝土中掺入引气剂时，其增加的空气体积应在混凝土体积中扣除。

粉煤灰取代水泥的最大限量应符合现行标准要求，见表4-13所示。

粉煤灰取代水泥的最大限量 **表 4-13**

混凝土种类	粉煤灰取代水泥的最大限量（％）			
	硅酸盐水泥	普通硅酸盐水泥	矿渣硅酸盐水泥	火山灰质硅酸盐水泥
预应力钢筋混凝土	25	15	10	—
钢筋混凝土 高强度混凝土 高抗冻融性混凝土 蒸养混凝土	30	25	20	15
中、低强度混凝土 泵送混凝土 大体积混凝土 水下混凝土 地下混凝土 压浆混凝土	50	40	30	20
碾压	65	55	45	35

当钢筋混凝土中钢筋保护层厚度小于 5cm 时，粉煤灰取代水泥的最大限量，应比表 4-13 的规定减少 5％。

4．粉煤灰混凝土配合比计算方法（混凝土强度保证率为

95%时，应参见 JGJ55—2000)

(1) 基准混凝土配合比计算方法

①混凝土的试配强度，按式 4-10 计算：

$$R_{h} = R_{o} + \sigma_{o} \tag{4-10}$$

式中 R_h——混凝土试配强度；(混凝土强度保证率为 85%)

R_o——混凝土设计要求的强度；

σ_o——混凝土标准差。

当施工单位具有 30 组以上混凝土试配历史资料时，σ_o 可按式 4-11 计算：

$$\sigma_{o} = \frac{\sqrt{\Sigma R_{i}^{2} - nR_{n}^{2}}}{n - 1} \tag{4-11}$$

式中 R_i——第 i 组的试块强度；

R_n——N 组试块强度的平均值。

当施工单位无历史统计资料时，σ_o 按普通混凝土配合比设计中的要求选取。

②根据试配强度 R_h，按式 4-12 计算水灰比：

$$R_{h} = A \cdot R_{c} \cdot (C_{o}/W_{o} - B) \tag{4-12}$$

式中 R_c——水泥的实际强度，MPa；

C_o/W_o——混凝土的灰水比；

A、B——试验系数。当缺乏试验系数时，可按下列数值取用。采用碎石时，$A=0.46$，$B=0.52$。采用卵石时，$A=0.48$，$B=0.61$（适用于骨料为干燥状态）。

③根据骨料最大粒径及混凝土坍落度选用用水量（W_o），见表 4-14 所示。

混凝土用水量选用表 **表 4-14**

粗骨料最大粒径，(mm)	20	40	80	150
混凝土用水量，(kg/m^3)	165～185	145～165	125～145	105～125

④根据水灰比、粗骨料最大粒径及砂细度模数选用砂率，见表 4-15 所示。

混凝土砂率选用表 **表 4-15**

粗骨料最大粒径（mm）	20	40	80	150
砂率（%）	38～42	32～36	24～28	19～23

⑤水泥的用量（C_o）按式 4-13 计算

$$C_o = \frac{C_o}{W_o} \times W_o \qquad (4\text{-}13)$$

⑥水泥浆的体积（V_p）按式 4-14 计算：

$$V_p = \frac{C_o}{\gamma_c} + W_o \qquad (4\text{-}14)$$

式中 γ_c——水泥比重。

⑦砂、石总体积（V_A），按式 4-15 计算：

$$V_A = 1000(1 - \alpha) - V_p \qquad (4\text{-}15)$$

式中 α——混凝土含气量（%），不掺外加剂的混凝土，骨料最大粒径为 20mm 时，可取 2%；40mm 时可取 1%；80mm 和 150mm 时忽略不计。

⑧砂料的重量（S_o）按式 4-16 计算：

$$S_o = V_a \cdot Q_s \cdot \gamma_s \qquad (4\text{-}16)$$

式中 γ_s——砂料比重；

Q_s——砂率，%。

⑨石料的重量（G_o），按式 4-17 计算

$$G_o = V_A \cdot (1 - Q_s) \cdot \gamma_g \qquad (4\text{-}17)$$

式中 γ_g——石料比重。

（2）等量取代法配合比计算方法

1）选定与基准混凝土相同的或稍低的水灰比。

2）根据确定的粉煤灰等量取代水泥率（f%）和基准混凝土水泥用量（C_o），按式 4-18 及式 4-19 计算粉煤灰用量（F）和

粉煤灰混凝土中的水泥用量（C）：

$$F = C_o \cdot (f\%) \tag{4-18}$$

$$C = C_o - F \tag{4-19}$$

3）粉煤灰混凝土的用水量（W），按式 4-20 计算：

$$W = \frac{W_o}{C_o}(C + F) \tag{4-20}$$

4）水泥和粉煤灰浆体体积（V_p），按式 4-21 计算：

$$V_p = \frac{C}{\gamma_c} + \frac{F}{\gamma_f} + W \tag{4-21}$$

5）砂料和石料的总体积（V_A），按式 4-22 计算：

$$V_A = 1000(1 - \alpha) - V_p \tag{4-22}$$

6）用与基准混凝土粉煤灰相同或稍低的砂率（Q_s）、砂料（S）和石料（G）的重量，按式 4-23 及式 4-24 计算：

$$S = V_a \cdot Q_s \cdot \gamma_s \tag{4-23}$$

$$G = V_A \cdot (1 - Q_s) \cdot \gamma_g \tag{4-24}$$

（3）超量取代法配合比计算方法

1）根据基准混凝土计算出的各种材料（C_o、G_o、S_o、W_o）选取粉煤灰取代水泥率（$f\%$）和超量系数（K），对各种材料进行调整。

2）粉煤灰取代水泥量（F）、总掺量（F_t）及超量部分重量（F_e），按式 4-25 及式 4-26、4-27 计算：

$$F = C_o \cdot f\% \tag{4-25}$$

$$F_t = K \cdot F \tag{4-26}$$

$$F_e = (k - 1) \cdot F \tag{4-27}$$

3）水泥的重量（C），按式 4-28 计算：

$$C = C_o - F \tag{4-28}$$

4）粉煤灰超量部分的体积按式 4-29 计算，即在砂料中扣除同体积的砂重，求出调整后的砂重（S_e）：

$$S_e = S_o - \frac{F_e}{\gamma_f} \cdot \gamma_s \tag{4-29}$$

5）超量取代粉煤灰混凝土的各种材料用量为：C、F_t、W_o、S_e、G_o。

（4）外加法配合比计算方法：

1）根据基准混凝土计算出的各种材料用量（C_o、W_o、S_o、G_o、）选定外加粉煤灰掺入率（f_m%），对各种材料进行计算调整。

2）外加粉煤灰的重量（F_m），按式4-30计算：

$$F_m = C_o \cdot f_m(\%) \tag{4-30}$$

3）外加粉煤灰的体积，按式4-31计算，即在砂料中扣除同体积砂的重量，求出调整后的砂重（S_m）。

$$S_e = S_o - \frac{F_m}{\gamma_f} \cdot \gamma_s \tag{4-31}$$

4）外加粉煤灰混凝土的各种材料用量为：C_o、F_m、S_m、W_o、G_o 。

5. 粉煤灰混凝土配合比设计实例

【例 4-2】 某钢筋混凝土结构，混凝土设计强度等级为C30，其标准差 $\sigma = 5$MPa 混凝土拌和物坍落度为30～55mm，水泥采用32.5普通硅酸盐水泥；粗骨料为碎石，其最大粒径为20mm，表观密度2.66g/cm^3；细骨料为河砂，表观密度2.60g/cm^3，属中砂。设计计算配合比。

【解】 1. 混凝土试配强度（R_h）为：

$$R_h = 30 + 5 = 35\text{MPa}$$

2. 根据《普通混凝土配合比设计技术规范》（JGJ55）计算出基准混凝土（不掺粉煤灰的混凝土）的材料用量：

$$R_h = A \cdot R_c \cdot (C_o/W_o - B)$$

$$= 0.46 \times 32.5 \times 1.09(C_o/W_o - 0.52)$$

$$C_o/W_o = 2.67$$

查表4-13用水量 $W = 165$

水泥用量 $C_o = 165 \times 2.67 = 440$

查表 4-15 取砂率 $Q_s=38\%$

3. 水泥浆的体积

$$V_p=\frac{C_o}{\gamma_c}+W_o=\frac{440}{3.1}+165=306.94$$

4. 按体积法计算得每立方米混凝土的砂、石用量：

$$V_A=1000(1-\alpha)-V_p$$
$$=1000(1-0.02)-306.94=673.06$$

砂子用量 $S_o=V_a\cdot Q_s\cdot\gamma_s$

$$=673.06\times0.38\times2.6=665$$

石子用量 $G_o=V_A\cdot(1-Q_s)\cdot\gamma_s$

$$=673.06\times(1-0.38)\times2.66=1110$$

5. 因此得每立方米基准混凝土材料用量为：

$S_o=665$kg　　　　$W_o=165$kg

$C_o=440$kg　　　　$G_o=1110$kg

粉煤灰混凝土配合比设计以基准混凝土为基准，用粉煤灰超量取代法进行计算调整。

(1) 选取粉煤灰取代水泥量 $f=18\%$，$k=1.3$；

(2) 粉煤灰取代水泥量（F）、总掺量（F_t）及超量部分重量（F_e）；

$$F=C\cdot f=440\times0.18=79.2$$
$$F_t=K\cdot F=79.2\times1.3=103$$
$$F_e=(k-1)\cdot f=(1.3-1)\times79.2=24$$

(3) 水泥重量：$C=C_o-F=440-79=361$；

(4) 砂重（S_e）

$$S_e=S_o-\frac{F_e}{\gamma_f}\cdot\gamma_s=665-\frac{24}{2.2}\times2.6=637$$

(5) 超量取代取后各种材料用量：

$C:F_t:S_e:G_o:W_o$

361 : 103 : 637 : 1110 : 165。

复 习 题

1. 什么是普通混凝土？混凝土立方体抗压强度试验加荷速度是如何规定的？拌和物和易性如何测定？

2. 混凝土立方体抗压强度试验每组强度值的确定规则是什么，尺寸换算系数是如何规定的？

2. 混凝土配合比设计试配时，成型室的环境条件，养护室的环境条件以及龄期是如何规定的？

4. 某室内钢筋混凝土梁，要求强度等级为C30，采用42.5级普通水泥（$\rho_c=3.10$），卵石（$\rho_g=2.67$）最大粒径40mm，中砂（$\rho_s=2.63$），用绝对体积法计算混凝土配合比并计算20L的用料量。

5. 已知混凝土拌和物的表观密度为2400kg/m^3，配合比为：水泥:沙子:石子:水=1:2.39:4.44:0.63，试求每立方米混凝土的材料用量。若砂、石的含水率分别为2%和1%，试计算其施工配合比。

6. 粉煤灰配合比的设计有哪几种方法？粉煤灰的超量取代系数如何选取？

五、防 水 材 料

建筑防水材料是建筑材料的一个重要组成部分。它包括防水涂料、防水卷材、防水密封材料三大类。近十几年来我国防水材料的技术水平有了较大的提高，建筑防水材料已经形成了一个独立的原材料行业。传统的沥青基防水材料已逐步向改性沥青防水材料和合成高分子防水材料发展。防水材料按其组成不同可以分为沥青基防水材料、改性沥青防水材料、合成高分子防水材料见表 5-1。

防水材料的分类　　表 5-1

<table>
<tr><td rowspan="8">防水材料</td><td rowspan="2">沥青基防水材料</td><td>纸胎沥青油毡</td></tr>
<tr><td>乳化沥青（石棉、膨润土、阳离子）</td></tr>
<tr><td rowspan="3">改性沥青防水材料</td><td>SBS、APP、SBR 改性沥青卷材</td></tr>
<tr><td>氯丁胶、SBS 改性沥青涂料</td></tr>
<tr><td>PVC 嵌缝材料</td></tr>
<tr><td rowspan="3">合成高分子防水材料</td><td>三元乙丙、PVC、CPE 防水卷材</td></tr>
<tr><td>聚氨酯防水涂料、丙烯酸防水涂料</td></tr>
<tr><td>聚硫、硅酮、丙烯酸密封膏</td></tr>
</table>

（一）防 水 涂 料

防水涂料是一种流态或半流态物质，涂布在基层表面，经溶剂、水分挥发或各组分之间的化学反应，形成有一定弹性和一定厚度的连续薄膜，使基层表面与水隔绝，起到防水、防潮作用。防水涂料固化后形成的防水涂膜具有良好的防水性能，特别适用于各种复杂不规则部位的防水，能形成无接缝的完整防水层。它大多采用冷施工，不必加热熬制，既减少了环境污染，改善了劳动条件，又便于施工操作，加快了施工进度。此外，涂布的防水涂料既是防水层的主体，又是胶粘剂，因而施工质量容易保证，维修也较简单，且其形成的防水膜自重轻，适用于轻屋面的防水。但是，防水涂料须采用刷子或刮板等逐层涂刷（刮），故防水膜的厚度较难保持均匀一致。防水涂料广泛适用于工业与民用建筑的屋面防水工程、地下室防水工程和地面防潮、防渗等。

防水涂料的品种及技术要求

防水涂料按成膜物质的主要成分可以分为沥青类、高分子改性沥青类和合成高分子类，按液态类型可分为溶剂型、水乳型和反应型三种。沥青基防水涂料是以沥青为基料配制而成的水乳型或溶剂型防水涂料。这类涂料对沥青基本没有改性或改性作用不大，有石灰乳化沥青、膨润土乳化沥青和石棉乳化沥青防水涂料等（此类涂料为建设部指定淘汰或逐渐淘汰的材料）。高分子改性沥青防水涂料是以沥青为基料，用高分子聚合物进行改性，制成的水乳型或溶剂型防水涂料。这类涂料在强度、延伸率、耐高低温性能、使用寿命等方面比沥青基涂料有很大改善。品种有水乳型氯丁橡胶改性沥青防水涂料、SBS橡胶改性沥青防水涂料等。合成高分子防水涂料是以合成橡胶或合成树脂为主要成膜物质制成的单组分或多组分防水涂料。这类涂料具有高强、高弹、高耐久性及优良的耐高、低温性能，品种有聚氨酯防水涂料、丙烯酸防水涂料和有机硅防水涂料等。

1. 水性沥青基防水涂料

水性沥青基防水涂料是以乳化沥青为基料掺入氯丁胶乳或再生胶等橡胶水分散体形成的薄质涂料或添加石棉纤维、其他无机矿物填料形成的厚质防水涂料。其技术要求见表5-2。

2. 聚氨酯防水涂料

水性沥青基防水涂料技术要求［JC/T408—91 (96)］　表 5-2

项　目		质　量　指　标			
		AE-1 类		AE-2 类	
外观		搅拌后为黑色或黑灰色均质膏体或粘稠体，搅匀和分散在水溶液中无沥青丝	搅拌后为黑色或黑灰色均质膏体或粘稠体，搅匀和分散在水溶液中无明显沥青丝	搅拌后为黑色或蓝褐色均质液体，搅拌棒上不粘附任何颗粒	搅拌后为黑色或蓝褐色液体，搅拌棒上不粘附明显颗粒
固体含量，%不小于		50		43	
延伸性 (mm) 不小于	无处理	5.5	4.0	6.0	4.5
	处理后	4.0	3.0	4.5	3.5
柔韧性		5±1℃	10±1℃	-15±1℃	-10±1℃
		无裂纹、断裂			
耐热性，℃		无流淌、起泡和滑动			
粘结性，MPa 不小于		0.20			
不透水性		不渗水			
抗冻性		20 次无开裂			

聚氨酯防水涂料是双组分型。它是由含异氰酸基 (-NCO) 的聚氨酯预聚物（简称甲组分）和含有羟基 (-OH) 或铵基 ($-NH_2$) 的固化剂以及增韧剂、增粘剂、催化剂、防霉剂、填充剂、稀释剂等混合物（简称乙组分）组成。

这种涂料有优良的耐候、耐油、耐海水及一定的耐碱性能，强度高、延伸性大、使用温度范围宽。适用于屋面、地下室、浴室、混凝土构件伸缩缝防水等。其技术要求见表 5-3。

聚氨酯防水涂料技术要求［JC/T500—92 (96)］　表 5-3

项　目		质　量　要　求	
		一等品	合格品
拉伸强度，MPa		2.45	1.65
断裂时的延伸率，%，≥		450	350
加热伸缩率，%，≤	伸长	1	
	缩短	4	6

续表

项目	质量要求	
	一等品	合格品
低温柔性,℃	-35无裂纹	-30无裂纹
不透水性0.3MPa 30min	不渗漏	
固体含量,%	≥94	
适用时间, min	≥20, 粘度不大于10^5MPa·s	
涂膜表干时间, h	≤4, 不粘手	
涂膜实干时间, h	≤12, 无粘着	

3. 聚合物水泥防水涂料

聚合物水泥防水涂料是以丙烯酸等聚合物乳液和水泥等无机粉料为主要原料，加入其他外加剂制得的双组分水性建筑防水涂料，该涂料成膜后具有有机材料弹性高、无机材料强度、耐久性好等双重优点，无毒无害、可在潮湿基面上使用，是一种新型、高效的防水材料。该产品分两类：Ⅰ类产品主要用于非长期浸水环境下的建筑防水工程；Ⅱ类产品主要适用于长期浸水环境下的建筑防水工程。

其技术要求见表5-4。

聚合物水泥防水涂料技术要求（JC/T894—2001） **表5-4**

项目		技术指标	
		Ⅰ型	Ⅱ型
固体含量,%		≥65	
干燥时间	表干时间, h	≤4	
	实干时间, h	≤8	
拉伸强度, MPa, ≥		1.2	1.8
断裂伸长率,%, ≥		200	80
不透水性, 0.3MPa 30min		不透水	不透水
低温柔性, ϕ10mm棒		-10℃无裂纹	—
潮湿基面粘结强度, MPa, ≥		0.5	1.0
抗渗性（背水面）, MPa, ≥		—	0.6

4. 聚合物乳液建筑防水涂料

聚合物乳液建筑防水涂料是以各类聚合物乳液为主要原料，加入其他添加剂而制得的单组分水乳型防水涂料。该涂膜防水层具有优良的低温柔性、耐老化性和耐酸碱性、无毒、无污染、与基层粘附力强，可在稍潮湿基面上施工，是近年来开发出来的又一种新型防水材料。其技术要求见表 5-5。

聚合物乳液建筑防水涂料技术要求　　表 5-5

<table>
<tr><th colspan="2" rowspan="2">项　目</th><th colspan="2">技 术 指 标</th></tr>
<tr><th>Ⅰ 型</th><th>Ⅱ 型</th></tr>
<tr><td colspan="2">固体含量，%</td><td colspan="2">≥65</td></tr>
<tr><td rowspan="2">干燥时间</td><td>表干时间，h≤</td><td colspan="2">4</td></tr>
<tr><td>实干时间，h≤</td><td colspan="2">8</td></tr>
<tr><td colspan="2">拉伸强度，MPa≥</td><td>1.0</td><td>1.5</td></tr>
<tr><td colspan="2">断裂延伸率，%≥</td><td>300</td><td>300</td></tr>
<tr><td colspan="2">低温柔性，绕 φ10mm 棒</td><td>−10℃无裂纹</td><td>−20℃无裂纹</td></tr>
<tr><td colspan="2">不透水性，0.3MPa 30min</td><td colspan="2">不透水</td></tr>
<tr><td rowspan="2">加热伸缩率，%</td><td>伸长，≤</td><td colspan="2">1.0</td></tr>
<tr><td>缩短，≤</td><td colspan="2">1.0</td></tr>
</table>

（二）建筑防水密封材料

建筑防水密封材料的品种和技术要求：建筑防水密封、嵌缝材料，主要用于嵌填建筑物的防水接缝。按材料组成可分为沥青嵌缝油膏、PVC 嵌缝油膏和合成高聚物建筑密封材料三大类。

（1）建筑防水密封材料的品种和技术要求：沥青防水嵌缝材料：建筑防水沥青嵌缝油膏是以石油沥青为基料，加入改性材料（桐油渣、废橡胶粉、松焦油等）及填充料（滑石粉、石棉绒等）混合制成的冷用膏状材料。该材料一般具有良好的耐热性、粘结性、防水性和防腐性，适用于工业厂房与民用建筑屋面及大板建筑、桥梁、山洞、渡槽等结构的嵌缝。其技术要求见表 5-6。

防水沥青嵌缝油膏的技术要求（JC 207—76）　表 5-6

项次	指标名称		标号					
			701	702	703	801	802	803
1	耐热度	温度（℃）	70			80		
		下垂直（mm）不大于	4					
2	粘结性（mm）不小于		15					
3	保油性	渗油幅度（mm）不大于	5					
		渗油张数（张）不多于	4					
4	挥发率（%）不大于		2.8					
5	施工度（mm）不小于		22					
6	低温柔性	温度（℃）	−10	−20	−30	−10	−20	−30
		粘结状况	合格					
7	浸水后粘结性（mm）不小于		15					

（2）聚氯乙烯建筑防水接缝材料：聚氯乙烯建筑防水接缝材料是以聚氯乙烯为基料，加入适量的改性材料及增塑剂、稳定剂和填充料等，在130～140℃的温度下塑化而成的热施工弹性防水接缝材料。该材料除了具有良好的耐热性、粘结性、低温柔性和防水性外还具有优良的防腐性，可用于硫酸、盐酸、硝酸等生产车间和防腐蚀的屋面工程，也可用于水渠、管道的接线缝以及地下、油管的接缝。其技术要求见表5-8。

（3）合成高聚物建筑密封材料：合成高聚物建筑密封材料是以合成高聚物橡胶、树脂为基料，加入改性材料及填充料经特定工艺制成的单组分或双组分水乳型及反应固化型建筑密封材料。该材料具有高强、高弹、高耐久性及优良的耐高、低温性能，适用于工业与民用建筑及桥梁、大坝、渡槽、水库等特殊结构的嵌缝。其技术要求见表5-7、表5-9及表5-10。

聚氨酯建筑密封膏技术要求（JC 482—92）　　**表 5-7**

项　目		技术指标		
		优等品	一等品	合格品
密度，g/cm^3		规定值±0.1		
适用期，h，不小于		3		
表干时间，h，不大于		24	48	
渗出性，指数，不大于		2		
流变性	下垂度（N形）mm，不大于	3		
	流平性（L形）	5℃自流平		
低温柔性，℃		-40℃	-30℃	
拉伸粘结性	最大拉伸强度，MPa，不小于	0.200		
	最大伸长率，%，不小于	400	200	
定伸粘结性，%		200	160	
恢复率，%，不小于		95	90	85
剥离粘结性	剥离强度，N/mm，不小于	0.9	0.7	0.5
	粘结破坏面积，%，不大于	25	25	40

聚氯乙烯建筑防水接缝材料的技术要求（JC/T 798—1997）　**表 5-8**

项　目			技术要求	
			801	802
密度，g/cm^3 ①			规定值±0.1①	
下垂度，mm，80℃		不大于	4	
低温柔性	温度，℃		-10	-20
	柔性		无裂缝	
拉伸粘结性	最大抗拉强度，MPa		0.02～0.15	
	最大延伸率，%	不小于	300	
浸水拉伸未	最大抗拉强度，MPa		0.02～0.15	
	最大延伸率，%	不小于	250	
恢复率，%		不小于	80	
挥发率，%②		不大于	3	

①规定值是指企业标准或产品说明书所规定的密度值；

②挥发率仅限于G型PVC接缝材料。

聚硫建筑密封膏技术要求（JC 483—92） **表 5-9**

<table>
<tr><th colspan="2" rowspan="3">项　目</th><th colspan="5">技术指标</th></tr>
<tr><th colspan="2">A类</th><th colspan="3">B类</th></tr>
<tr><th>一等品</th><th>合格品</th><th>优等品</th><th>一等品</th><th>合格品</th></tr>
<tr><td colspan="2">密度，g/cm^3</td><td colspan="5">规定值±0.1</td></tr>
<tr><td colspan="2">适用期，h</td><td colspan="5">2~6</td></tr>
<tr><td colspan="2">表干时间，h，不大于</td><td colspan="5">24</td></tr>
<tr><td colspan="2">渗出性，指数，不大于</td><td colspan="5">4</td></tr>
<tr><td rowspan="2">流变性</td><td>下垂度(N形)mm,不大于</td><td colspan="5">3</td></tr>
<tr><td>流平性（L形）</td><td colspan="5">光滑平整</td></tr>
<tr><td colspan="2">低温柔性,℃</td><td colspan="2">-30</td><td>-40</td><td colspan="2">-30</td></tr>
<tr><td rowspan="2">拉伸粘结性</td><td>最大拉伸强度 MPa,不小于</td><td>1.2</td><td>0.8</td><td colspan="3">0.2</td></tr>
<tr><td>最大伸长率,%，不小于</td><td colspan="2">100</td><td>400</td><td>300</td><td>200</td></tr>
<tr><td colspan="2">恢复率,%，不小于</td><td colspan="2">90</td><td colspan="3">80</td></tr>
</table>

丙烯酸酯建筑密封膏技术要求（JC 484—92） **表 5-10**

<table>
<tr><th colspan="2" rowspan="2">项　目</th><th colspan="3">技术指标</th></tr>
<tr><th>优等品</th><th>一等品</th><th>合格品</th></tr>
<tr><td colspan="2">密度，g/cm^3</td><td colspan="3">规定值±0.1</td></tr>
<tr><td colspan="2">挤出性，mL/min，不小于</td><td colspan="3">100</td></tr>
<tr><td colspan="2">表干时间，h，不大于</td><td colspan="3">24</td></tr>
<tr><td colspan="2">渗出性，指数，不大于</td><td colspan="3">3</td></tr>
<tr><td colspan="2">下垂度，mm，不大于</td><td colspan="3">3</td></tr>
<tr><td colspan="2">低温柔性,℃</td><td>-40</td><td>-30</td><td>-20</td></tr>
<tr><td rowspan="3">拉伸粘结性</td><td>最大拉伸强度，MPa</td><td colspan="3">0.02~0.15</td></tr>
<tr><td>最大伸长率,%，不小于</td><td>400</td><td>250</td><td>150</td></tr>
<tr><td>恢复率,%，不小于</td><td>75</td><td>70</td><td>65</td></tr>
<tr><td colspan="2">初期耐水性</td><td colspan="3">未见浑浊液</td></tr>
<tr><td colspan="2">低温储存稳定性</td><td colspan="3">未见凝固、离析现象</td></tr>
<tr><td colspan="2">收缩率,%，不大于</td><td colspan="3">30</td></tr>
</table>

（三）防　水　卷　材

1. 新型防水卷材的品种和技术要求

传统的防水卷材有石油沥青油毡、油纸、煤沥青油毡、油纸及再生橡胶油毡等，这类卷材已成为政府部门强制淘汰或限制使用的材料，目前，使用较多、范围较广、性能优良的卷材主要有高聚物改性沥青防水卷材、合成高分子防水卷材等，下面对这类材料进行重点介绍。

（1）高聚物改性沥青防水卷材

这类卷材中最具代表性的是 SBS（弹性体）和 APP（塑性体）改性沥青防水卷材。SBS（弹性体）、APP（塑性体）改性沥青防水卷材是以玻纤布或聚酯无纺布为胎体，两面浸以弹性体（苯乙烯-丁二烯-苯乙烯嵌段共聚物 SBS）或热塑性体（无规聚丙烯 APP）改性沥青涂盖层，上表面撒以细砂、矿物粒（片），下表面覆盖聚乙烯膜或两面覆盖聚乙烯膜所制成的防水卷材。该类材料具有高温不流淌、低温不脆裂、抗拉强度高、延伸率大、防水性能好、施工操作和维修简便、一年四季均可施工、使用寿命长等优点，适用于一般建筑和土木工程，也可用于地下管道、电缆的防锈、防腐及防潮内包装。其技术要求见表 5-11 及表 5-12;该类材料中另有一种是采用复合胎体两面浸涂改性沥青涂盖层而制成的防水卷材，采用复合胎体有利于改善产品性能，提高产品质量，是防水卷材品种发展的一种趋势，采用的复合胎体主要有聚酯毡和玻纤网格布、玻纤毡和玻纤网格布、玻纤毡和聚乙烯膜等。其技术要求见表 5-13。

（2）三元乙丙橡胶防水卷材

三元乙丙橡胶防水卷材是以石油化工的乙烯、丙烯和少量的双环戊二烯共聚合成的三元乙丙橡胶，掺入适量的丁基橡胶、硫化剂、促进剂、补强剂和软化剂等，经过密炼、过滤、挤出（或压延）成型、硫化等工序加工制成。该材料具有防水性能优异耐候性好、耐化学腐蚀、弹性和抗拉强度大，对基层材料的伸长和收缩开裂适应性强、重量轻、使用温度范围广（−60～120℃）、耐久性好、可以冷施工、安全等一系列特点，适用于屋面或地下及水池等防水工程的施工。其技术要求见表 5-14。

SBS（弹性体）改性沥青防水卷材技术要求

（GB 18242—2000） **表 5-11**

<table>
<tr><td rowspan="2">序号</td><td colspan="3">胎基</td><td colspan="2">PY</td><td colspan="2">G</td></tr>
<tr><td colspan="3">型号</td><td>Ⅰ</td><td>Ⅱ</td><td>Ⅰ</td><td>Ⅱ</td></tr>
<tr><td rowspan="3">1</td><td colspan="2" rowspan="3">可溶物含量 g/m² ≥</td><td>2mm</td><td colspan="2">—</td><td colspan="2">1300</td></tr>
<tr><td>3mm</td><td colspan="4">2100</td></tr>
<tr><td>4mm</td><td colspan="4">2900</td></tr>
<tr><td rowspan="2">2</td><td rowspan="2">不透水性</td><td colspan="2">压力，MPa≥</td><td colspan="2">0.3</td><td>0.2</td><td>0.3</td></tr>
<tr><td colspan="2">保持时间，min≥</td><td colspan="4">30</td></tr>
<tr><td rowspan="2">3</td><td colspan="3" rowspan="2">耐热度，℃</td><td>90</td><td>105</td><td>90</td><td>105</td></tr>
<tr><td colspan="4">无滑动、流淌、滴落</td></tr>
<tr><td rowspan="2">4</td><td colspan="2" rowspan="2">拉力，N/50mm ≥</td><td>纵向</td><td rowspan="2">450</td><td rowspan="2">800</td><td>350</td><td>500</td></tr>
<tr><td>横向</td><td>250</td><td>300</td></tr>
<tr><td rowspan="2">5</td><td colspan="2" rowspan="2">最大拉力时延伸率，% ≥</td><td>纵向</td><td rowspan="2">30</td><td rowspan="2">40</td><td colspan="2" rowspan="2">—</td></tr>
<tr><td>横向</td></tr>
<tr><td rowspan="2">6</td><td colspan="3" rowspan="2">低温柔度，℃</td><td>−18</td><td>−25</td><td>−18</td><td>−25</td></tr>
<tr><td colspan="4">无裂纹</td></tr>
<tr><td rowspan="2">7</td><td colspan="2" rowspan="2">撕裂强度，N≥</td><td>纵向</td><td rowspan="2">250</td><td rowspan="2">350</td><td>250</td><td>350</td></tr>
<tr><td>横向</td><td>170</td><td>200</td></tr>
<tr><td rowspan="5">8</td><td rowspan="5">人工气候加速老化</td><td colspan="2" rowspan="2">外观</td><td colspan="4">1级</td></tr>
<tr><td colspan="4">无滑动、流淌、滴落</td></tr>
<tr><td>拉力保持率%≥</td><td>纵向</td><td colspan="4">80</td></tr>
<tr><td colspan="2" rowspan="2">低温柔度，℃</td><td>−10</td><td>−20</td><td>−10</td><td>−20</td></tr>
<tr><td colspan="4">无裂纹</td></tr>
</table>

APP（塑性体）改性沥青防水卷材技术要求

（GB 18243—2000） **表 5-12**

序号	胎基			PY		G	
	型号			Ⅰ	Ⅱ	Ⅰ	Ⅱ
1	可溶物含量 g/m² ≥		2mm	—		1300	
			3mm	2100			
			4mm	2900			
2	不透水性	压力，MPa≥		0.3		0.2	0.3
		保持时间，min≥		30			
3	耐热度，℃[1]			110	130	110	130
				无滑动、流淌、滴落			
4	拉力，N/50mm ≥		纵向	450	800	350	500
			横向			250	300
5	最大拉力时延伸率，% ≥		纵向	25	40	—	
			横向				
6	低温柔度，℃			−5	−15	−5	−15
				无裂纹			
7	撕裂强度，N≥		纵向	250	350	250	350
			横向			170	200
8	人工气候加速老化	外观		1级			
				无滑动、流淌、滴落			
		拉力保持率%≥	纵向	80			
		低温柔度，℃		3	−10	3	−10
				无裂纹			

①当需要耐热度超过130℃卷材时，该指标可由供需双方协商确定。

注：表中1～6项为强制性项目

沥青复合胎柔性防水卷材技术要求（JC/T 690—1998） **表 5-13**

项目		聚酯毡、网格布		玻纤毡、网格布		无纺布、网格布		玻纤毡、聚乙烯膜	
		一等品	合格品	一等品	合格品	一等品	合格品	一等品	合格品
柔度℃		−10	−5	−10	−5	−10	−5	−10	−5
		3mm厚、$r=15$mm；4mm厚、$r=25$mm；3s、180°无裂纹							
耐热度℃		90	85	90	85	90	85	90	85
		加热2h，无气泡，无滑动							
拉力 N/50mm≥	纵向	600	500	650	400	800	550	400	300
	横向	500	400	600	300	700	450	300	200
断裂延伸率（%）≥	纵向	30	20	2		2		10	4
	横向								

续表

项目			聚酯毡、网格布		玻纤毡、网格布		无纺布、网格布		玻纤毡、聚乙烯膜	
			一等品	合格品	一等品	合格品	一等品	合格品	一等品	合格品
不透水			0.3MPa		0.2MPa				0.3MPa	
			保持时间30min，不透水							
人工候化处理(30d)	外观		无裂纹、不起泡、不粘结							
	拉力保持率≥%	纵向	80							
		横向	70							
	柔度，℃		−5	0	−5	0	−5	0	−5	0
			无裂纹							

注：沥青玻纤毡和聚乙烯膜复合胎防水卷材为最大拉力时的延伸率。

三元乙丙橡胶防水卷材技术要求（GB 18173.1—2000）　　表 5-14

项目			指标		
			硫化橡胶类	非硫化橡胶类	树脂
			JL1	JF1	JS2
断裂拉伸强度，MPa	常温	≥	7.5	4.0	16
	60℃	≥	2.3	0.8	6
扯断伸长率，%	常温	≥	450	450	550
	−20℃	≥	200	200	350
撕裂强度，kN/m		≥	25	18	60
不透水性，30min无渗漏			0.3MPa	0.3MPa	0.3MPa
低温弯折，℃		≥	−40	−30	−35
加热伸缩量，mm	延伸	≤	2	2	2
	收缩	≤	4	4	6
热空气老化(80℃，168h)	断裂拉伸强度保持率，%	≥	80	90	80
	扯断伸长率保持率，%	≥	70	70	70
	100%伸长率外观		无裂纹	无裂纹	无裂纹
耐碱性［10% $Ca(OH)_2$ 常温，168h］	断裂拉伸强度保持率	≥	80	80	80
	扯断伸长率保持率，%	≥	80	90	90

(3)聚氯乙烯(PVC)、氯化聚乙烯(CPE)、氯化聚乙烯——橡胶共混防水卷材

该类卷材是以聚氯乙烯、氯化聚乙烯树脂或氯化聚乙烯树脂与橡胶共混材料作为主要成分，掺入改性材料、增塑剂、填充料等经混炼、密炼、压延等工艺而制成的合成高分子片材。该类材料具有较好的防水性能、耐候性能、较大的抗拉强度及断裂伸长率，可以冷施工且配套胶粘剂性能稳定、铺设方便、施工劳动强度低、屋面荷载较轻等一系列特点，适用于新屋面大面积铺贴或旧屋面防水层修复，也能用作防空洞、地下室及设备基础的防潮层。其技术要求见表5-15、表5-16及表5-17。

聚氯乙烯(PVC)防水卷材(GB 18592—91)　　表5-15

序号	项　　目	P型			S型	
		优等品	一等品	合格品	优等品	合格品
1	拉伸强度，MPa ≥	15.0	10.0	7.0	5.0	2.0
2	断裂伸长率，% ≥	250	200	150	200	120
3	热处理尺寸变化率，%	2.0	2.0	3.0	5.0	7.0
4	低温弯折率	-20℃，无裂纹				
5	抗渗透性	不透水				
6	抗穿孔性	不渗水				
7	剪切状态下的粘合性，N/mm	σ≥2.0N/mm或在接缝外断裂				

氯化聚乙烯(CPE)防水卷材(GB 12953—91)　　表5-16

序号	项　　目	Ⅰ型			Ⅱ型		
		优等品	一等品	合格品	优等品	一等品	合格品
1	拉伸强度，MPa ≥	12.0	8.0	5.0	12.0	8.0	5.0
2	断裂伸长率，% ≥	300	200	100	10①		
3	热处理尺寸变化率，% ≤	纵向2.5 横向1.5	3.0		1.0		
4	低温弯折率	-20℃，无裂纹					
5	抗渗透性	不透水					
6	抗穿孔性	不渗水					
7	剪切状态下的粘合性，N/mm≥	2.0					

①Ⅱ型卷材的断裂伸长率是指最大拉力时的伸长率。

氯化聚乙烯——橡胶共混防水卷材(JC/T 684—1997)　　表 5-17

序号	项目			指标	
				S型	N型
1	拉伸强度,MPa		≥	7.0	5.0
2	断裂伸长率,%		≥	400	250
3	直角型断裂伸长率,kN/m		≥	24.5	20.0
4	不透水性 30min			0.3MPa 不透水	0.2MPa 不透水
5	热老化保持率(80±2℃,168h)	拉伸强度,%	≥	80	
		断裂伸长率,%	≥	70	
6	脆性温度		≤	-40℃	-20℃
7	粘结剥离强度(卷材与卷材)	kN/m	≥	2.0	
		浸水 168h,保持率,%	≥	70	
8	热处理尺寸变化率,%		≤	+1 -2	+2 -4

2. 新型防水卷材的试验方法

(1)高聚物改性沥青防水卷材试验方法(GB 18242—2000)

1)可溶物含量的测定

①试验仪器及材料:

a. 溶剂:四氯化碳、三氯甲烷或三氯乙烯,工业纯或化学纯;

b. 分析天平:感量 0.001g;

c. 萃取器:500mL 索氏萃取器;电热干燥箱:温度范围 0~300℃;精度±2℃;

d. 滤纸:直径不小于 150mm。

②试验步骤:

a. 按图 5-1 和表 5-18 裁取样品。

试件尺寸和数量　　表 5-18

试验项目	试件代号	试件尺寸(mm)	数量(个)
可溶物含量	*A*	100×100	3
拉力和延伸率	*B*,*B*′	250×50	纵横向各 5
不透水性	*C*	150×150	3
耐热度	*D*	100×50	3
低温柔度	*E*	150×25	6
撕裂强度	*F*,*F*′	200×75	纵横向各 5

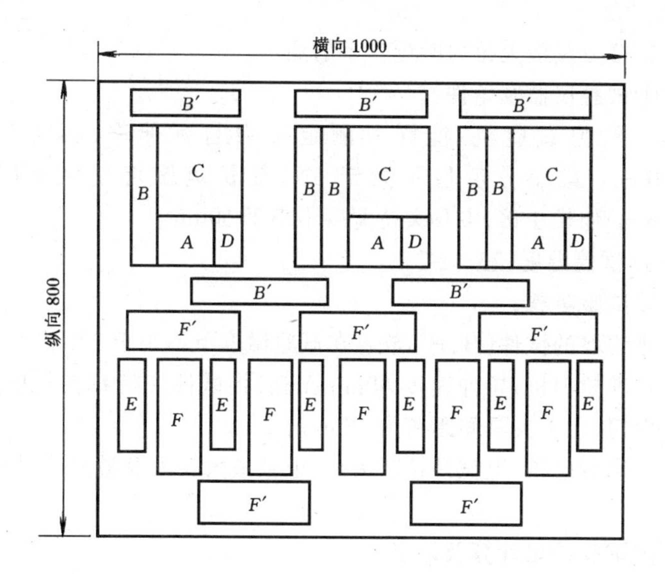

图 5-1 试件切取图

b. 切取的三块试件(A)分别用滤纸包好并用棉线捆扎后，分别称量。

将滤纸包至于萃取器中，溶剂量为烧瓶 1/2～1/3 进行加热萃取，至回流的溶剂呈浅色为止，取出滤纸包，使吸附的溶剂挥发。放入预热至 105～110℃的电热干燥箱中预热 1h，再放入干燥箱中冷却至室温，称量滤纸包。

③计算及评定：

可溶物含量按式 5-1 计算：

$$A = K(G - P) \tag{5-1}$$

式中 A——可溶物含量，g/m^3；

K——系数，$K = 100, 1/m^2$；

G——萃取前滤纸包重，g；

P——萃取后滤纸包重，g。

以 3 个试件可溶物含量的算术平均值作为卷材的可溶物含量，达到标准规定的值，判断该样此项性能合格。

2)拉力及最大拉力时延伸率的测定

①试验仪器及条件:

a. 拉力试验机:能同时测定拉力与延伸率,测力范围0~2000N,最小分度值不大于5N,伸长范围能使夹具间距(180mm)伸长1倍,夹具夹持宽度不小于50mm。

b. 试验温度:23±2℃;

②试验步骤:

将切取的试件(B,B')放置在试验温度下不小于24h。

校准拉力机,拉伸速度50mm/min,将试件夹持在夹具中心,不得歪扭,上下夹具间距离为180mm。

启动试验机,至试件拉断为止,记录最大拉力及最大拉力时伸长值。

③试验结果计算及评定:

分别计算纵横向5个试件拉力的算术平均值作为卷材纵横向拉力,单位N/mm。

最大拉力时延伸率按式5-2计算:

$$E = 100(L_1 - L_0)/L \tag{5-2}$$

式中 E——最大拉力时延伸率,%;

L_1——试件最大拉力时的标距,mm;

L_0——试件初始标距,mm;

L——夹具间距离,mm。

分别计算纵横向5个试件最大拉力时延伸率的算术平均值作为卷材纵横向延伸率,达到标准规定的值,判定该样此项性能合格。

3)透水性

①试验仪器:

a. 不透水仪:具有三个不透水盘的不透水仪,它主要由液压系统、测试管路系统、夹紧装置和透水盘等部分组成,透水盘底座内径为92mm,透水盘金属压盖上有7个均匀分布的直径25mm透水孔。压力表测量范围0~0.6MPa,精度2.5级。

b. 定时钟。

②试验步骤:

a. 将自来水注入不透水仪中至溢满,开启进水阀,接着加水压,使储水罐的水流出,清除空气。

b. 将试件上表面作为迎水面,上表面为砂面、矿物粒料时,下表面作为迎水面。下表面材料为细砂面时,在细砂面沿密封圈一圈去除表面浮砂,然后涂一圈 60～100 号热沥青,涂平待冷却 1h 后,置于不透水仪的圆盘上,再在试件上加透水盘金属压盖,启动压紧,开启进水阀,关闭总水阀,施加压力至规定值,保持该压力 30min。卸压、取下试件。

③试验结果及评定:

观察三块试件有无渗水现象。以三块试件均无渗水现象判定该组试件不透水性合格。

4)耐热度的测定

①试验仪器与材料:

a. 电热干燥箱:带有热风循环装置;

b. 温度计:0～150℃,最小刻度 0.5℃;

c. 干燥器:ϕ250～300mm;

d. 表面皿:ϕ60～80mm;

e. 天平:感量 0.001g;

f. 试件挂钩:洁净无锈的细铁丝或回形针。

②试验步骤:

a. 在每块试件距短边一端 1cm 处的中心打一小孔。

b. 将试件用回形针穿好试件小孔,放入已定温至标准规定温度的电热恒温箱内。试件的位置与箱壁距离不应小于 50cm,试件间应留一定距离,不致粘结在一起,试件的中心与温度计的水银球应在同一水平位置上,距每块试件下端 10mm 处,各放一表面皿用以接受淌下的沥青物质。

③试验结果:

加热 2h 后观察并记录试件涂盖层有无滑动、流淌、滴落。任一端涂盖层不应与胎基发生位移,试件下端应与胎基平齐,无流挂、滴落。以三块试件均无上述现象评定为该组试件耐热度合格。

5)低温柔度的测定

①试验仪器:

a. 低温制冷仪:范围 0～－30℃,控制精度±2℃;

b. 半导体温度机:量程 30～－40℃,精度为±2℃;

c. 柔度棒或弯板;半径为 15mm、25mm 的棒,弯板示意图 5-2 如下。

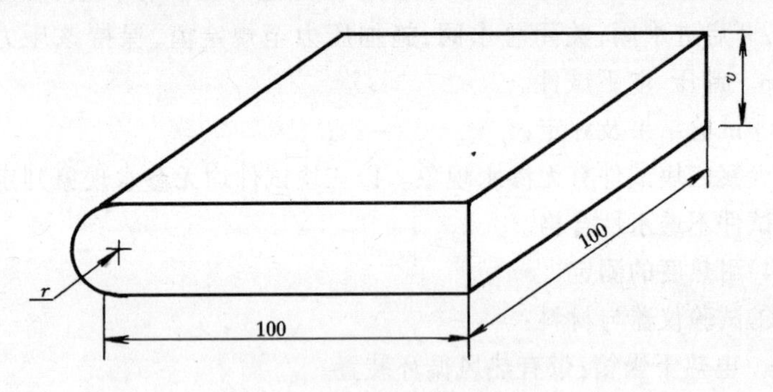

图 5-2　弯板示意图

②试验方法:

a.A 法(仲裁法):在不小于 10L 容器中放入冷冻液(6L 以上),将容器放入低温制冷仪,冷却至标准规定温度。然后将试件与柔度棒(板)同时放在液体中,待温度达到标准规定的温度后至少保持 0.5h。在标准规定的温度下,将试件于液体中在 3s 内匀速绕柔度棒(板)弯曲 180°。

b.B 法:将试件和柔度棒(板)同时放入冷却至标准规定温度的低温制冷仪中,待温度达到标准规定的温度后保持时间不小于 2h,在标准规定的温度下,在低温制冷仪中将试件于 3s 内匀速绕柔度棒(板)弯曲 180°。

③试验步骤:

2mm、3mm 卷材采用半径 15mm 柔度棒(板),4mm 卷材采用半径 25mm 柔度棒(板)。6 块试件中,3 块试件的下表面及另外 3 块试件上表面与柔度棒(板)接触。取出试件用肉眼观察,试件涂盖层有无裂缝。

④试验结果评定:

6 个试件中至少有 5 个试件无裂纹时判为该组试件低温柔度合格。

6)撕裂强度的测定

①试验仪器及条件:

a. 拉力试验机:能同时测定拉力与延伸率,测力范围 0~2000N,最小分度值不大于 5N,伸长范围能使夹具间距(180mm)伸长 1 倍,夹具夹持宽度不小于 75mm。

b. 试验温度:23±2℃;

②试验步骤:

将切取的试件(F、F')用切刀或模具裁成图 5-3 形状,然后在试验温度下放置不少于 2h。

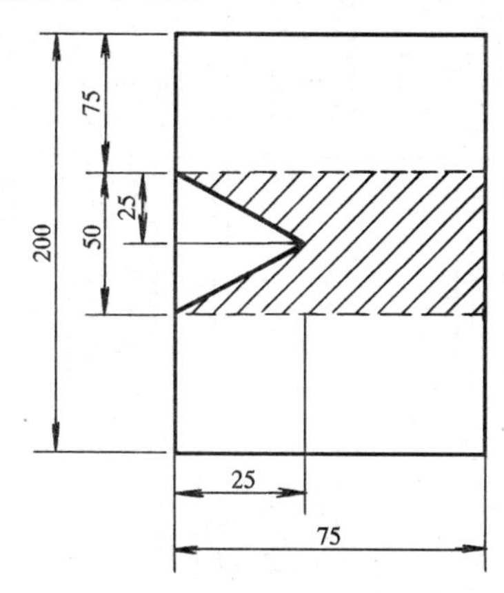

图 5-3　撕裂试件

校准试验机,调整拉伸速度为 50mm/min,将试件夹持在夹具中心,上下夹具间距离为 130mm。

启动试验机,至试件断裂为止,记录最大拉力。

③试验结果及评定

分别计算纵横向 5 个试件拉力的算术平均值,达到标准规定的指标时判为该组卷材纵横向撕裂强度合格。

(2)合成高分子防水卷材试验方法

1)试件的制备及试验条件

①试件的制备:从测定完尺寸的制品上裁取试验所需的足够长度试样,展开在标准状态下静置 24h 后按图 5-4 及表 5-19 所示裁取试件;裁切复合片时顺着织物的纹路,尽量不破坏纤维并使工作部分保证最大的纤维根数。

②试验条件:试验温度:23±2℃;试样应在标准条件下放置一

单位:mm

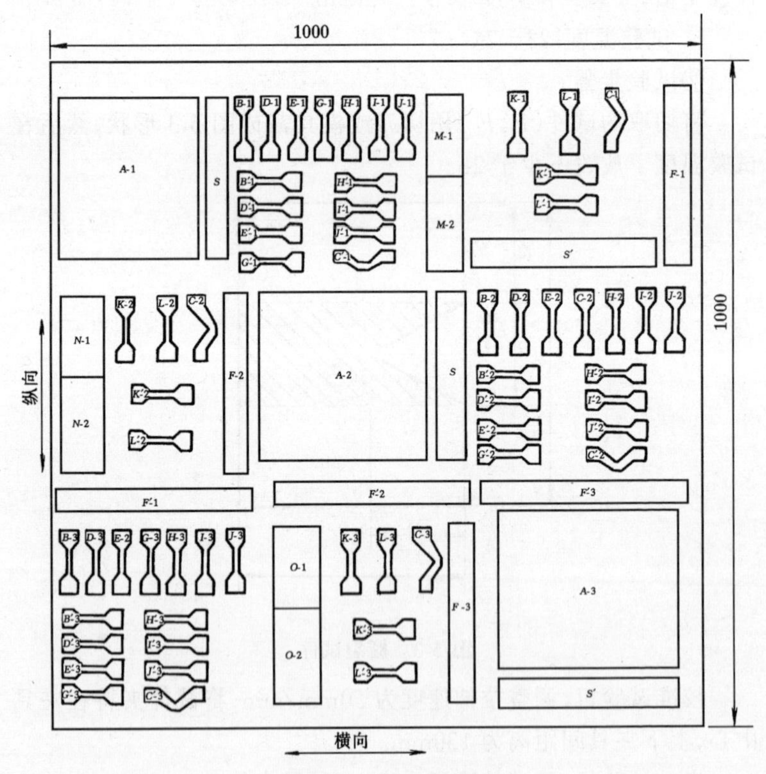

图 5-4 裁样示意图

试件尺寸和数量表 表 5-19

项目		试样代号	试样形状	个数	
				纵向	横向
不透水性		A	140mm×140mm	3	
拉伸性能	常温	B、B'	GB528 中Ⅰ型哑铃片	3	3
	高温	D、D'	GB528 中Ⅰ型哑铃片	3	3
	低温	E、E'	GB528 中Ⅰ型哑铃片	3	3
撕裂强度		C、C'	GB529 中直角型试片	3	3
低温弯折		S、S'	120mm×50mm	2	2
加热伸缩量		F、F'	300mm×30mm	3	3

定的时间。

2)拉伸强度、扯断伸长率的测定

①试验仪器:

a.拉力试验机:测量范围为 0～500N,拉伸速度 0～500mm/min,标尺最小分度值为 1mm。

b.裁刀和裁片机:符合 GB/T 9865.1 规定。

c.厚度计:符合 GB/T 5723—93 方法 A 中的规定。

②试验步骤:

a.用测厚计在试样的中部和试样长度的两端测量其厚度。取三个测量值的中位数计算横截面的面积。在任何一个哑铃状试样中,狭小平行部分的三个厚度均不应超过中位数的 2%。若两组试样进行对比,每组厚度中位数不应超出两组的厚度中位数的 7.5%。取裁刀狭小平行部分刀刃间距离作为试样的横截宽度,精确到 0.05mm。

b.将试样匀称的置于上下夹持器上,使拉力均匀分布到横截面上。开动试验机,在整个试验过程中,连续监测试验长度和力的变化,按试验项目的要求进行记录和计算并精确到±2%。夹持器的移动速度:橡胶类为 500mm/min ± 50mm/min;树脂类为 200mm/min±20mm/min;复合片的拉伸试验应首先以25mm/min

的拉伸速度拉伸试样至加强层断裂后，再以上述规定速度拉伸至试样完全断裂。

如果试样在狭小平行部分之外断裂，则该试验结果应予以舍弃，并应另取一试样重复试验。

③试验结果计算及评定：

断裂拉伸强度按式5-3、5-4计算，精确到0.1MPa；扯断伸长率按式5-5、5-6计算。

$$TS_b = F_b / Wt \tag{5-3}$$

式中 TS_b——均质片断裂拉伸强度，MPa；

F_b——试样断裂时，记录的力，N；

W——哑铃试片狭小平行部分宽度，mm；

t——试验长度部分的厚度，mm。

$$TS_b = F_b / W \tag{5-4}$$

式中 TS_b——复合片布断时拉伸强度，N/cm；

F_b——加强布断开时，记录的力，N；

W——哑铃试片狭小平行部分宽度，cm。

$$E_b = 100(L_b - L_0)/L_0 \tag{5-5}$$

式中 E_b——常温均质片扯断伸长率，%；

L_b——试样断裂时的标距，mm；

L_0——试样的初始标距，mm。

$$E_b = 100(L_b / L_0) \tag{5-6}$$

式中 E_b——复合片及低温均质片扯断伸长率，%；

L_b——胶断时夹持器间隔的位移量，mm；

L_0——试样的初始夹持器间隔（Ⅰ型试样50mm，Ⅱ型试样30mm）。

测试三个试样，取中值。达到标准规定的指标时判为该组卷材断裂拉伸强度、扯断伸长率合格。

3)卷材的撕裂强度的测定

①试验仪器及设备：

a. 拉力试验机：测量范围为 0～500N，拉伸速度 0～500 mm/min，标尺最小分度值为 1mm。

b. 直角形裁刀：其尺寸如图 5-5：

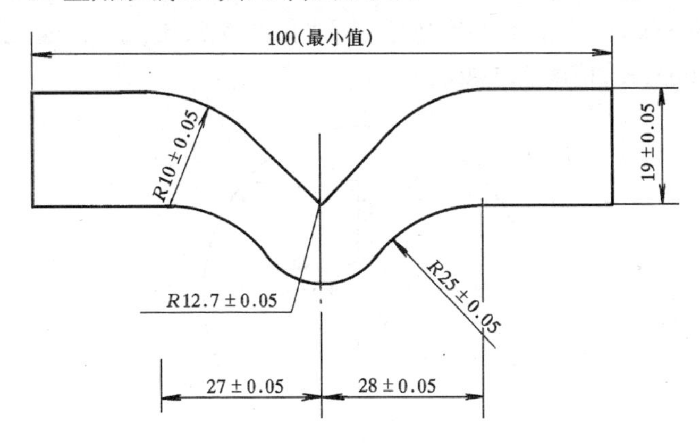

图 5-5 直角形试样裁刀

②试验步骤：

a. 用测厚计在试样的中部和试样长度的两端测量其厚度，取中值。

b. 将试样匀称的置于上下夹持器上，开动试验机，在整个试验过程中，注意观测力的变化，并记录最大拉力值。

夹持器的移动速度：橡胶类为 500±50mm/min；树脂类为 200±20mm/min。

③试验结果计算评定：

撕裂强度按式 5-7 计算：

$$T_s = F/d \tag{5-7}$$

式中 T_s——撕裂强度，kN/m；

F——试样撕裂时力的最大值，N；

d——实用厚度中位数，mm。

测试三个试样，取中值。达到标准规定的指标时判为该组卷材撕裂强度合格。

4)不透水性的测定

①试验仪器及设备

a. 不透水仪:具有三个不透水盘的不透水仪,透水盘底座内径为92mm,有三个十字形压板,尺寸见图5-6;压力表测量范围0～0.06MPa,精度2.5级。

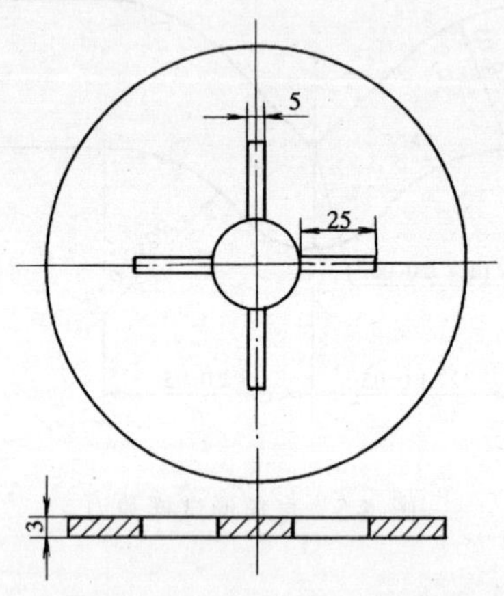

图 5-6 透水仪压板示意图

b. 定时钟。

②试验步骤:试验时按透水仪的操作规程[按本节(1)、(3)]将试样装好,并一次性升压至规定压力,保持30min后观察试样有无渗漏。

③试验结果评定:

以三个试样均无渗漏为合格。

5)低温弯折性的测定

①试验仪器及设备:

a. 低温箱:同前;

b. 低温弯折仪:同前。

②试验步骤:

将试件弯曲180°,使50mm宽的边缘平齐,用定位夹或10mm宽的胶布将边缘固定以保证其在试验中不发生错位;调整弯折机的上平板与下平板间的距离为试件厚度的3倍，然后将试件放在弯折机的下平板上，试件重叠的一面朝向弯折机轴，距转轴中心20mm。将放有试件的弯折机放入低温冰箱中，在规定温度下保持1h后打开冰箱，迅速压下上平板达到所调间距位置，保持1s后取出试件。待恢复到室温后观察试件表面弯折处是否断裂，或用放大镜观察试样弯折处有无裂纹或开裂现象。

③试验结果评定：

测定两块试件，若有一块试件有裂纹、断裂现象，按不合格评定。

6)加热伸缩量的测定

①试验仪器及设备

a. 老化试验箱；

b. 测量尺：精度不低于0.5mm。

②试验步骤：

将试样(F、F')放入80±2℃的老化箱中时间为168h；取出试样后停放1h，用量具测量试样的长度。根据初始长度计算伸缩量。根据纵横两个方向，分别用三个试样的平均值表示其伸缩量。

③试验结果评定：

纵横两个方向，三个试样的平均值均达到标准规定值判定该组试件加热伸缩量合格。

复　习　题

1. 简述三元乙丙防水片材、弹性体、塑性体改性沥青防水卷材物理性能指标判定规则。

3. 怎样进行防水卷材的低温柔性试验？

4. 怎样进行防水卷材的不透水性试验？

5. 怎样进行防水卷材的低温弯折性试验？

6. 怎样进行防水卷材的耐热度试验？

7. 怎样进行合成高分子防水卷材的拉伸强度、断裂伸长率试验？

六、装 饰 材 料

（一）建筑装饰涂料

1. 涂料的基本知识

涂料，是指涂敷于建筑构件的表面，并能与建筑构件表面材料很好地粘结，形成完整保护膜的材料。它具有色彩丰富、质感逼真、施工方便等特点。采用涂料来装饰和保护建筑，是最简便、最经济的方法。

（1）涂料的组成

涂料中各组分的作用是不同的，但其基本组分有主要成膜物质、次要成膜物质和辅助成膜物质。

1）主要成膜物质

主要成膜物质，又称“胶粘剂或固着剂”。它的作用是将其它组分粘结成一整体，并能附着在被涂基层表面形成坚韧的保护膜。胶粘剂应具有较高的化学稳定性，多属于高分子化合物（如树脂），或成膜后能形成高分子化合物的有机物质（如油料）。

在涂料中，由于主要成膜物质是涂料的基础部分，因此也常被称为“基料、漆料或漆基”。

2）次要成膜物质

次要成膜物质主要是指涂料中所用的颜料。它能使涂膜具有各种颜色，能增加涂膜的强度，阻止紫外线穿透，提高涂膜的耐久性。有些特殊颜料能使涂膜具有抑制金属腐蚀、耐高温的特殊效果。

3）辅助成膜物质

辅助成膜物质不能单独构成涂膜，但对涂料的成膜过程（施工过程）有很大影响，或对涂膜的性能起一定的辅助作用。辅助成膜物质主要包括溶剂和辅助材料两大类。

（2）涂料的作用

涂料涂敷于建筑物表面有以下三个基本功能：

①保护建筑物，使其能延长使用寿命。

②装饰作用，改善人类居住、生活工作环境，给人以美的享受。

③改善建筑构件的功能，如防火、防水、隔热、保温、防霉、发光等。

2. 内墙涂料

内墙涂料亦可用作顶棚涂料，它是指既起装饰作用，又能保护室内墙面（顶棚）的那一类涂料。为达到良好的装饰效果，要求内墙涂料应色彩丰富，质地平滑细腻，并具有良好的透气性、耐碱、耐水、耐粉化、耐污染等性能。此外，还应便于涂刷、容易维修、价格合理等。

内墙涂料大致可分为以下几种类型，见图 6-1 所示。

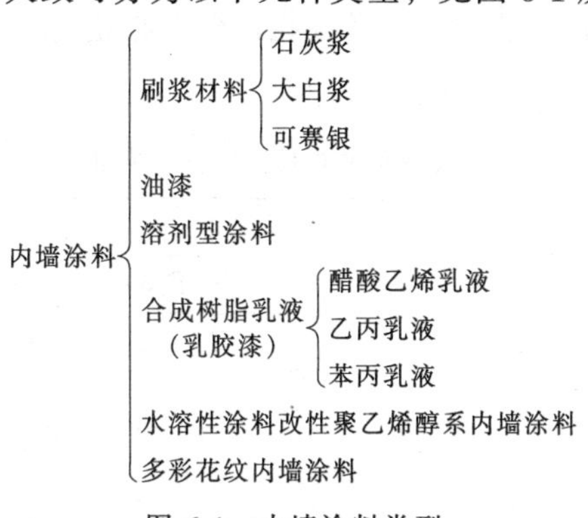

图 6-1　内墙涂料类型

（1）溶剂型内墙涂料

溶剂型内墙涂料与溶剂型外墙涂料基本相同。由于其透气性较差，容易结露，较少用于住宅内墙。但其光洁度好，易于冲洗，耐久性好，可用于厅堂、走廊等处。

溶剂型内墙涂料主要品种有：过氯乙烯墙面涂料、聚乙烯醇缩丁醛墙面涂料、氯化橡胶墙面涂料、丙烯酸酯墙面涂料、聚氨酯系墙面涂料等。

（2）合成树脂乳液内墙涂料（乳胶漆）

合成树脂乳液内墙涂料是以合成树脂乳液为基料（成膜材料）的薄型内墙涂料。一般用于室内墙面装饰，但不宜使用于厨房、卫生间、浴室等潮湿墙面。目前，常用的品种有氯乙烯—偏氯乙烯共聚乳液内墙涂料、醋酸乙烯乳液内墙涂料、乙丙乳液内墙涂料、苯丙乳液内墙涂料等。

氯乙烯—偏氯乙烯乳液涂料的防水性能较好，可适用于建筑物内墙面装饰、地下建筑工程和洞库墙面防潮处理。醋酸乙烯乳液涂料透气性好、附着力强、干燥快、色彩鲜艳，但耐水性、耐碱性和耐候性稍差，适用于装饰要求较高的内墙。乙丙乳液涂料具有外观细腻、耐水性好和保色性好的优点，适用于高级装饰建筑的内墙。苯丙乳液涂料具有高颜料体积浓度，可用于住宅或公共建筑物的内墙装饰。

合成树脂乳液内墙涂料的技术性能指标，应符合 GB/T 9756—2001 规定，见表 6-1

合成树脂乳液内墙涂料的技术要求　　表 6-1

项　目		指　标		
		优等品	一等品	合格品
容器中状态		无硬块，搅拌后呈均匀状态		
施工性		刷涂二道无障碍		
低温稳定性		不变质		
干燥时间（表干）(h)	≤	2		
涂膜外观		正常		
对比率（白色和浅色）	≥	0.95	0.93	0.90
耐碱性		24h 无异常		
耐洗刷性（次）	≥	1000	500	200

(3) 水溶性内墙涂料

水溶性内墙涂料是以水溶性化合物为基料，加入一定量的填料、颜料和助剂，经过研磨、分散后而制成的。这种涂料属于低档涂料，用于一般民用建筑室内墙面装饰，分为Ⅰ类和Ⅱ类。Ⅰ类用于涂刷浴室、厨房内墙；Ⅱ类用于涂刷建筑物内的一般墙面。各类型水溶性内墙涂料的技术质量要求，应符合《水溶性内墙涂料》(JC/T 423—91) 的规定，见表6-2。

目前，常用的水溶性内墙涂料有改性聚乙烯醇系内墙涂料。

水溶性内墙涂料的技术质量要求　　表6-2

序号	项　　目	技术质量要求	
		Ⅰ类	Ⅱ类
1	容器中状态	无结块、沉淀和絮凝	
2	粘度 (s)	30～75	
3	细度 (μm)	≤100	
4	遮盖力 (g/m^2)	≤300	
5	白度 (%)	≥80	
6	涂膜外观	平整、色泽均匀	
7	附着力 (%)	100	
8	耐水性	无脱落、起泡和皱皮	
9	耐干擦性 (级)		≤1
10	耐洗刷性 (次)	≥300	

3. 外墙涂料

外墙涂料的功能主要是装饰和保护建筑物的外墙面。它应有丰富的色彩，使外墙的装饰效果好；耐水性和耐候性要好；耐污染性要强，易于清洗。其主要类型如图6-2所示。

(1) 合成树脂乳液外墙涂料

合成树脂乳液外墙涂料是以高分子乳液为基料，加入颜料、填料、助剂，经研磨而制得的薄型外墙涂料。它主要用于各种基层表面装饰，可以单独使用，也可作复层涂料的面层。常用的品种有醋酸乙烯丙烯酸乳液外墙涂料、苯乙烯丙烯酸乳液外墙涂料、丙烯酸酯乳液外墙涂料、氯乙烯偏氯乙烯乳液外墙涂料等。该类型外墙涂料的主要技术指标，应符合 GB/T 9755—2001 的规定，见表6-3。

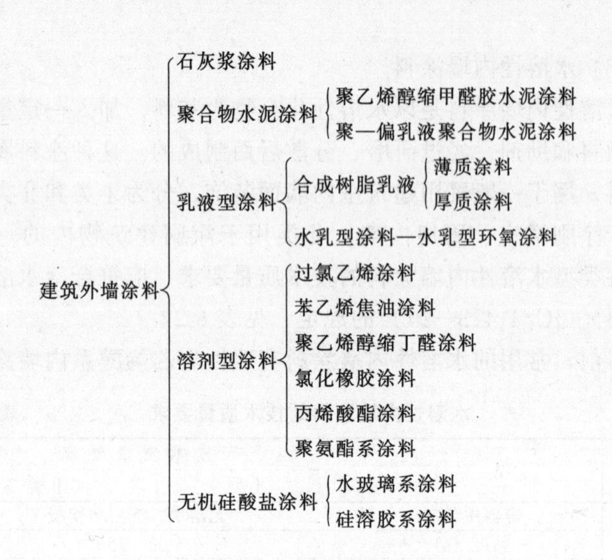

图 6-2 外墙涂料类型

合成树脂乳液外墙涂料技术指标 **表 6-3**

项目		指标		
		优等品	一等品	合格品
容器中状态		无硬块，搅拌后呈均匀状态		
施工性		刷涂二道无障碍		
低温稳定性		不变质		
干燥时间（表干）(h)	≤	2		
涂膜外观		正常		
对比率（白色和浅色）	≥	0.93	0.90	0.87
耐水性		96h 无异常		
耐碱性		48h 无异常		
耐洗刷性（次）	≥	2000	1000	500
耐人工气候老化性 白色和浅色		600h 不起泡、不剥落、无裂纹	400h 不起泡、不剥落、无裂纹	250h 不起泡、不剥落、无裂纹
粉化，级	≤	1		
变色，级	≤	2		
其他色		商定		
耐沾污性（白色和浅色）(%)	≤	15	15	20
涂层耐温变性（5 次循环）		无异常		

（2）合成树脂乳液砂壁状建筑涂料

合成树脂乳液砂壁状建筑涂料，简称“砂壁状建筑涂料”，是以合成树脂乳液作粘结料，砂粒和石粉为集料，通过喷涂施工形成粗面状的涂料。主要用于各种板材及水泥砂浆抹面的外墙装饰，装饰质感类似于喷粘砂、干粘石、水刷石，但粘结强度、耐久性比较好，适合于中、高档建筑物的装饰。

按着色的不同，砂壁状建筑涂料可分为A、B、C三类。A类采用人工烧结彩色砂粒和彩色粉着色；B类是采用天然彩色砂粒和彩色石粉着色；C类是采用天然砂粒和石粉加颜料着色。

砂壁状建筑涂料产品质量，应符合《合成树脂乳液砂壁状建筑涂料》（GB9153—88）规定，见表6-4。

砂壁状建筑涂料的各项技术指标　　表6-4

试验类别	项　目		技术指标
涂料试验	在容器中的状态		经搅拌后呈均匀状态，无结块
	骨料沉降性（%）		<10
	贮存稳定性	低温贮存稳定性	3次试验后，无硬块、凝聚及组成物的变化
		热贮存稳定性	1个月试验后，无硬块、发霉、凝聚及组成物的变化
涂层试验	干燥时间（h）		≤2
	颜色及外观		颜色及外观与样本相比,无明显差别
	耐水性		240h试验后，涂层无裂纹、起泡、剥落、软化物的析出，与未浸泡部分相比，颜色、光泽允许有轻微变化
	耐碱性		240h试验后，涂层无裂纹、起泡、剥落、软化物的析出，与未浸泡部分相比，颜色、光泽允许有轻微变化
	耐洗刷性		1000次洗刷试验后涂层无变化
	耐沾污率（%）		5次沾污试验后，沾污率在45以下
	耐冻融循环性		10次冻融循环试验后，涂层无裂纹、起泡、剥落，与未试验试板相比，颜色、光泽允许有轻微变化
	粘结强度（MPa）		≥0.69以上
	人工加速耐候性		500h试验后，涂层无裂纹、起泡、剥落、粉化，变色<2级

(3) 溶剂型外墙涂料

溶剂型外墙涂料是以合成树脂溶液为基料，有机溶剂为稀释剂，加入一定量的颜料、填料及助剂，经混合溶解、研磨而配制成的建筑涂料。溶剂型外墙涂料的涂膜比较紧密，具有较好的硬度、光泽、耐水性、耐酸碱性、耐候性、耐污染性等优点，但涂膜的透气性差。建筑上常用于外墙装饰，可单独使用，也可作复层涂料的高档罩面层。

常用的溶剂型外墙涂料品种，有丙烯酸酯溶剂型涂料和丙烯酸—聚氨酯溶剂型涂料。

丙烯酸酯外墙涂料是由热塑性丙烯酸酯合成树脂溶液为基料配制成的，其装饰效果好，色泽浅淡，保光、保色性优良，耐候性良好，不易变色、粉化或剥落，其使用寿命可达10年以上。丙烯酸—聚氨酯外墙涂料是一种以双组分为成膜物质的溶剂型外墙涂料，其耐热性、耐候性优良，耐水、耐酸、耐碱性能极好，表面光洁度好。

溶剂型外墙涂料的技术质量指标，应符合《溶剂型外墙涂料》(GB/T 9757—2001) 的规定，见表6-5。

溶剂型外墙涂料的质量要求 **表6-5**

项目	指标		
	优等品	一等品	合格品
容器中状态	无硬块，搅拌后呈均匀状态		
施工性	刷涂二道无障碍		
干燥时间（表干）(h) ≤	2		
涂膜外观	正常		
对比率（白色和浅色）≥	0.93	0.90	0.87
耐水性	168h无异常		
耐碱性	48h无异常		
耐洗刷性（次）≥	5000	3000	2000
耐人工气候老化性 白色和浅色	1000h不起泡、不剥落、无裂纹	500h不起泡、不剥落、无裂纹	300h不起泡、不剥落、无裂纹
粉化（级）≤	1		
变色（级）≤	2		
其他色	商定		
耐沾污性（白色和浅色）(%) ≤	10	10	15
涂层耐温变性（5次循环）	无异常		

（4）外墙无机建筑涂料

外墙无机建筑涂料是以碱金属硅酸盐及硅溶胶为基料，加入相应的固化剂或有机合成树脂乳液、色料、填料等配制而成，用于建筑外墙装饰。它按基料种类，可分为碱金属硅酸盐涂料（A类）和硅溶胶涂料（B类）。碱金属硅酸盐涂料是以硅酸钾、硅酸钠、硅酸锂或其混合物为基料，加入相应的固化剂或有机合成树脂乳液，使涂料的耐水性、耐碱性、耐冻融循环性和耐久性得到提高，满足外墙装饰要求。硅溶胶涂料是在硅溶胶中加入有机合成树脂乳液及辅助成膜材料，既保持无机涂料的硬度和快干性，又具有一定的柔性和较好的耐洗刷性。

外墙无机建筑涂料技术质量要求，应符合《外墙无机建筑涂料》（GB10222—88）的规定，见表6-6。

外墙无机建筑涂料的质量要求 **表6-6**

序号	项目		指标	
1	涂料贮存稳定性	常温稳定性 23±2℃	6个月可搅拌，无凝聚、生霉现象	
		高温稳定性 50±2℃	30d无结块、凝聚、生霉现象	
		低温稳定性 −5±1℃	3次无结块、凝聚、破乳现象	
2	涂料粘度，（S）		ISO杯 40～70	
3	涂料遮盖力（g/m^2）		A	≤350
			B	≤320
4	涂料干燥时间（h）		A	≤2
			B	≤1
5	涂层耐洗刷性		1000次 不露底	
6	涂层耐水性		500h 无起泡、软化、剥落现象，无明显变色	
7	涂层耐碱性		300h 无起泡、软化、剥落现象，无明显变色	
8	涂层耐冻融循环性		10次 无起泡、剥落、裂纹、粉化现象	
9	涂层粘结强度（MPa）		≥0.49	
10	涂层耐沾污性（%）		A	≤35
			B	≤25
11	涂层耐老化性		A	800h无起泡 剥落；裂纹0级；粉化、变色1级
			B	500h无起泡、剥落；裂纹0级；粉化；变色1级

(5) 复层建筑涂料

复层建筑涂料简称复层涂料，是以水泥硅溶胶和合成树脂乳液（包括反应型合成树脂乳液）等基料和集料为主要原料，用刷涂、滚涂或喷涂等方法，在建筑物墙面上布2～3层，形成厚度为1～5mm的凹凸花纹或平状的涂料。它一般由底涂层、主涂层和面涂层组成。底涂层用于封闭基层和增强主涂层与基层的粘结力；主涂层用于形成凹凸花纹立体质感；面涂层用于装饰面层，保护主涂层，提高复层涂料的耐候性、耐污染性等。

复层涂料可用于水泥砂浆抹面、混凝土预制板、水泥石棉板、石膏板、木结构等基层上，一般作为内外墙、顶棚的中、高档的建筑装饰使用。

复层涂料按主涂层所用粘结料，分为聚合物水泥系复层涂料(CE)、硅酸盐系复层涂料（Si）、合成树脂乳液系复层涂料（E）和反应固化型合成乳液系复层涂料（RE）等。其技术质量要求，应符合《复层建筑涂料》（GB9779—88）的规定，见表6-7。

复层涂料的质量要求　　表6-7

分类代号＼性能指标	低温稳定性（－5±2℃，三次循环）	初期干燥抗裂性（3±0.3m/s，6h）	粘结强度（MPa）		耐冷热循环性10次
			标准状态大于	浸水后	
CE	不结块，无组成物分离、凝聚	不出现裂纹	0.49	0.49	不剥落，不起泡；无裂纹；无明显变色
Si					
E			0.68	0.49	
RE			0.98	0.68	

分类代号＼性能指标	透水性（mL）	耐碱性（7d）	耐冲击性（500g，300mm）	耐候性（250h）	耐沾污性
CE	溶剂型＜0.5 水乳型＜2.0	不剥落；不起泡；不粉化；无裂纹	不剥落；不起泡；无明显变形	不起泡；无裂纹；粉化≤1级；变色≤2级	沾污率＜30%
Si					
E					
RE					

4. 地面涂料

地面涂料的主要功能是装饰与保护室内地面，使其清洁美观。地面涂料应具有良好的粘结性能，耐碱、耐水、耐磨、耐沾污及抗冲击性能。

地面涂料可进行如下分类，见图 6-3 所示。

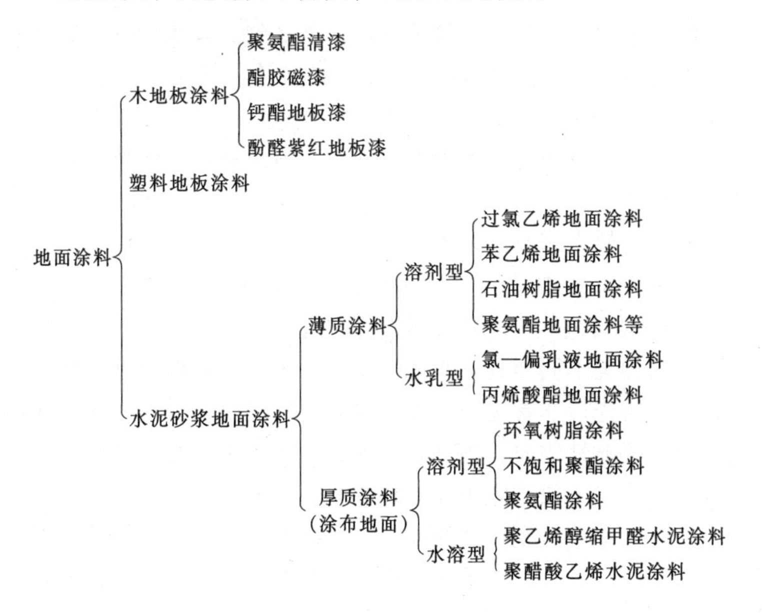

图 6-3　地面涂料类型

(二) 饰　面　石　材

饰面石材是装饰工程中常用的高级装饰材料之一，分天然饰面石材和人造饰面石材。天然饰面石材主要有大理石、花岗石和青石板三大类。大理石主要用于室内装修；花岗石主要用于室外装修，也可用于室内；青石板一般用于建筑立面的局部。

饰面石材的质量指标很多，有抗压强度、吸水率、抗冻性、耐久性、耐磨性、硬度等，以及装饰方面的质量指标，如颜色、花纹、外观尺寸、表面光泽度等。常以装饰方面的质量指标作为选材的主要依据。

1. 天然大理石

天然大理石是一种变质岩，常呈层状结构，属于中硬石材。它是石灰岩与白云岩在高温、高压作用下变质而成。其结晶主要由方解石和白云石组成，纹理有斑、条之分。其成分以碳酸钙为主，约占50%以上。另外，还含有碳酸镁、氧化钙、氧化镁及氧化硅等成分。

天然大理石板材是由天然大理石荒料经锯切、研磨、抛光及切割而成的。

(1) 天然大理石的特点及用途

大理石的表观密度为2600～2700kg/m^3，抗压强度100～150MPa，吸水率<0.75%，耐磨性好，耐久性好。一般为白色，因含矿物种类不同而具有灰色、绿色、黑色、玫瑰色等多种色彩和花纹，磨光后非常美观。多数大理石的主要化学成分为碳酸钙或碳酸镁等碱性物质，易被酸侵蚀，故除个别品种（汉白玉、艾叶青等）外，一般不宜用作室外装修。

天然大理石可制成高级装饰工程的饰面板，用于宾馆、展览馆、影剧院、商场、图书馆、机场、车站等公共建筑工程的室内墙面、柱面、栏杆、地面、窗台板、服务台的饰面等。此外，还可以用于制作大理石壁画、工艺品、生活用品等。

(2) 天然大理石板材的分类、等级和命名标记

天然大理石板材按形状分为普型板材（N）和异型板材(S)。普型板材，是指正方形或长方形的板材；异型板材，是指其他形状的板材。常用普型板材的厚度为20mm，长与宽，见表6-8。

大理石按板材的规定尺寸允许偏差、平面度允许极限公差、角度允许极限公差、外观质量和镜面光泽度，分为优等品（A）、一等品（B）、合格品（C）三个等级。

大理石板材的命名顺序为：荒料产地地名、花纹色调特征名

称、大理石（M）。标记顺序为：命名、分类、规格尺寸、等级、标准号。如用北京房山白色大理石荒料生产的普型规格尺寸为600mm×400mm×20mm 的一等品板材：命名为房山汉白玉大理石；标记：房山汉白玉（M）N600×400×20　B　JC79。

常用普型大理石板材的长与宽　　单位：mm　　**表 6-8**

长	宽	长	宽	长	宽	长	宽
300	150	400	400	900	600	1200	900
300	300	600	300	915	610	1220	915
305	152	600	600	1067	762		
305	305	610	305	1070	750		
400	200	610	610	1200	600		

（3）天然大理石板材的质量技术要求（JC79—92）

1）普型板材规格尺寸允许偏差，应符合表 6-9 的规定。

天然大理石普型板材规格尺寸允许偏差　　**表 6-9**

部位		优等品（mm）	一等品（mm）	合格品（mm）
长、宽度		0 −1.0	0 −1.0	0 −1.5
厚度	≤15	±0.5	±0.8	±1.0
	>15	+0.5 −1.5	+1.0 −2.0	±2.0

注：1. 异型板材规格尺寸允许偏差由供需双方商定；

2. 板材厚度小于或等于 15mm 时，同一块板材上的厚度允许极差为 1.0mm；板材厚度大于 15mm 时，同一块板材上的厚度允许极差为 2.0mm。

2）平面度允许极限公差和角度允许极限公差，应符合表 6-10的规定。

3）外观质量：

同一批板材的花纹色调应基本调和。板材正面的外观缺陷，应符合表 6-11 的规定。板材允许粘接和修补，粘接或修补后不影响板材的装饰质量和物理性能。

天然大理石板材平面度允许极限公差

和角度允许极限公差　　　　表 6-10

项　目	板材长度范围（mm）	优等品（mm）	一等品（mm）	合格品（mm）
平面度允许极限公差	≤400	0.20	0.30	0.50
	>400～<800	0.50	0.60	0.80
	≥800～<1000	0.70	0.80	1.00
	≥1000	0.80	1.00	1.20
角度允许极限公差	≤400	0.30	0.40	0.60
	>400	0.50	0.60	0.80

注：1. 拼缝板材，正面与侧面的夹角不得大于 90°；

2. 异型板材角度允许极限公差由供需双方商定。

天然大理石板材的外观缺陷要求　　　　表 6-11

缺　陷　名　称	优等品	一等品	合 格 品
翘曲、裂纹、砂眼、凹陷、色斑、污点	不允许	不明显	有，但不影响使用
正面棱缺陷长≤8mm，宽≤3mm			1 处
正面角缺陷长≤3mm，宽≤3mm			1 处

4）物理性能：

①镜面光泽度。板材的抛光面应具有镜面光泽，能清晰地反映出景物。生产厂家应按板材化学主要成分控制板材镜面光泽度，其数值不得低于表 6-12 的规定。

天然大理石板材镜面光泽度的要求　　　　表 6-12

化学主要成分含量（%）				镜面光泽度（度）		
氧化钙	氧化镁	二氧化硅	灼烧碱量	优等品	一等品	合格品
40～56	0～5	0～15	30～45	90	80	70
25～35	15～25	0～15	35～45			
25～35	15～25	10～25	25～35	80	70	60
34～37	15～18	0～1	42～45			
1～5	44～50	32～38	10～20	60	50	40

注：表中未包括的板材，其镜面光泽度由供需双方商定。

②体积密度不小于2.60g/cm^3。

③吸水率不应大于0.75%。

④干燥压缩强度不小于20.0MPa。

⑤弯曲强度不小于7.0MPa。

2. 天然花岗石

天然花岗石是一种分布最广的火成岩，属于硬质石材。它由石英、长石和云母等主要成分的晶粒组成，其成分以二氧化硅为主，约占65%～75%。花岗石为全晶质结构的岩石，按结晶颗粒的大小，通常分为细粒、中粒和斑状等几种。花岗石的颜色取决于其所含长石、云母及暗色矿物的种类及数量，常呈灰色、黄色、蔷薇色和红色等，以深色花岗石比较名贵。

天然花岗石板材是天然花岗石荒料经锯切、研磨、切割而成的。

(1) 天然花岗石的特点及用途

花岗石的品质决定于矿物的成分和结构。品质优良的花岗石晶粒细而均匀，构造紧密，石英含量多，云母含量少，不含黄铁矿等杂质，长石光泽明亮，没有风化迹象。

花岗石的表观密度为2600～2800kg/m^3；抗压强度很大，为120～250MPa；孔隙率和吸水率很小，吸水率常在1%以下；膨胀系数为（5.6－7.34）×10^{-8}/℃；抗冻性高达100～200次；耐风化，细粒花岗石使用年限可达500年以上，粗粒花岗石可达100～200年；耐酸性很强；磨光花岗石板材表面平整光滑、色彩斑斓、质感坚实、华丽庄重、装饰性好；因所含石英在573℃和870℃的高温下会发生晶态转变，产生体积膨胀，故花岗石不抗火。

花岗石可制成高级饰面板，用于宾馆、饭店、纪念性建筑物等的门厅、大堂的墙面、地面、墙裙、勒脚及柱面的饰面等。

(2) 天然花岗石板材的分类、等级和命名标记（GB/T 18601—2001）

花岗石板材按形状分为普型板材（PX）、圆弧板（HM）和异型板材（YX）。

花岗石板材按加工程度的不同，可分为以下三种：

1）亚光板（YG）：饰面平整细腻，能使光线产生漫反射现象；

2）镜面板材（JM）；

3）粗面板材（CM）：指饰面粗糙，规则有序，端面锯刀整齐的板材。

花岗石板材规格尺寸允许偏差，平面度允许极限公差，角度允许极限公差，按其外观质量分为优等品（A）、一等品（B）、合格品（C）三个等级。

花岗石板材的命名顺序为：荒料产地地名、花纹色调特征描述、花岗石。标记顺序为：编号、类别、规格尺寸、等级、标准号。例如，用山东济南黑色花岗石荒料生产的400mm×400mm×20mm、普型、镜面、优等板材，命名为济南青花岗石，标记为：G3701PXJM400×400×20AGB/T18601

常用花岗石板材的品种和花色特征，见表6-13。

常用花岗石板材的品种和花色特征　　表6-13

品　种	花　色　特　征	生　产　厂
济南青 白虎洞 将军红	黑色、有小白点 肉粉色带黑斑， 黑色棕红浅灰间小斑块	北京市大理石厂
黑花岗石	黑色、分大、中、小花	山东临沂大理石厂
莱州白 莱州青 莱州黑 莱州红 莱州棕黑	白色黑点 黑底青白点 黑底灰白点 粉红底深灰点 黑底棕点	山东莱州市大理石厂 （莱州牌）
济南黑 红花岗石 白花岗石	纯黑 紫红色 白色	济南市花岗石厂
芝麻青 红花岗石	白底、黑点、 红底起白点花	湖北黄石市大理石厂
花岗石板	黑或青色，带小白点	连云港大理石厂

(3) 天然花岗石板材的质量技术要求（GB/T 18601—2001）

1）花岗石普型板材规格尺寸允许偏差，应符合表 6-14 的规定。

异型板材规格尺寸允许偏差由供需双方商定。用于干挂的普型板材厚度允许偏差为 +3.0～－1.0mm。

天然花岗石板材的规格尺寸允许偏差　　单位：mm　表 6-14

分类		亚光面和镜面板材			粗面板材		
等级		优等品	一等品	合格品	优等品	一等品	合格品
长、宽度		0～－1.0		0～－1.5	0～－1.0		0～－1.5
厚度	≤12	±0.5	±1.0	+1.0～－1.5			
	>12	±1.0	±1.5	+2.0～－2.0	+1.0～－2.0	+2.0～－2.0	+2.0－3.0

2）花岗石板材平面度允许极限公差和角度允许极限公差，应符合表 6-15 的规定，异型板材角度允许极限公差由供需双方商定。对于拼缝板材，正面与侧面夹角不得大于 90°。

天然花岗石板材的平面度允许公差、角度允许公差　表 6-15

项目	板材长度范围（mm）	亚光面和镜面板材			粗面板材		
		优等品（mm）	一等品（mm）	合格品（mm）	优等品（mm）	一等品（mm）	合格品（mm）
平面度允许公差	≤400	0.20	0.35	0.50	0.60	0.80	1.00
	>400～≤800	0.50	0.65	0.80	1.20	1.50	1.80
	>800	0.70	0.85	1.00	1.50	1.80	2.00
角度允许公差	≤400	0.30	0.50	0.80	0.30	0.50	0.80
	>400	0.40	0.60	1.00	0.40	0.60	1.00

3）外观质量：

同一批板材的色调花纹应基本调和。板材正面的外观缺陷，应符合表 6-16 规定。

4）物理性能：

①镜面板材的镜向光泽度应不低于80光泽单位，或按供需双方协议样板执行。

②体积密度不小于2.56g/cm^3。

③吸水率不大于0.60%。

④干燥压缩强度不小于100.0MPa。

⑤干燥弯曲强度不小于8.0MPa，水饱和弯曲强度不小于8.0MPa。

天然花岗石的外观质量要求　　表 6-16

<table>
<tr><th>名称</th><th>规　定　内　容</th><th>优等品</th><th>一等品</th><th>合格品</th></tr>
<tr><td>缺棱</td><td>长度不超过10mm宽度不超过1.2mm（长度小于5mm宽度小于1.0mm不计），周边每米允许个数（个）</td><td rowspan="5">不允许</td><td rowspan="4">1</td><td rowspan="4">2</td></tr>
<tr><td>缺角</td><td>沿板材边长长度≤3mm，宽度≤3mm（长≤2mm、宽≤2mm不计）每块板允许个数（个）</td></tr>
<tr><td>裂纹</td><td>长度不超过两端顺延至板边总长度的1/10（长度小于20mm的不计），每块板允许条数（条）</td></tr>
<tr><td>色斑</td><td>面积不超过15mm×30mm（面积小于10mm×10mm不计），每块板允许个数（个）</td></tr>
<tr><td>色线</td><td>长度不超过两端顺延至板边总长度的1/10（长度小于40mm的不计），每块板允许条数（条）</td><td>2</td><td>3</td></tr>
</table>

注：干挂板材不允许有裂纹存在。

3. 抽样及判定

（1）花岗岩板材抽样方法及判定规则

采取GB2828一次抽样正常检验方式。合格质量水平（AQL值）取6.5；根据抽样判定表抽取样本（见表6-17）。

抽样判定表 **表 6-17**

批量范围	样本数	合格判定数（AC）	不合格判定数（Re）
≤25	5	0	1
26～50	8	1	2
51～90	13	2	3
91～150	20	3	4
151～280	32	5	6
281～500	50	7	8
501～1200	80	10	11
1201～3200	125	14	15
≤3201	200	21	22

1）单块板材的所有检验结果均符合标准技术要求中的相应等级时，则判定该块板材符合该等级。

2）根据样本检验结果，若样本中发现的等级不合格品数小于或等于合格判定数（AC），则判定该批符合该等级；若样本中发现的等级不合格品数大于或等于不合格判定数，则判定该批不符合该等级。体积、密度、吸水率、弯曲强度、干燥压缩强度的试验结果中有一项不符合标准中的技术要求时，则判定该批板材为不合格品。

（2）天然大理石板材的取样及判定规则：

1）同一品种、等级、规格的板材以 100m² 为一批；不足 100m² 的按单一工程部位为一批。

2）外观质量、规格尺寸的检验从同一批中随机抽取 5%（且≥10 块）。镜面光泽度从以上样品中取 5 块进行。

3）单块板材的所有检验结果均符合标准中技术要求的相应等级时，判为该等级。同一批板材中：优等品中不得有超过 5% 的一等品；一等品中不得有超过 10% 的合格品；合格品中不得超过 10% 的不合格品；光泽度不得低于 JC79—92 中表 5 规定的 95%。

4）体积密度，吸水率、干燥压缩强度、弯曲强度的试验结果中有一项不符合 JC79-92 标准技术要求，则判定该批板材为不合格品。

复 习 题

1. 什么是涂料？它由哪几部分组成？

2. 涂料的作用有哪些？

3. 评价合成树脂乳液内、外墙涂料的主要性能指标有哪些？

4. 天然大理石的特点和用途有哪些？

5. 天然花岗石的特点和用途有哪些？

七、特 种 材 料

（一）建筑绝热、吸声材料

绝热材料是指对热流具有显著阻抗性的材料或材料复合体，是减少结构物与环境热交换的一种功能材料，是保温、保冷、隔热材料的总称；绝热制品是指被加工成一定形状或至少其中一面与被覆盖面形状一致的各种绝热材料的成品。主要绝热材料分类见表 7-1。

主要绝热材料分类 **表 7-1**

<table>
<tr><td rowspan="4">气泡状</td><td rowspan="3">无机质</td><td rowspan="3">人造</td><td>膨胀珍珠岩、膨胀蛭石、蒸压加气混凝土砌块</td></tr>
<tr><td>泡沫玻璃、火山灰微珠、粉煤灰微珠</td></tr>
<tr><td>泡沫粘土</td></tr>
<tr><td>有机质</td><td>人造</td><td>聚苯乙烯泡沫塑料、聚氨酯泡沫塑料、聚氯乙烯泡沫塑料、聚乙烯泡沫塑料、脲醛泡沫塑料、酚醛泡沫塑料、泡沫橡胶、钙塑绝热板</td></tr>
<tr><td rowspan="3">微孔状</td><td rowspan="2">无机质</td><td>天然</td><td>硅藻土</td></tr>
<tr><td>人造</td><td>硅酸钙绝热制品</td></tr>
<tr><td>有机质</td><td>天然</td><td>软木</td></tr>
<tr><td rowspan="3">纤维状</td><td rowspan="2">无机质</td><td>天然</td><td>石棉纤维</td></tr>
<tr><td>人造</td><td>岩矿棉、玻璃棉、硅酸铝棉</td></tr>
<tr><td>有机质</td><td>天然</td><td>软质纤维板</td></tr>
<tr><td>层　状</td><td>金　属</td><td></td><td>铝箔</td></tr>
</table>

材料的保温隔热性能的好坏由材料的导热系数的大小所决定，导热系数越小，保温隔热性能越好。材料的导热系数，与其成分、表观密度、内部结构以及传热时的平均温度和材料的含水率有关。绝大多数建筑材料的导热系数介于 0.020～3.5W/

(m·K)之间，通常把导热系数小于0.23W/（m·K）的材料称为绝热材料，而将导热系数小于0.14W/（m·K）的绝热材料称为保温材料。

绝热材料的选用应符合以下要求：(1) 较低的导热系数［≤0.14W/（m·K)］和表观密度（≤600kg/m³)；(2) 较低的吸湿性。大多数保温材料吸收水分后，其保温性能显著降低，故要求保温材料的使用在干燥状态下进行；(3) 具有一定的承载能力；(4) 具有良好的稳定性和符合设计要求的防火防腐能力；(5) 材料成本低，使用方便。

材料吸声性能的优劣以吸声系数衡量，吸声系数越大，吸声性能越好。吸声系数是指材料吸收的能量与声波传递给材料的全部能量的百分比，是一定频率的声音从各个方向入射的吸收平均值。通常采用的声波频率为125Hz、250Hz、500Hz、1000Hz、2000Hz、4000Hz。一般对上述六个频率的平均吸声系数大于0.2的材料，称为吸声材料。吸声材料主要种类有多孔材料、柔性泡沫材料和成型的吊顶吸声板材。对于多孔吸声材料，其吸声效果受下列因素制约：(1) 材料的表观密度，对同一材质，随密度升高，低频吸声效果提高，高频吸声效果降低；(2) 材料的厚度，厚度增加，低频吸声效果提高，高频影响不大；(3) 孔隙的特征，孔隙越多越细小，吸声效果越好。由于绝热材料一般具有质轻和多孔特征，因而也具有良好的吸声性能。但是，吸声材料与绝热材料对气孔特征的要求不同，绝热材料要求气孔要封闭、不连通；吸声材料则要求气孔要开放、互相连通。另外，材料的吸声性能好，并不代表隔声性能也好，隔声性能主要取决于材料的密度，密度越大，隔声效果越好。因此要考虑建筑物的实际需要而选用不同的功能材料。对于一般建筑物，其吸声功能是与保温及装饰等其他新型建材相结合来实现的。

1. 泡沫石棉

(1) 概述及技术要求

石棉是一类形态呈细纤维状的硅酸盐矿物的总称。按其成分和内部结构，通常分为蛇纹石石棉和角闪石石棉两大类。蛇纹石石棉又称温石棉，是生产泡沫石棉的主要原料。石棉具有优良的防火、绝热、耐酸、耐碱、保温、隔音、电绝缘性和高的抗拉强度。在建筑领域内，主要用作石棉水泥制品（如石棉水泥板、瓦和石棉水泥管材）以及石棉保温绝热材料（如泡沫石棉）。

泡沫石棉是一种新型的、超轻质的保温、隔热、绝冷、吸声材料。其以温石棉为主要原料，将其在阴离子表面活性剂的作用下，使石棉纤维充分松懈制浆、发泡、成型、干燥制成的具有网状结构的多孔毡状材料。除具有保温性能好、表观密度小、隔热、防冻、防震、吸音、不老化、柔软、挠度大等特点外，而且施工简便、成本低，可任意剪裁，无粉尘、不刺激皮肤、手感好，拆卸后可重复使用。泡沫石棉的物理性能指标见表 7-2。

泡沫石棉的物理性能指标　　表 7-2

产品等级	表观密度 (kg/m^3)	导热系数（平均温度 343±5K 冷热板温差 28±2K [W/(m·K)]	含水率 (%)	压缩回弹率 (%)
优等品	≤30	≤0.046	≤2.0	≥80
一等品	≤40	≤0.053	≤3.0	≥50
合格品	≤50	≤0.059	≤4.0	≥30

（2）抽样及判定

以 $100m^3$ 为一检验批量，不足亦视为一批。在该批中随机抽取三个样本检验。

检验结果全部合格时判批合格。

若导热系数项目检验不合格，可加倍抽样复检。若仍不合格，判批不合格。

若密度、压缩回弹率、含水率中有两项不合格，则加倍抽样复检。若仍不合格，则判批不合格。

若外观质量、规格都不合格，则加倍抽样复检。若仍不合格，则判批不合格。

2. 岩矿棉及其制品

(1) 概述及技术要求

岩矿棉是目前在建筑业和其他工业部门中广泛用作保温绝热材料的岩棉和矿渣棉等一类人造无机纤维的总称。岩棉是以玄武岩或辉绿岩等为主要原料，矿渣棉是以矿渣和焦炭为主要原料，两者都经高温熔融，用离心法或喷吹法等工序制成的人造无机纤维。具有密度低，不燃、耐腐蚀、化学稳定性强、吸声性能好、无毒、无污染、防蛀、价廉等优点。岩矿棉的物理性能见表7-3。

岩矿棉的物理性能指标　　表 7-3

性　　能		指　标
渣球含量（颗粒直径>0.25mm)，%	≤	12.0
纤维平均直径，μm	≤	7.0
密度，kg/m³	≤	150
导热系数（平均温度 70^{+5}_{-2}℃，试验密度 150kg/m³)，W/（m·K）	≤	0.044
热荷重收缩温度，℃	≥	650

注：密度系指表观密度，压缩包装密度不适用。

在岩矿棉纤维中加入一定量的胶粘剂、防尘油、憎水剂等，经固化、切割、贴面等工序即可加工成各种用途的岩矿棉制品。岩矿棉制品的物理性能指标见表 7-4。

岩矿棉制品的物理性能指标　　表 7-4

品　种	物理性能指标					
	密度 kg/m³	密度允许偏差，%	导热系数，W/(m·K)（平均温度 70^{+5}_{-2}℃）	有机物含量，%	燃烧性能	热荷重收缩温度，℃
岩矿棉板	61～200	±15	≤0.044	≤4.0	不燃	≥600
岩矿棉带	61～100	±15	≤0.052	≤4.0	不燃	≥600
	101～160		≤0.049			
岩矿棉毡（毡、缝毡、贴面毡）	61～80	±15	≤0.049	≤1.5		≥400
	81～100					≥600
岩矿棉管壳	61～200	±15	≤0.044	≤5.0	不燃	≥600

注：对于防水制品，其质量吸湿率不大于5%，憎水率不小于98.0%。

岩矿棉用于建筑保温大体可包括墙体保温、屋面保温、房门保温和地面保温等几个方面。此外，岩矿棉还可以制成建筑物中的隔音、吸声、隔震材料。施工时，要求被保温的表面要干净、干燥；对易锈蚀的金属表面，可先作适当的防腐涂层。保温材料接头的对接必须紧密，以减少热损失。采取多层保温时，各层的接缝应交错叠置，避免出现冷热桥。低温下的保温，冷面要加防气层。用于室外保温或易受损部位，外部宜用金属或塑料包裹，并注意接头、接缝的密封和包层的重叠。当温度高于200℃时，保温层须加适当外护，以防止由于热膨胀引起保温层厚度和容重的变化。对大面积的岩矿棉制品保温，需加保温钉。对于有一定的高度，垂直放置的保温层，要有定位销或支承环，以防止保温材料在震动时滑落。

(2) 抽样及判定

以同一原料、同一生产工艺、同一品种、稳定连续生产的产品为一个检验批。

物理性能指标项目按测定的平均值判定，若全部合格，则判批合格。若不合格，应再测定第二样本。并以两个样本测定结果的平均值，作为批质量各单项合格与否的判定。若全部合格，判批合格。

3. 玻璃棉及其制品

(1) 概述及技术要求

玻璃棉及其制品是矿物棉的一种，玻璃棉是以硅砂、石灰石、萤石等天然矿物、岩石为主要原料，在玻璃窑炉中熔化后，经喷制而成的。建筑业中常用的玻璃棉分两种：普通玻璃棉和普通超细玻璃棉。玻璃棉的物理性能指标见表7-5所示。

玻璃棉以纤维平均直径分为三个种类：(1) 1号　纤维平均直径≤5.0μm；(2) 2号　纤维平均直径≤8.0μm；(3) 3号　纤维平均直径≤11.0μm。

在玻璃棉纤维中，加入一定量的胶粘剂和其他添加剂，经固化、切割、贴面等工序即可制成各种用途的玻璃棉制品。玻璃棉制品的物理性能指标见表 7-6 所示。

玻璃棉制品吸水性强，故不宜露天存放。室外工程不宜在雨天施工，否则应采取防雨措施。其他与岩矿棉及其制品要求相事。

玻璃棉的物理性能指标　　表 7-5

玻璃棉种类	渣球含量（粒径>0.25mm），%		导热系数（平均温度 70^{+5}_{-2}℃），W/（m·K）	热荷重收缩温度，℃
1 号	1a	≤1.0	≤0.041（40）	≥400
	1b	≤0.3		
2 号	2a	≤4.0	≤0.042（64）	≥400
	2b	≤0.3		
3 号	3a	≤4.0	≤0.042（64）	≥400
	3b	≤0.3		

注：a：火焰法；b：离心法。

玻璃棉制品的物理性能指标　　表 7-6

品种		物理性能指标				
		密度	允许偏差	导热系数，W/（m·K）（平均温度 70^{+5}_{-2}℃）	燃烧性能级别	热荷重收缩温度，℃
		kg/m³				
玻璃棉板	2 号	24	±2	≤0.049	A 级（不燃材料）	≥250
		32	±4	≤0.046		≥300
		40	+4	≤0.044		≥350
		48	−3	≤0.043		
		64	±6	≤0.042		≥400
		80	±7			
		96	+9 −8			
		120	±12			
	3 号	80	±7	≤0.047		
		96	+9 −8			
		120	±12			

续表

品种		物理性能指标				
		密度	允许偏差	导热系数，W/（m·K）（平均温度 70^{+5}_{-2}℃）	燃烧性能级别	热荷重收缩温度,℃
		kg/m³				
玻璃棉带	2号	≥25	±15%	≤0.052	A级（不燃材料）	同玻璃棉板
玻璃棉毯	1号	≥24	+15% −10%	≤0.047		≥350
	2号	24～40		≤0.048		≥350
		41～120		≤0.043		≥400
玻璃棉毡	2号	10	+20% −10%	≤0.062	A级（不燃材料）	≥250
		12 16		≤0.058		
		20		≤0.053		
		24 32 40		≤0.048		≥350
		48		≤0.043		≥400
玻璃棉管壳		45～90	+15% 0	≤0.043	A级（不燃材料）	≥350

注：1. 有防水要求时，其质量吸湿率不大于5%，憎水率不小于98.0%。

2. 制品的含水率不大于1.0%。

（2）抽样及判定

以同一原料、同一生产工艺、同一品种、稳定连续生产的产品为一个检验批。同一批产品的生产时限不得超过一星期。

外观质量、尺寸等性能采用合格质量水平（AQL）为15。

物理性能指标项目按测定的平均值判定，若全部合格，则判批合格。若不合格，应再测定第二样本。并以两个样本测定结果的平均值，作为批质量各单项合格与否的判定。若全部合格，判批合格。

4. 硅酸铝棉及其制品

（1）概述及技术要求

硅酸铝纤维，又名陶瓷纤维，也称耐火纤维。系采用焦宝石，经2100℃高温熔化，用高速离心或喷吹工艺制成。具有质轻、理化性能稳定、耐高温、热容量小、耐酸碱、耐腐蚀、耐急冷急热、机械性能和填充性能好等一系列优良性能。硅酸铝棉的种类及化学成分见表7-7。硅酸铝棉的物理性能指标见表7-8。

硅酸铝棉的种类及化学成分　　表7-7

种类	使用温度,℃ ≤	Al_2O_3 % (m/m)	$Al_2O_3+SiO_2$ % (m/m)	Na_2O+K_2O % (m/m)	Fe_2O_3 % (m/m)	$Na_2O+K_2O+Fe_2O_3$ % (m/m)
1号硅酸铝棉	800	≥40	≥95	≤2.0	≤1.5	<3.0
2号硅酸铝棉	1000	≥45	≥96	≤0.7	≤1.2	—
3号硅酸铝棉	1100	≥47	≥96	≤0.7	≤0.8	—
4号硅酸铝棉	1200	≥52	≥96	≤0.7	≤0.8	—

硅酸铝棉的物理性能指标　　表7-8

<table>
<tr><th>种　类</th><th>渣球含量,%</th><th>导热系数（平均温度500±20℃）W/（m·K）</th></tr>
<tr><td>直接用棉</td><td rowspan="2">≤15.0</td><td>≤0.153</td></tr>
<tr><td>干法制品用棉</td><td rowspan="2">—</td></tr>
<tr><td>湿法制品用棉</td><td>≤25.0</td></tr>
</table>

硅酸铝棉制品主要包括毯、毡、板等，均系在硅酸铝纤维中加入一定量的胶粘剂等辅助材料制成。硅酸铝棉制品的物理性能指标见表7-9。

硅酸铝棉制品的物理性能指标　　表 7-9

种　　类		密度 (kg/m³)	导热系数 (平均温度 500±20℃) [W/(m·K)]	渣球含量 (%)	加热线收缩率 (%)
硅酸铝板、毡	1a 号	96	≤0.161	≤18.0	≤4
		128	≤0.156		
		192	≤0.153		
	3a、4a 2b 号	96	≤0.161	≤15.0	
		128	≤0.156		
		192	≤0.153		
硅酸铝毯	1b～4b	64	≤0.176	≤15.0	≤4
		96	≤0.161		
		128	≤0.156		
		192	≤0.153		

注：1.a：湿法制品；b：干法制品。

2.湿法产品的含水率不大于 1.0%。

3.湿法产品的抗拉强度不小于 20kPa。

由于硅酸铝棉的生产成本较高，故目前硅酸铝棉及其制品的应用主要还集中于工业生产领域，在建筑领域内的应用还不多。主要用作以煤、油、气、电为能源的各种工业窑炉的内衬及隔热保温材料。

(2) 取样及判定

以同一原料、同一生产工艺、同一品种、稳定连续生产的产品为一个检验批。

物理性能指标项目按测定的平均值判定，若全部合格，则判批合格。若不合格，应再测定第二样本。并以两个样本测定结果的平均值，作为批质量各单项合格与否的判定。若全部合格，判批合格。

5. 膨胀珍珠岩及其制品

(1) 概述及技术要求

珍珠岩是一种酸性岩浆喷出而成的玻璃质熔岩。相同类型的岩石有黑曜岩、珍珠岩和松脂岩，在工业上统称为珍珠岩。膨胀珍珠岩是以珍珠岩矿石为原料，经破碎、分级、预热、1200℃左右瞬时高温焙烧膨胀冷却而成的一种轻质、颗粒状绝热材料。其具有表观密度低、导热系数低、化学稳定性好、使用温度范围广、吸湿能力小，且无毒、无味、防火、吸声等特点。膨胀珍珠岩的物理性能指标见表 7-10。

膨胀珍珠岩的物理性能指标　　表 7-10

标号	堆积密度 (kg/m³)	质量含水率 (%)	粒度（%）				导热系数 [W/(m·K)]		
			5mm 筛孔筛余量	0.15mm 筛孔通过量			平均温度 (298±5) K 温度梯度 5～10K/cm		
	最大值	最大值	最大值	最大值			最大值		
				优等品	一等品	合格品	优等品	一等品	合格品
70 号	70						0.047	0.049	0.051
100 号	100						0.052	0.054	0.056
150 号	150	2	2	2	4	6	0.058	0.060	0.062
200 号	200						0.064	0.066	0.068
250 号	250						0.070	0.072	0.074

膨胀珍珠岩制品的物理性能指标　　表 7-11

项　目		指　标				
		200 号		250 号		350 号
		优等品	合格品	优等品	合格品	合格品
密度，kg/m³		≤200		≤250		≤300
导热系数 W/(m·K)	(298±2) K	≤0.060	≤0.068	≤0.068	≤0.072	≤0.087
	(623±2) K S类要求此项	≤0.10	≤0.11	≤0.11	≤0.12	≤0.12
抗压强度，MPa		≥0.40	≥0.30	≥0.50	≥0.40	≥0.40
抗折强度，MPa		≥0.20	—	≥0.25	—	—
质量含水率，%		≤2	≤5	≤2	≤5	≤10

注：1. S类产品 923K（650℃）时的匀温灼烧线收缩率应不大于 2%，且灼烧后无裂纹；

2. 憎水型产品的憎水率应不小于 98%；

3. 用户有不燃性要求时，其燃烧性能级别应达到 GB8624 中规定的 A 级（不燃材料）；

4. 用于奥氏体不锈钢表面，其浸出液的各离子浓度应符合 GB/T17393 的要求。

膨胀珍珠岩制品是指以膨胀珍珠岩为骨料、配合适当的胶粘剂（如水泥、水玻璃、磷酸盐等），经搅拌、成型、干燥、焙烧或养护而制成的具有一定形状的产品（如板、砖、管瓦等）。膨胀珍珠岩制品的物理性能指标见表7-11。

膨胀珍珠岩制品具有质轻、导热系数小、无味、无毒、耐腐蚀、隔热、吸声、不老化、憎水、经济、施工方便等特点。广泛应用于建筑工程屋面保温；低温管道及其他工业管道设备的保温绝热；负温、潮湿环境下的保温等。

（2）取样及判定

1）膨胀珍珠岩

以100m^3为一检验批，不足者视为一批。

从每批货堆上的不同位置随机取5包试样。将每包试样按四分法缩分到0.008m^3，放入袋中，分别存放在干燥容器中。

每检验批产品全部项目检验合格，判批合格。若有一项指标不合格，允许2次抽样对全部指标进行复检，以复检结果作为最终判定结果。

2）膨胀珍珠岩制品

以相同原材料、相同工艺制成的制品、按形状、品种、尺寸、等级分批验收。每10000块为一检验批，不足10000块视为一批。

从每批产品中随机抽取8块作为检验样本。

样本的尺寸偏差、外观质量不合格数不超过两块，则判该批制品尺寸偏差、外观质量合格。

样品物理性能指标全部项目检验合格，判批合格。超过两项以上（含两项）判批不合格。有一项不合格，可加倍抽样复检不合格项，如复检结果两组数据平均值仍不合格，判批不合格。

6. 膨胀蛭石及其制品

（1）概述及技术要求

蛭石是一种层状的含水镁铝硅酸盐矿物。膨胀蛭石是以蛭石为原料，经烘干、破碎、焙烧（850～1000℃），在短时间内体积急剧增大膨胀（6～20倍）而成的一种金黄色或灰白色的颗粒状物料。其具有表观密度小、导热系数小、防火、防腐、化学性能稳定、无毒无味等特点，因而是一种优良的保温、隔热、吸声、耐冻蚀建筑材料、工业填料及耐火材料。膨胀蛭石的物理性能指标见表7-12。

膨胀蛭石的物理性能指标　　表7-12

项　目		优等品	一等品	合格品
密度，kg/m^3	≤	100	200	300
导热系数（平均温度25±5℃），W/（m·K）	≤	0.062	0.078	0.095
含水率，（%）	≤	3	3	3

膨胀蛭石制品是指以膨胀蛭石为骨料，配合适当的胶粘剂(如水泥、水玻璃、沥青等)，经搅拌、成型、干燥、焙烧或养护而制成的具有一定形状的产品（如板、砖、管等）。膨胀蛭石及其制品的适用范围与膨胀珍珠岩及其制品基本相同。一般膨胀蛭石及其制品的性能，相对于膨胀珍珠岩及其制品而言都要差一些。水泥膨胀蛭石的物理性能指标见表7-13。

水泥膨胀蛭石的物理性能指标　　表7-13

项　目		优等品	一等品	合格品
密度，kg/m^3	≤	350	480	550
导热系数（平均温度25±5℃），W/（m·K）	≤	0.090	0.112	0.142
含水率，%	≤	4	5	6
压缩强度，MPa	≥	0.4	0.4	0.4

注：水玻璃膨胀蛭石制品、沥青膨胀蛭石制品的各项物理性能指标由供需双方协商确定。

（2）取样及判定

1）膨胀蛭石

以50m^3或400包装袋为一批，不足者视为一批。

所有检验项目全部合格，判批合格。

若有一项不合格，应从同批中二次加倍抽样，经复检仍有一项不合格，则判批不合格。

2）膨胀蛭石制品

同一种产品以5000个为一批，不足5000个，视为一批。

外观质量，应从一批制品中随机抽取13块，经检验如不合格数不超过2块，则该批制品应予验收，多于5块则拒收。不合格数超过2块，可二次抽13块样本，如两次不合格总数不超过6块，则予验收，多于6块则拒收。

物理性能是从一批中随即抽3块，有一项不合格，可二次加倍抽样，以复检结果为最终结果。若全部合格，判批合格，有一项不合格，则判批不合格。

7. 硅藻土及硅酸钙保温材料

（1）概述及技术要求

硅藻是一种在海洋或湖泊中生长的多孔壳单细胞植物，硅藻土则是古代硅藻化石的沉积物，具多孔结构且由非晶态二氧化硅组成，故硅藻土具有坚固、耐热、耐酸、体轻等特点，在工业上被广泛用于生产保温、填充、过滤、研磨材料以及石油化工的催化剂载体等。一般根据 SiO_2 的含量，将硅藻土的工业品位划分为四级，一级土 $SiO_2 \geqslant 85$（W_t%）；二级土 $SiO_2 \geqslant 80$（W_t%）；三级土 $SiO_2 \geqslant 73$（W_t%）；四级土 $SiO_2 \geqslant 60$（W_t%）。

硅酸钙绝热制品是用粉状二氧化硅质材料、石灰、纤维增强材料和水经搅拌、凝胶化、成型、蒸压养护、干燥等工序制成的新型保温材料。具有表观密度轻、强度高、导热系数低、使用温度高、质量稳定等特点，并具有耐水性好、防火性强、无腐蚀、经久耐用、制品可锯可刨、安装方便等优点，广泛用于冶金、电力化工等工业的热力管道、设备、窑炉的保温隔热材料，房屋建筑的内、外墙、平顶的防火覆盖材料，各类舰船的隔仓、平顶以及走道的防火隔热材料。硅酸钙绝热制品的物理性能指标见表7-14。

（2）抽样及判定

硅酸钙绝热制品的物理性能指标　　表 7-14

产品类别		Ⅰ型			Ⅱ型			
		240号	220号	170号	270号	220号	170号	140号
密度，kg/m³		≤240	≤220	≤170	≤270	≤220	≤170	≤140
质量含湿率，%		≤7.5			≤7.5			
抗压强度，MPa	平均值	≥0.50		≥0.40	≥0.50		≥0.40	
	单块值	≥0.40		≥0.32	≥0.40		≥0.32	
抗折强度，MPa	平均值	≥0.30		≥0.20	≥0.30		≥0.20	
	单块值	≥0.24		≥0.16	≥0.24		≥0.16	
导热系数，W/（m·K）								
平均温度	373K（100℃）	≤0.065		≤0.058	≤0.065		≤0.058	
	473K（200℃）	≤0.075		≤0.069	≤0.075		≤0.069	
	573K（300℃）	≤0.087		≤0.081	≤0.087		≤0.081	
	673K（400℃）	≤0.100		≤0.095	≤0.100		≤0.095	
	773K（500℃）	≤0.115		≤0.112	≤0.115		≤0.112	
	873K（600℃）	≤0.130		≤0.130	≤0.130		≤0.130	
最高使用温度	匀温灼烧试验温度，K	923（650℃）			1273（1000℃）			
	线收缩率，%	≤2			≤2			
	裂缝	无贯穿裂纹			无			
	剩余抗压强度，MPa	≥0.40		≥0.32	≥0.40		≥0.32	

注：1. 硅酸钙本身为不燃性材料，以有机纤维作为增强材料的制品必须提供不燃性试验结果。
2. 用于奥氏体不锈钢表面，应提供可溶性氯离子浓度的试验报告。
3. 憎水型产品的憎水率应大于98%。
4. 经供需双方协商，可提供其他密度硅酸钙绝热制品，其性能指标应满足表中相近密度制品的要求。

以相同型号、规格的产品为一批。

物理性能各项目随机抽取三块（样品尺寸不够大时，可取六块）样品检验，如全部合格。则判批合格。如首次检验的不合格数少于二项（含二项）可加倍抽样复检，如复检结果仍有一项不合格，则判批不合格。

8. 泡沫玻璃

(1) 概述及技术要求

泡沫玻璃又称多孔玻璃。是以碎玻璃为主要原料，也可使用酸性火山熔岩类物质，与发泡剂按一定比例混合，置于模具中，送入发泡窑，加热到发泡温度，充分发泡后脱模退活即可。其内部充满无数开口或闭口的小气孔，气孔占总体积的 80%～90%，孔径大小为 0.5～5mm，也有的小到几微米。

泡沫玻璃是一种理想的绝热材料，具有不燃、不吸水、耐火、隔热、机械强度好、加工方便、耐虫蛀及细菌侵蚀功能，并能抗大多数的酸碱。在建筑行业，可用作建筑物的屋面、围护结构和地面的隔热材料。由于泡沫玻璃承载强度良好，且能隔水和蒸汽，故可用于任何必须控制温度和湿度的地方，尤其适用于保温的自承重隔墙及必须支承重载和湿度的地面。泡沫玻璃物理性能指标见表 7-15。

泡沫玻璃物理性能指标 表 7-15

项目	分类	150			180	
	等级	优等	一等	合格	一等	合格
密度，kg/m^3		≤150	≤150	≤150	≤180	≤180
抗压强度，MPa		≥0.5	≥0.4	≥0.3	≥0.5	≥0.4
抗折强度，MPa		≥0.4	≥0.4	≥0.4	≥0.5	≥0.5
吸水率，体积%		≤0.5	≤0.5	≤0.5	≤0.5	≤0.5
透湿系数，ng/(Pa·s·m)		≤0.007	≤0.007	≤0.05	≤0.007	≤0.05
导热系数，W/(m·K) 平均温度 308K (35℃) 213K (-40℃)		 ≤0.058 ≤0.046	 ≤0.062 ≤0.050	 ≤0.066 ≤0.054	 ≤0.062 ≤0.050	 ≤0.066 ≤0.054

(2) 抽样及判定

以同一原料、配方、同一生产工艺，稳定连续生产的同一品种产品为一个检验批。每批数量以 150～500 包装箱为限，如生产数量少，生产 7 天尚不足上述数量，则以 7 天生产期产量为一检验批。

外观质量检验以合格判定数判定。如抽样结果不合格，允许生产厂家逐件检验，剔除不合格品后，重新验收。

物理性能检验,有一项不合格,可随机加倍抽样对不合格项复检,若全部合格,判批合格,如仍有一项不合格,则判批不合格。

9. 铝箔及其产品

铝箔是将金属铝压延而成的薄层状材料。由于光滑的铝箔表面对于光的吸收系数仅为0.05～0.10，此时的辐射传热几乎可以忽略不计。因此铝箔常作为反射型保温隔热材料使用，用以复合其他材料的表面。常见的有铝箔波形纸保温隔热板以及玻璃棉铝箔复合材料。

铝箔波形纸保温隔热板简称铝箔保温隔热纸板，它是以波形纸板作为基层，铝箔作面层，辅以胶粘剂粘接加工而成。具有保温隔热性能、防潮性能、吸声效果好，并且重量轻、成本低。

玻璃棉铝箔复合材料是以玻璃棉为基材，外包裹铝箔玻璃布或铝箔牛皮纸而成的一类复合型保温材料。玻璃棉铝箔除具有玻璃棉的特点外，还具有优良的防水、防潮、防水蒸气、防油汽渗透、电磁屏蔽及高效耐久等特点。应用于房屋、冷热管道、锅炉、电冰箱、电烘箱等各种冷热设备的保温绝热。

铝箔保温隔热纸板可以固定于钢筋混凝土屋面板下及木屋架下作保温隔热天棚使用，也可以设置在复合墙中，作为冷藏室、恒温室及其他类似房间的保温隔热墙体使用。铝箔及铝箔保温隔热纸板的物理性能见表7-16。

铝箔及铝箔保温隔热纸板的物理性能　　表7-16

名称	容重 (kg/m³)	太阳辐射热吸收系数（%）	蒸气渗透系数 [g/（m·h·mmHg)]	辐射系数 W/（m²·K)	导热系数 (W/（m·K)	反光系数 （%）
铝箔	2700	0.26	0.078	0.47	0.076 （100℃时）	85
铝箔保温纸板（五层）	1500	0.26	0.038	0.47	0.063 （150℃时）	85

10. 泡沫塑料

(1) 概述及技术要求

泡沫塑料是以各种树脂为基料，加入一定剂量的发泡剂、催化剂、稳定剂等辅助材料经加热发泡而成的一种新型轻质保温、隔热、吸声、防震材料，广泛应用于建筑保温、冷藏、绝缘、减震包装等若干领域。

聚苯乙烯泡沫塑料的品种、特点和用途　　表 7-17

品　种	特　　点	用　　途
普通型可发性聚苯乙烯泡沫塑料	质轻、保温、隔热、吸声、防震性能好，吸水性小，耐低温性好，耐酸碱性能，有一定弹性，易于加工	建筑上广泛用作吸声、保温、隔热、防震材料以及制冷设备、冷藏设备的隔热材料
自熄型可发性聚苯乙烯泡沫塑料	同普通型可发性聚苯乙烯泡沫塑料，但泡沫体自熄性能好，放在火焰上燃着，移开火源后 1～2 秒内即自行熄灭	同普通型可发性聚苯乙烯泡沫塑料，适用于防火要求比较高的场所
乳液聚苯乙烯泡沫塑料（又称硬质 PB 型聚苯乙烯泡沫塑料）	除具有同普通型可发性聚苯乙烯泡沫塑料的特点外，其显著特点是其硬度大、耐热度较高、机械强度大、泡沫体的尺寸稳定性好	同可发性聚苯乙烯泡沫塑料。特别适用于要求硬度大、耐热度高的保温、隔热、吸声、防震等工程

泡沫塑料按其泡孔结构可分为闭孔、开孔和网状泡沫塑料三类；按其表观密度可分为低发泡（$\rho \geqslant 0.4g/cm^3$）、中发泡和高发泡（$\rho \leqslant 0.1g/cm^3$）泡沫塑料；按其柔韧性可分为软质、硬质和半硬质泡沫塑料；按燃烧性能可分为自熄性和非自熄性泡沫塑料；也可按塑料的种类将其分为热塑性泡沫塑料和热固性泡沫塑料。目前，泡沫塑料均以其构成的母体材料命名，建筑工程中比较常见的有聚苯乙烯泡沫塑料、聚氨酯泡沫塑料、聚氯乙烯泡沫塑料、聚乙烯泡沫塑料、脲醛泡沫塑料、酚醛泡沫塑料等。聚苯乙烯泡沫塑料的品种，特点和用途见表 7-17 所示。

1）聚苯乙烯泡沫塑料：是以聚苯乙烯树脂为基料，加入适量发泡剂、稳定剂、阻燃剂等经加热发泡而制成。通常情况下，聚苯乙烯泡沫塑料为硬质、闭孔泡沫塑料。隔热用聚苯乙烯泡沫塑料的物理性能指标见表 7-18。

隔热用聚苯乙烯泡沫塑料的物理性能指标　表 7-18

项目			单位	性能指标		
				Ⅰ	Ⅱ	Ⅲ
表观密度		不小于	kg/m^3	15.0	20.0	30.0
压缩强度（即在10%形变下的压缩应力）		不小于	kPa	60	100	150
导热系数		不大于	W/（m·K）	0.041	0.041	0.041
70℃ 48h 后尺寸变化率		不大于	%	5	5	5
水蒸气透湿系数		不大于	ng/（Pa·s·m）	9.5	4.5	4.5
吸水率		不大于	%（V/V）	6	4	2
熔结性①	断裂弯曲负荷	不小于	N	15	25	35
	弯曲变形	不小于	mm	20	20	20
氧指数②		不小于	%	30	30	30

①断裂弯曲符合或弯曲变形有一项能符合指标要求即为合格。

②普通型聚苯乙烯泡沫塑料板材不要求。

聚苯乙烯泡沫塑料的加工切割非常容易，可使用手刀锯、电热丝等工具进行切割。聚苯乙烯泡沫塑料制品可使用 EVA 乳液、酚醛树脂胶粘剂等进行粘接，但操作中注意粘接温度不可超过 70℃，所采用的胶粘剂中不能含有大量可溶解聚苯乙烯的溶剂。另外，在保管、运输和使用过程中，应注意严禁烟火，并不可重压、猛摔和用锋利物品冲击。

2）聚氨酯泡沫塑料：是以含有羟基的聚醚树脂与异氰酸酯反应生成聚氨基甲酸酯为主体，以异氰酸酯与水反应生成的二氧化碳（或以低沸点氟碳化合物）为发泡剂制成的一类泡沫塑料。

聚氨酯泡沫塑料按使用原材料不同，可分为聚酯型和聚醚型，聚醚型泡沫性能较好，价格较低，目前生产以其为主；按柔韧性不同，可分为软质和硬质。软质泡沫塑料目前在建筑中应用不多，只用于隔声要求严格的场所及管道弯头处的保温。而硬质泡沫塑料由于其表观密度小、比强度高、导热系数低，可加工性能好、吸声、抗震能力强、与多数材料粘接性能好等特点，在建筑工程中广泛应用。建筑物隔热用硬质聚氨酯泡沫塑料物理性能指标见表 7-19。

建筑物隔热用硬质聚氨酯泡沫塑料物理性能指标　　表 7-19

<table>
<tr><th colspan="4" rowspan="3">项　目</th><th rowspan="3">单　位</th><th colspan="4">性能指标</th></tr>
<tr><th colspan="2">Ⅰ</th><th colspan="2">Ⅱ</th></tr>
<tr><th>A</th><th>B</th><th>A</th><th>B</th></tr>
<tr><td colspan="4">密度　不小于</td><td>kg/m³</td><td>30</td><td>30</td><td>30</td><td>30</td></tr>
<tr><td colspan="4">压缩性能　屈服点时或形变 10% 时的压缩应力　不小于</td><td>kPa</td><td>100</td><td>100</td><td>150</td><td>150</td></tr>
<tr><td colspan="4">导热系数　不大于</td><td>W/（m·K）</td><td>0.022</td><td>0.027</td><td>0.022</td><td>0.027</td></tr>
<tr><td colspan="4">尺寸稳定性（70℃，48h）　不大于</td><td>%</td><td>5</td><td>5</td><td>5</td><td>5</td></tr>
<tr><td colspan="4">水蒸气透湿系数（23±2℃，0 至 85%rH）　不大于</td><td>n/g（Pa·s·m）</td><td colspan="2">6.5</td><td colspan="2">6.5</td></tr>
<tr><td colspan="4">吸水率（V/V）　不大于</td><td>%</td><td colspan="2">4</td><td colspan="2">3</td></tr>
<tr><td rowspan="5">燃烧性</td><td rowspan="2">1 级</td><td rowspan="2">垂直燃烧法</td><td>平均燃烧时间不大于</td><td>s</td><td colspan="2">30</td><td colspan="2">30</td></tr>
<tr><td>平均燃烧高度不大于</td><td>mm</td><td colspan="2">250</td><td colspan="2">250</td></tr>
<tr><td rowspan="2">2 级</td><td rowspan="2">水平燃烧法</td><td>平均燃烧时间不大于</td><td>s</td><td colspan="2">90</td><td colspan="2">90</td></tr>
<tr><td>平均燃烧范围不大于</td><td>mm</td><td colspan="2">50</td><td colspan="2">50</td></tr>
<tr><td>3 级</td><td colspan="2">非阻燃型</td><td></td><td colspan="2">无要求</td><td colspan="2">无要求</td></tr>
</table>

聚氨酯泡沫塑料耐高温性能差，在使用和保管过程中，要严禁烟火，避免受热，勿与强酸、强碱、有机溶剂等化学药品直接接触，避免日光曝晒和长时间承受压力，避免用尖锐锋利的工具勾划泡沫表面。

3）聚氯乙烯泡沫塑料是以聚氯乙烯树酯为基料，加入发泡剂、稳定剂等辅助材料制成的泡沫塑料。交联硬质聚氯乙烯泡沫塑料在所有泡沫塑料中水蒸气透过率最低。其强度、阻燃性较硬质聚氨酯和聚苯乙烯泡沫塑料好。隔热性能、耐高温性及耐化学腐蚀性与聚氨酯泡沫塑料相近，好过聚苯乙烯泡沫塑料。其缺点为成本高。

聚乙烯泡沫塑料是以聚乙烯为基料，加入交联剂、发泡剂、稳定剂等辅助材料制成的泡沫塑料。其吸震性能、耐化学性能和电性能优良。交联聚乙烯泡沫塑料在所有热塑性泡沫塑料中耐老化性能最佳，其水蒸气透过率低于聚氨酯和聚苯乙烯泡沫塑料。其缺点为易燃。

脲醛泡沫塑料是以脲醛树脂为主要原料经发泡制成的一种硬质泡沫塑料。其质轻、导热系数低、阻火及隔声效果好，缺点是质脆、机械强度低、吸水率大、尺寸稳定性差，有甲醛气味。但由于其成本极低，是建筑工程中最具发展潜力的隔热材料。

酚醛泡沫塑料是酚醛树脂在发泡剂的作用下发泡并在固化剂作用下交联、固化而成的一种硬质开孔泡沫塑料。酚醛泡沫塑料的优点是成本低，阻火性能好，其高温稳定性优于聚氨酯和聚苯乙烯泡沫塑料，缺点是开孔率大（达70%），质脆，易吸收水分。其他品种泡沫塑料的物理性能指标见表7-20。

其他品种泡沫塑料的物理性能指标　　表7-20

项目	硬质聚氯乙烯泡沫塑料板	聚乙烯泡沫塑料				酚醛泡沫塑料		脲醛泡沫塑料
表观密度 (kg/m^3)	≤45	120～140	≤120	≤40	29～31	32	64	7～10
抗压强度 (MPa)	≥0.18	0.185	压缩率<30%	压缩率<30%	压缩率<30%	0.17	0.28～0.41	0.015～0.025
抗拉强度 (MPa)	≥0.4	≥0.7	≥0.7	≥0.3	0.3	0.14	0.29	
导热系数 W/(m·K)	≤0.043	0.044	0.047	0.047	0.047	0.035	0.036	0.041

续表

项目	硬质聚氯乙烯泡沫塑料板	聚乙烯泡沫塑料				酚醛泡沫塑料		脲醛泡沫塑料
线收缩率（%）	≤4							
延伸率（%）	≥10	伸长率≤80%	伸长率≤80%	>100				
回弹性（%）		43	43					压缩20%,不破碎,外力消除后复原
吸水性（kg/m^2）	<0.2	≤0.08%	<0.8	<0.6	<0.6			水分≤12%
耐热性（℃）	80（2h不发粘）					使用温度-180～+150		使用温度≥60
耐寒性（℃）	-35（15min不龟裂）							
可燃性	离火后，10s自熄							500±20℃，只焦化，无火焰

（2）抽样及判定

1）聚苯乙烯泡沫塑料

同一配方、同一规格的产品数量不超过 $2000m^3$ 为一批。

尺寸偏差及外观任取二十块进行检验，其中二块以上不合格时，整批剔除不合格品双倍抽样检验，四块以上不合格时，该批为不合格。

物理性能随机抽样检验，任何一项不合格应重新从原批中双倍取样，对不合格项目进行复检，复检结果取双倍试样的算术平均值，仍不合格时，整批为不合格。

2）聚氨酯泡沫塑料

同一配方、同一工艺条件件生产的产品数量不超过 500m³ 为一批。

尺寸偏差及外观任取二十块进行检验，其中二块以上（包括二块）不合格时，应重新从原批中双倍取样复检，四块以上（包括四块）不合格时，该批为不合格。

物理性能随机抽样二块进行检验，任何一项不合格应重新从原批中双倍取样，对不合格项目进行复检，复检结果取双倍试样的算术平均值，仍不合格时，整批为不合格。

11. 软木制品

软木制品系指由栓树的外皮，经切皮粉碎、筛选、压缩成型、低焙加工而成。具有质轻、弹性好、耐水及耐腐蚀等特点。是一种优良的吸声、保温、防震材料。软木制品的物理性能指标见表 7-21。

软木制品的物理性能指标　表 7-21

品　种	密度 (kg/m³)	弯曲强度 (MPa)	导热系数 W/ (m·K)	吸水率 (%)	吸湿率 (%)
软木砖	160～200	0.15～0.20	0.052～0.064	45～55	3～4
	200～240	0.10～0.15	0.064～0.076	55～65	4～5
软木管	200	0.15	0.070	50	5

12. 其他类型保温材料

其他类型保温材料及其物理性能指标见表 7-22。

其他类型保温材料及其物理性能指标　表 7-22

名　称	说　明	技 术 指 标
木丝板	系以木丝加入胶结材料中（如水泥、水玻璃等）经铺模、冷压、成型、干燥、养护而成	密度（kg/m³）：500 弯曲强度（MPa）：0.8 导热系数［W/（m·K）］：0.084
泡沫水泥	系以普通硅酸盐水泥加入泡沫剂等，经机械搅拌、成型、养护而成	密度（kg/m³）：300～400 弯曲强度（MPa）：0.3～0.4 导热系数［W/（m·K）］：0.077～0.116 吸水率（%）：≥30

续表

名称	说明	技术指标
蒸压加气混凝土砌块	系以粉煤灰或其他类似工业废渣，加入泡沫剂等，经机械搅拌、成型、蒸压或蒸养而成	密度（kg/m^3）：300～850 抗压强度（MPa）：≮1.0～8.0（分级） 导热系数［W/（m·K）］：≤0.16 干燥收缩（mm/m）：≤0.80（快速法） ≤0.50（标准法） 抗冻性：质量损失≤5.0% 冻后强度≮0.8～6.0（分级）
GRC外墙内保温板	GRC砂浆或GRC膨胀珍珠岩砂浆为面板，以聚苯乙烯泡沫塑料板或以其他芯材复合而成的外墙内保温板	面层GRC　密度（kg/m^3）：≤1350 抗压强度（MPa）：≥10 导热系数［W/（m·K）］：≤0.4 干燥收缩率（%）：≤0.08 气干面密度（kg/m^2）：≤50 抗折荷载（N）：≥1400 抗冲击性：10kg砂袋0.5m落差冲击3次，无开裂等破坏现象 热桥面积率（%）：≤8 主断面热阻（m^2·K）/W： 厚度=60mm时　≥0.90 厚度=70mm时　≥1.10 厚度=80mm时　≥1.35 厚度=90mm时　≥1.35

（二）建筑胶粘剂

胶粘剂是一种能使两种相同或不同的材料粘结在一起的材料，它具有良好的粘结性能。古代的城墙一般是以糯米浆与石灰制成的灰浆作胶粘剂。自1912年出现了酚醛树脂胶粘剂后，随着合成化学工业的发展，各种合成胶粘剂不断涌现。由于胶粘剂的应用不受被胶接物的形状、材料等限制，胶接后具有良好的密封性，而且胶接方法简便。因此，胶粘剂在建筑上的应用越来越多，品种也日益增加。目前，建筑胶粘剂已成为建筑工程上不可缺少的重要配套材料。

1. 概述

(1) 胶粘剂的分类

胶粘剂的品种繁多，组成各异，用途不一。目前，胶粘剂的分类方法很多，一般可从以下几个方面进行分类。

1）按强度特性分类：

按强度特性的不同，胶粘剂可分为结构胶、次结构胶和非结构胶。结构胶对强度、耐热、耐油和耐水等都有较高的要求。使用于金属的结构胶，室温剪切强度要求在 10～30MPa，10^6 循环剪切疲劳后强度为 4～8MPa；非结构胶不承受较大荷载，只起定位作用。介于两者之间的胶粘剂，称为“次结构胶”。

2）按固化形式分类：

按固化形式的不同，胶粘剂可分为溶剂型、反应型和热熔型。

溶剂型胶粘剂中的溶剂从粘合端面挥发或者被粘物自身吸收，形成粘合膜而发挥粘合力，是一种纯粹的物理可逆过程。固化速度随着环境的温度、湿度、被粘物的疏松程度、含水量以及粘合面的大小、加压方法而变化。这种类型的胶粘剂，有环氧、聚苯乙烯、丁苯等。

反应型胶粘剂的固化是由不可逆的化学变化而引起的。按照配方及固化条件，可分为单组分、双组分甚至三组分等的室温固化型、加热固化型等多种型式。这类胶粘剂有酚醛、聚氨酯、硅橡胶等。

热熔型胶粘剂，以热塑性的高聚物为主要成分，是不含水或溶剂的固体聚合物。通过加热熔融粘合，随后冷却、固化，发挥粘合力。这一类型的胶粘剂，有醋酸乙烯、丁基橡胶、松香、虫胶、石蜡等。

3）按主要成分分类：

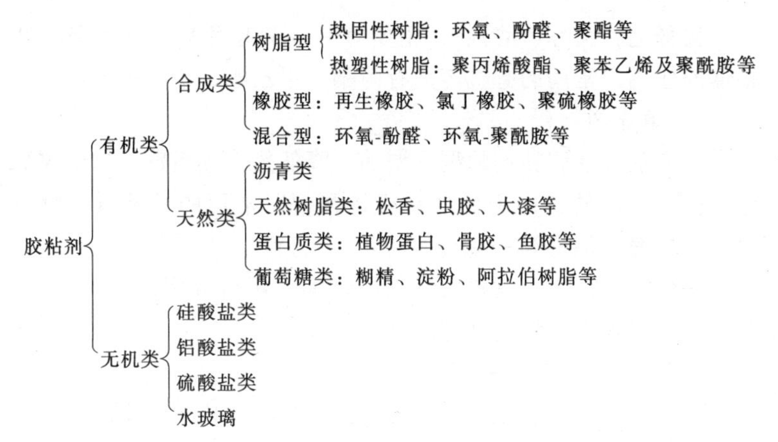

4）按外观状态分类：

按外观状态分类，胶粘剂可分为溶液类、乳液类、膏糊类、粉末状类、膜状类和固体类等。

（2）胶粘剂的组成

胶粘剂通常是由粘接物质、固化剂、增塑剂、稀释剂及填充剂等原料，经配制而成的。它的粘接性能主要取决于粘接物质的特性。不同种类的胶粘剂，其粘接强度和适应条件是各不相同的。

1）粘接物质：

粘接物质是胶粘剂中的主要组分，起粘接两物体的作用。一般建筑工程中常用的有：热固性树脂、热塑性树脂、橡胶类及天然高分子化合物等。

2）固化剂：

固化剂是促使粘接物质进行化学反应加快胶粘剂固化的一种试剂。如胺类固化剂等。

3）增塑剂：

增塑剂是为了改善粘接层的韧性，提高其抗冲击强度的一种试剂。常用的主要有邻苯二甲酸、二丁酯和邻苯二甲酸二辛酯等。

4）稀释剂：

稀释剂，又称“溶剂”，主要对粘接剂起稀释、分散和降低粘度的作用。常用的有机溶剂有丙酮、甲乙酮、苯、甲苯等。

5）填充剂：

填充剂能使胶粘剂的稠度增加，降低热膨胀系数，减少收缩性，提高胶层的抗冲击韧性和机械强度。常用的品种有：滑石粉、石棉粉、铝粉等。

除此以外，为了改善胶粘剂的性能，还可分别加入防腐剂、防霉剂、阻聚剂及稳定剂等。

2. 胶粘剂的技术性能测试

胶粘剂的技术性能测试包括对其本身物理化学性质的测试和对胶粘强度的测试，前者通常有外观、粘度、浓度（或固含量）、使用寿命、固化速度，贮存期、毒性及某些特定性能（如导电、绝缘）等；后者包括：剪切强度、抗拉强度、剥离强度、不均匀扯离强度、冲击强度、疲劳强度和持久性，以及耐老化性等。

依据《建筑胶粘剂通用试验方法》GB/T12954—91 对常用试验方法介绍如下：

(1) 粘度

采用单一圆筒旋转粘度计，测定方法参照仪器使用说明，测定结果附上仪器型号、转子大小、转速、测定时温度等。

(2) 固体含量

在已恒重的称量瓶或表面器内，用分析天平（感量 1mg）准确称取 1.5g 试样，按表 7-23 的规定置于鼓风恒温干燥箱中干燥，再置于干燥器中冷却称量。固体含量 G 可用式 7-1 表示。

固体含量测试条件 **表 7-23**

胶粘剂类别	干燥温度	干燥时间
酚醛树脂胶粘剂	135±2℃	60±2min
氨基脂胶粘剂或其他胶粘剂	105±2℃	180±5min

$$G = \frac{G_2}{G_1} \times 100 \tag{7-1}$$

式中　G——固体含量,%;

G_1——干燥前试样质量，g;

G_2——干燥后试样质量，g。

同一试样两次平行测定，绝对值误差范围应不超过0.20%，修约至小数点后两位数。

（3）粘结强度

1）按粘结试验时的不同施力方式分为拉伸、拉剪、压剪和剥离等四种主要粘结强度试验方式。各类建筑胶粘剂所需进行的粘结强度的测定以及试件的制备,由其产品标准根据应用场合,基材和被粘物等作出规定。但每个试样的试件数量不得小于5个。

2）选择粘结强度试验用的试验机时，量程的选择应使试件的估计破坏荷载为全量程刻度的15%～85%。产品标准中还应规定加载速度。

3）试验结果以试件强度的平均值表示。如果单个试件的强度值与平均值之差大于20%，则逐次剔除最大偏差之试验值，直至平均值与各试验值之偏差符合上述要求，但被剔除的数值超过2个时，此组试验数据全部作废，应重新制备试件进行试验。

（4）建筑胶粘剂的取样方法

根据不同的批量，从批中随机抽取表7-24中规定的容器个数。用适当的取样器，从每个容器内（预先搅匀）取约等量的试样。混合试样总量约1.0L，并经充分混匀，用于各项试验。

随机抽取容器个数表　　**表7-24**

批量大小（容器个数）	抽取个数（最小值）	批量大小（容器个数）	抽取个数（最小值）
2～8	2	217～343	7
9～27	3	344～512	8
28～64	4	513～729	9
65～125	5	730～1000	10
126～216	6		

试样和试验材料使用前，在试验条件下放置时间应不小于12h。试验结果的判定遵照胶粘剂产品标准的规定执行。

3. 建筑工程中常用胶粘剂

胶粘剂的种类繁多，目前经常使用的有以下几类：

(1) 环氧树脂类胶粘剂

环氧树脂类胶粘剂是以环氧树脂为主要原料，掺加适量固化剂、增塑剂、填料、稀释剂等配制而成。

环氧树脂类胶粘剂具有粘结强度高，收缩率小、耐腐蚀、电绝缘性好、耐水、耐油等特点，是目前应用最多的胶粘剂之一。环氧树脂类胶粘剂除了对聚乙烯、聚四氯乙烯、硅树脂、硅橡胶等少数几种塑料胶接性较差外，对于铁制品、玻璃、陶瓷、木材、塑料、皮革、水泥制品、纤维材料等都具有良好的粘结能力。

(2) 聚醋酸乙烯酯类胶粘剂

聚醋酸乙烯酯类胶粘剂是由醋酸乙烯单体经聚合反应而得到的一种热塑性胶，可分为溶液型和乳液型两种。它们具有常温固化快、粘结强度高、粘结层的韧性和耐久性好，不易老化，无毒、无味、无臭，不易燃爆，价格低，使用方便等特点，广泛用于粘接墙纸、水泥增强剂、木材的胶粘剂。

(3) 丙烯酸酯类胶粘剂

此类胶粘剂主要用于金属、工程塑料、橡胶等，其粘接性好、强度高、韧性好，固化快。

(4) 聚氨酯类胶粘剂

此类产品主要用于金属、玻璃、橡胶等多种材料的粘结，适用于潮湿环境和常用水冲洗的地面粘结。

(5) 新型粘合剂

新型粘合剂发展迅速，品种很多，如石材干挂胶，墙、地砖粘合剂、嵌缝剂、新旧混凝土界面剂等。

4. 胶粘剂在建筑加固补强技术方面的应用简介

目前以建筑结构胶，高分子聚合物作为建筑加固修复材料的建筑加固补强方法有：

(1) 表面维修法

主要是修复建筑物表面所存在的破损、腐蚀、蜂窝、孔洞、裂缝、锈蚀等缺陷。所用的修复材料主要有水泥砂浆、水泥基聚合物复合材料和纤维复合材料等。

(2) 压浆与化学灌浆法

这种方法主要应用于建筑结构的深层的内部缺陷和裂缝。方便、经济、效果好。主要修复材料有水泥浆、水泥基聚合物复合材料、环氧树脂灌浆材料和甲基丙烯酸酯类灌浆材料等。

(3) 粘钢法

应用建筑胶粘剂将钢板粘贴到需要补强加固的部位。其实质上相当于增大了结构构件的配筋量，起到加固的作用。其施工用场地小、工艺简单。主要使用的胶粘材料为环氧树脂、聚氨酯等各种建筑胶结剂。

(三) 建筑陶瓷及琉璃制品

1. 建筑陶瓷砖

(1) 概述

我国建筑陶瓷源远流长，自古以来就被作为建筑物的优良装饰材料之一。陶瓷砖是指由粘土或其他无机非金属原料，经成型、烧结等工艺处理，用于装饰与保护建筑物、构筑物墙面及地面的板状或块状陶瓷制品，也可称为陶瓷饰面砖。

干压陶瓷砖是将坯粉置于模具中高压下压制成型的陶瓷砖。按其吸水率的大小可分为五类：(1) 瓷质砖（吸水率 $E \leqslant 0.5\%$）；(2) 炻瓷砖（$E > 0.5\%$ 且 $E \leqslant 3\%$）；(3) 细炻砖（$E > 3\%$ 且 $E \leqslant 6\%$）；(4) 炻质砖（$E > 6\%$ 且 $E \leqslant 10\%$）；(5) 陶质砖（$E > 10\%$），正面施釉的也可称为釉面砖。

陶质砖烧结程度低，吸水率大，为多孔结构，强度低，抗冻性差，分无釉和有釉两种，一般适用于室内使用。瓷质砖烧结程度高、结构致密、强度高、坚硬耐磨、吸水率极低（≤0.5%），可施釉或无釉，一般用于地面及外墙。炻质制品（炻瓷砖、细炻砖、炻质砖）是介于陶质与瓷质之间的陶瓷制品，一般用于外墙及地面。

常见的建筑陶瓷名词：

①内墙砖：用于装饰与保护建筑物内墙的陶瓷砖；

②外墙砖：用于装饰与保护建筑物外墙的陶瓷砖：

③室内地砖：用于装饰与保护建筑物内部地面的陶瓷砖；

④室外地砖：用于装饰与保护室外构筑物地面的陶瓷砖；

⑤有釉砖：正面施釉的陶瓷砖；

⑥无釉砖：不施釉的陶瓷砖；

⑦平面装饰砖：正面为平面的陶瓷砖；

⑧立体装饰砖：正面呈凹凸纹样的陶瓷砖；

⑨陶瓷锦砖（也称马赛克）：用于装饰与保护建筑物地面及墙面的由多块小砖拼贴成联的陶瓷砖；

⑩广场砖：用于铺砌广场及道路的陶瓷砖；

⑪配件砖：用于铺砌建筑物墙脚、拐角等特殊装修部位的陶瓷砖；

⑫抛光砖：经过机械研磨、抛光，表面呈镜面光泽的陶瓷砖；

⑬渗花砖：将可溶性色料溶液渗入坯体内，烧成后呈现色彩或花纹的陶瓷砖；

⑭劈离砖：由挤出法成型为两块背面相连的砖坯，经烧成后敲击分离而成的陶瓷砖；

⑮仿石砖：表面似石质的立体装饰砖。

（2）干压陶瓷砖技术要求

1）尺寸偏差：

瓷质砖及炻瓷砖的允许尺寸偏差见表7-25及表7-28；细炻砖的允许尺寸偏差见表7-26及表7-29；炻质砖的允许尺寸偏差见表7-26及表7-30；陶质砖的允许尺寸偏差见表7-27及表7-31。

瓷质砖和炻瓷砖的允许偏差表　　表 7-25

允许偏差,% \ 产品表面面积 S, cm^2			$S \leqslant 90$	$90 < S \leqslant 190$	$190 < S \leqslant 410$	$410 < S \leqslant 1600$	$S > 1600$
长度和宽度	(1)	每块砖（2或4条边）的平均尺寸相对于工作尺寸的允许偏差	±1.2	±1.0	±0.75	±0.6	±0.5
	(2)	每块砖（2或4条边）的平均尺寸相对于10块砖(20或40条边）平均尺寸的允许偏差	±0.75	±0.5	±0.5	±0.4	±0.3
厚度	每块砖厚度的平均值相对于工作尺寸厚度的最大允许偏差		±10.0	±10.0	±5.0	±5.0	±5.0

细炻砖和炻质砖的允许偏差表　　表 7-26

允许偏差,% \ 产品表面面积 S, cm^2			$S \leqslant 90$	$90 < S \leqslant 190$	$190 < S \leqslant 410$	$S > 410$
长度和宽度	(1)	每块砖（2或4条边）的平均尺寸相对于工作尺寸的允许偏差	±1.2	±1.0	±0.75	±0.6
	(2)	每块砖（2或4条边）的平均尺寸相对于10块砖(20或40条边）平均尺寸的允许偏差	±0.75	±0.5	±0.5	±0.4
厚度	每块砖厚度的平均值相对于工作尺寸厚度的最大允许偏差		±10.0	±10.0	±5.0	±5.0

2）表面质量（适用于所有五类砖）

优等品：至少有95%的砖距0.8m远处垂直观察表面无缺陷；

合格品：至少有95%的砖距1.0m远处垂直观察表面无缺陷。

3）物理、化学性能：干压陶瓷砖物理、化学性能见表7-32。

4）组批规则：以同种产品、同一级别、同一规格实际的交货量大于5000m² 为一批，不足5000m² 以一批计。

5）运输及贮存：

陶质砖的允许偏差表 表 7-27

产品表面面积 S, cm² 允许偏差, %			无间隔凸缘	有间隔凸缘
长度和宽度	(1)	每块砖（2或4条边）的平均尺寸相对于工作尺寸的允许偏差①	L≤12cm：±0.75 L>12cm：±0.50	+0.60 -0.30
	(2)	每块砖（2或4条边）的平均尺寸相对于10块砖(20或40条边)平均尺寸的允许偏差①	L≤12cm：±0.50 L>12cm：±0.30	±0.25
厚度	每块砖厚度的平均值相对于工作尺寸厚度的最大允许偏差		±10.0	±10.0

①砖可以有1条或几条上釉边

注：1. 每块抛光砖（2或4条边）的平均尺寸相对于工作尺寸的允许偏差为±1.0mm。(适用于瓷质砖)

2. 模数砖名义尺寸连接宽度为2～5mm，非模数砖工作尺寸与名义尺寸之间的偏差不大于±2%（最大±5mm)。(适用于瓷质砖、炻瓷砖、细炻砖、炻质砖)

3. 模数砖名义尺寸连接宽度为1.5～5mm，非模数砖工作尺寸与名义尺寸之间的偏差不大于±2mm。(适用于陶质砖)

①搬运时，轻拿轻放，严禁摔扔，以防破损；

②在运输和存放时应有防雨设施，严防受潮，防止撞击。

③产品按品种、规格、级别分别堆放，堆码高度应适当。

瓷质砖和炻瓷砖的允许偏差表 表 7-28

产品表面面积 S, cm² 允许偏差, %	S≤90		90<S≤190		190<S≤410		410<S≤1600		S>1600	
	优等品	合格品	优等品	合格品	优等品	合格品	优等品	合格品	优等品	合格品
边直度①（正面）相对于工作尺寸的最大允许偏差	±0.50	±0.75	±0.4	±0.5	±0.4	±0.5	±0.4	±0.5	±0.3	±0.5
直角度①（正面）相对于工作尺寸的最大允许偏差	±0.70	±1.0	±0.4	±0.6	±0.4	±0.6	±0.4	±0.6	±0.3	±0.5

续表

产品表面面积 S，cm² / 允许偏差，%	S≤90		90＜S≤190		190＜S≤410		410＜S≤1600		S＞1600	
	优等品	合格品	优等品	合格品	优等品	合格品	优等品	合格品	优等品	合格品
表面平整度 相对于工作尺寸的最大允许偏差 a. 对于由工作尺寸计算的对角线的中心弯曲度	±0.7	±1.0	±0.4	±0.5	±0.4	±0.5	±0.4	±0.5	±0.3	±0.4
b. 对于由工作尺寸计算的对角线的翘曲度	±0.7	±1.0	±0.4	±0.5	±0.4	±0.5	±0.4	±0.5	±0.3	±0.4
c. 对于由工作尺寸计算的边弯曲度	±0.7	±1.0	±0.4	±0.5	±0.4	±0.5	±0.4	±0.5	±0.3	±0.4

①不适用于有弯曲形状的砖

注：抛光砖的边直度、直角度和表面平整度允许偏差为±0.2%，且最大偏差不超过2.0mm。

细炻砖的允许偏差表 **表 7-29**

产品表面面积 S，cm² / 允许偏差，%	S≤90		90＜S≤190		190＜S≤410		S＞410	
	优等品	合格品	优等品	合格品	优等品	合格品	优等品	合格品
边直度①（正面） 相对于工作尺寸的最大允许偏差	±0.50	±0.75	±0.4	±0.5	±0.4	±0.5	±0.4	±0.5
直角度①（正面） 相对于工作尺寸的最大允许偏差	±0.70	±1.0	±0.4	±0.6	±0.4	±0.6	±0.4	±0.6
表面平整度 相对于工作尺寸的最大允许偏差	±0.7	±1.0	±0.4	±0.5	±0.4	±0.5	±0.4	±0.5
a. 对于由工作尺寸计算的对角线的中心弯曲度 b. 对于由工作尺寸计算的对角线的翘曲度	±0.7	±1.0	±0.4	±0.5	±0.4	±0.5	±0.4	±0.5
c. 对于由工作尺寸计算的边弯曲度	±0.7	±1.0	±0.3	±0.5	±0.3	±0.5	±0.3	±0.5

①不适用于有弯曲形状的砖。

炻质砖的允许偏差表 **表 7-30**

产品表面面积 S, cm² / 允许偏差, %	$S \leqslant 90$		$90 < S \leqslant 190$		$190 < S \leqslant 410$		$S > 410$	
	优等品	合格品	优等品	合格品	优等品	合格品	优等品	合格品
边直度[①]（正面）相对于工作尺寸的最大允许偏差	±0.50	±0.75	±0.4	±0.5	±0.4	±0.5	±0.4	±0.5
直角度[①]（正面）相对于工作尺寸的最大允许偏差	±0.70	±1.0	±0.4	±0.6	±0.4	±0.6	±0.4	±0.6
表面平整度 相对于工作尺寸的最大允许偏差 a. 对于由工作尺寸计算的对角线的中心弯曲度	±0.7	±1.0	±0.4	±0.5	±0.4	±0.5	±0.4	±0.5
b. 对于由工作尺寸计算的对角线的翘曲度	±0.7	±1.0	±0.4	±0.5	±0.4	±0.5	±0.4	±0.5
c. 对于由工作尺寸计算的边弯曲度	±0.7	±1.0	±0.4	±0.5	±0.4	±0.5	±0.4	±0.5

①不适用于有弯曲形状的砖。

陶质砖的允许偏差表 **表 7-31**

产品表面面积 S, cm² / 允许偏差, %	无间隔凸缘		有间隔凸缘	
	优等品	合格品	优等品	合格品
边直度[①]（正面）相对于工作尺寸的最大允许偏差	±0.20	±0.30	±0.20	±0.30
直角度[①]（正面）相对于工作尺寸的最大允许偏差	±0.30	±0.50	±0.20	±0.30
表面平整度 相对于工作尺寸的最大允许偏差	+0.40 −0.20	+0.50 −0.30	+0.70mm −0.10mm	+0.80mm −0.20mm
a. 对于由工作尺寸计算的对角线的中心弯曲度 b. 对于由工作尺寸计算的对角线的翘曲度 c. 对于由工作尺寸计算的边弯曲度	±0.30	±0.50	$S \leqslant 250cm^2$ 0.30mm $S > 250cm^2$ 0.50mm	$S \leqslant 250cm^2$ 0.50mm $S > 250cm^2$ 0.75mm

①不适用于有弯曲形状的砖。

干压陶瓷砖物理、化学性能指标 **表 7-32**

<table>
<tr><th colspan="2">种类
项目</th><th>瓷质砖</th><th>炻瓷砖</th><th>细炻砖</th><th>炻质砖</th><th>陶质砖</th></tr>
<tr><td colspan="2">吸水率，%</td><td>平均值≤0.5
单个值≤0.6</td><td>平均值≤3.0
且>0.5
单个值≤3.3</td><td>平均值≤6
且>3
单个值≤6.5</td><td>平均值≤10
且>6
单个值≤11</td><td>平均值>10
单个值≥9</td></tr>
<tr><td rowspan="2">破坏强度
(N)</td><td>厚度≥7.5mm</td><td>平均值≥1300</td><td>平均值≥1100</td><td>平均值≥1000</td><td>平均值≥800</td><td>平均值≥600</td></tr>
<tr><td>厚度<7.5mm</td><td>平均值≥700</td><td>平均值≥700</td><td>平均值≥600</td><td>平均值≥500</td><td>平均值≥200</td></tr>
<tr><td colspan="2">断裂模数（MPa）</td><td>平均值≥35
单个值≥32</td><td>平均值≥30
单个值≥27</td><td>平均值≥22
单个值≥20</td><td>平均值≥18
单个值≥16</td><td>平均值≥15
单个值≥12</td></tr>
<tr><td colspan="2">热热震性</td><td colspan="5">经 10 次抗热震性试验不出现炸裂或裂纹</td></tr>
<tr><td colspan="2">抗釉裂性</td><td colspan="5">有釉陶瓷砖经抗釉裂性试验后，釉面应无裂纹或剥落</td></tr>
<tr><td colspan="2">抗冻性</td><td colspan="4">陶瓷砖经抗冻性试验后应无裂纹或剥落</td><td>—</td></tr>
<tr><td colspan="2">抛光砖光泽度</td><td>不低于 55</td><td colspan="4">—</td></tr>
<tr><td colspan="2" rowspan="2">耐磨性</td><td colspan="2">无釉砖耐深度
磨损体积不大于
175mm³</td><td>无釉砖耐深度
磨损体积不大
于 345mm³</td><td>无釉砖耐深度
磨损体积不大
于 175mm³</td><td>—</td></tr>
<tr><td colspan="5">用于铺地的有釉砖表面耐磨性报告磨损等级和转数</td></tr>
<tr><td colspan="2">抗冲击性</td><td colspan="5">经抗冲击性试验后报告陶瓷砖的平均恢复系数</td></tr>
<tr><td colspan="2">线性热膨胀系数</td><td colspan="5">经检验后报告陶瓷砖线性热膨胀系数</td></tr>
<tr><td colspan="2">湿膨胀</td><td colspan="5">经试验后报告陶瓷砖的湿膨胀平均值</td></tr>
<tr><td colspan="2">小色差</td><td colspan="5">经试验后报告陶瓷砖的色差值</td></tr>
<tr><td colspan="2">地砖的摩擦系数</td><td colspan="4">经试验后报告陶瓷地砖的摩擦系数和所用的试验方法</td><td>用于铺地的
陶质砖经检
验后报告陶
质砖的摩擦
系数</td></tr>
<tr><td colspan="2">耐低浓度酸和碱</td><td colspan="5">经试验后陶瓷砖耐化学腐蚀性等级与生产企业确定的等级比较并判定</td></tr>
<tr><td colspan="2">耐高浓度酸和碱</td><td colspan="5">经试验后报告陶瓷砖耐化学腐蚀性等级</td></tr>
<tr><td colspan="2">耐家庭化学试剂
和游泳池盐类</td><td colspan="5">经试验后有釉陶瓷砖不低于 GB 级，无釉陶瓷砖不低于 UB 级</td></tr>
<tr><td colspan="2" rowspan="2">耐污染性</td><td colspan="5">有釉砖经耐污染试验后不低于 3 级</td></tr>
<tr><td colspan="4">无釉砖经耐污染试验后报告耐污染级别</td><td>—</td></tr>
<tr><td colspan="2">铅和镉的溶出量</td><td colspan="5">经试验后报告有釉陶瓷砖釉面铅和镉的溶出量</td></tr>
</table>

(3) 取样及判定

干压陶瓷砖取样及判定见表7-33。

干压陶瓷砖取样及判定表 　　表7-33

性能	试样数量		计数检验				计量检验			
			第一次抽样		第一次加第二次抽样		第一次抽样		第一次加第二次抽样	
	第一次	第二次	接收数 Ac_1	拒收数 Re_1	接收数 Ac_2	拒收数 Re_2	可接收	第二次抽样	可接收	有理由拒收
尺寸[1]	10	10	0	2	1	2	—	—	—	—
表面质量[2]	30	30	1	3	3	4	—	—	—	—
	40	40	1	4	4	5	—	—	—	—
	50	50	2	5	5	6	—	—	—	—
	60	60	2	5	6	7	—	—	—	—
	70	70	2	6	7	8	—	—	—	—
	80	80	3	7	8	9	—	—	—	—
	90	90	4	8	9	10	—	—	—	—
	100	100	4	9	10	11	—	—	—	—
	$1m^2$	$1m^2$	4%	9%	5%	>5%	—	—	—	—
吸水率[3]	5[4]	5[4]	0	2	1	2	$X_1>L$[5]	$X_1<L$	$X_2>L$[5]	$X_2<L$
	10	10	0	2	1	2	$X_1<U$[6]	$X_1>U$	$X_2<U$[6]	$X_2>U$
断裂模数[3]	7[7]	7[7]	0	2	1	2	$X_1>L$	$X_1<L$	$X_2>L$	$X_2<L$
	10	10	0	2	1	2				
破坏强度[3]	7[7]	7[7]	0	2	1	2	$X_1>L$	$X_1<L$	$X_2>L$	$X_2<L$
	10	10	0	2	1	2				
无釉砖耐磨深度	5	5	0	2[8]	1[8]	2[8]	—	—	—	—
线性热膨胀系数	2	2	0	2[9]	1[9]	2[9]	—	—	—	—
抗热震性	5	5	0	2	1	2	—	—	—	—
耐化学腐蚀性[10]	5	5	0	2	1	2	—	—	—	—

续表

性能	试样数量		计数检验				计量检验			
			第一次抽样		第一次加第二次抽样		第一次抽样		第一次加第二次抽样	
	第一次	第二次	接收数 Ac_1	拒收数 Re_1	接收数 Ac_2	拒收数 Re_2	可接收	第二次抽样	可接收	有理由拒收
抗釉裂性	5	5	0	2	1	2	—	—	—	—
抗冻性	10	—	0	1	—	—	—	—	—	—
耐污染性⑩	5	5	0	2	1	2	—	—	—	—
湿膨胀⑪	5	—	—	由生产厂确定性能要求						
有釉砖耐磨性	11	—	—	由生产厂确定性能要求						
摩擦系数⑫	12	—	—	由生产厂确定性能要求						
小色差	5	—	—	由生产厂确定性能要求						
抗冲击性	5	—	—	由生产厂确定性能要求						
铅和镉的溶出量	5	—	—	由生产厂确定性能要求						
光泽度	5	5	0	2	1	2	—	—	—	—

①仅指单块面积≥$4cm^2$ 的砖。

②试样数量至少 30 块，且面积不小于 $1m^2$。无论 $1m^2$ 的砖的数量是多少，试样数量为 10 块砖以上。

③试样大小由砖的尺寸决定。

④仅指单块表面积≥$0.04m^2$ 的砖。每块砖质量在 50～100g 之间时取 5 块试样。

⑤L = 上规格限。

⑥U = 下规格限。

⑦仅适用于砖边长≥48mm。

⑧测量数。

⑨试样数。

⑩试验溶液的百分数。

⑪这些性能没有两次抽样检验。

⑫试验数量由试验方法而定。

2. 建筑琉璃制品

(1) 概述及技术要求

建筑琉璃制品，是一种具有中华民族文化特色与风格的传统建筑材料。琉璃制品是用难熔粘土经制坯、干燥、素烧、施釉、釉烧而成。特点是质地致密，表面光滑，不易沾污，坚实耐久，色彩绚丽，造型古朴，富有传统民族特色。常见颜色有金黄、大红、翠绿、宝蓝、青、黑、紫色。常用于具有民族特色的建筑物及建造园林。建筑琉璃瓦的物理性能指标见表 7-34，建筑琉璃脊类、饰件类的物理性能指标见表 7-35。

建筑琉璃制品分为瓦类(板瓦、滴水瓦、筒瓦、沟头等)、脊类(正脊筒瓦、正当沟等)和饰件类(吻、兽、博古等)三类。

建筑琉璃瓦的物理性能指标 表 7-34

项目	指标
抗弯曲性能	平瓦、脊瓦类的弯曲破坏荷重不小于 1020N 板瓦、筒瓦、滴水瓦、沟头瓦类的弯曲破坏荷重不小于 1170N（其中 J 形瓦、S 形瓦类弯曲破坏荷重不小于 1600N；三曲瓦、双筒瓦、牛舌瓦类的弯曲强度不小于 8.0MPa)
抗冻性能	经 15 次冻融循环不出现剥落、掉角、掉棱及裂纹增加现象
耐急冷急热性	经 3 次急冷急热循环不出现炸裂、剥落及裂纹延长现象（适用于有釉瓦）
吸水率	有釉类瓦的吸水率不大于 12.0%，无釉类瓦的吸水率不大于 21.0%
抗渗性能	经 3h 瓦背面无水滴产生

建筑琉璃脊类、饰件类的物理性能指标 表 7-35

项目＼级别	优等品	一级品	合格品
吸水率，%	≤12		
抗冻性能	冻融循环 15 次		冻融循环 10 次
	无开裂、剥落、掉角、掉棱、起鼓现象。因特殊要求，冷冻最低温度、循环次数可由供需双方商定		
弯曲破坏荷重，N	≥1177		
耐急冷急热性	3 循环，无开裂、剥落、掉角、掉棱、起鼓现象		
光泽度，度	平均值≥50 根据需要，光泽度可由供需双方商定		

(2) 取样及判定

1）琉璃制品

规格、色号、级别相同的产品以1000～5000件为一批。

样品及允许不合格数见表7-36。

若上述项目有一项不合格时，则应在该批中加倍抽取复检，允许不合格数相应增加一倍。若合格即为该批合格；仍不合格，判批不合格。

样品及允许不合格数　　表7-36

检验项目	样品数	允许不合格数
外观质量	20	2
规格尺寸	20	2
光泽度	5	—
耐急冷急热性	10	1
吸水率	5	0
弯曲破坏荷重	5	0
抗冻性能	10	0

2）琉璃瓦

同类别、同规格、同色号、同级别的瓦，每10000～35000件为一批。不足时视为一批。

单项检验及判定见表7-37。

抽样与判定　　表7-37

检验项目	样本大小		第一次抽样		第一次加第二次抽样	
	第一次	第二次	合格判定数 Ac_1	不合格判定数 Re_1	合格判定数 Ac_2	不合格判定数 Re_2
尺寸偏差	20	20	2	4	4	5
外观质量	20	20	2	4	4	5
抗弯曲性能	5	5	0	2	1	2
抗冻性能	5	—	0	1	—	—
耐急冷急热性能	5	5	0	2	1	2
吸水率	5	5	0	2	1	2
抗渗性能	3	—	0	1	—	—

抗弯曲性能、抗冻性能、耐急冷急热性能、吸水率、抗渗性能合格，按外观质量、尺寸偏差检验的最低质量等级判定等级。其中有一项不合格则判批不合格。

复 习 题

1. 什么是绝热、吸声材料？表征绝热、吸声材料质量性能好坏的最主要指标是什么？

2. 绝热材料的选用应符合什么要求？

3. 常见的绝热材料有哪些？

4. 建筑工程中常用胶粘剂有哪些？胶粘剂的主要技术指标有哪些？

5. 什么是干压陶瓷砖，其物理性能指标有哪些？

八、构 件 试 验

（一）轻质隔墙板

轻质隔墙板是随着装配式大板建筑兴起而发展起来的一种新型墙体材料，具有重量轻、强度高、隔声、防火等性能，属非承重预制墙板，应用于高层建筑内隔墙及其他非承重的建筑工程。轻质隔墙板按其胶结材料的不同，可分为三大类：(1) 以水泥或特种水泥为主要胶结材料的灰渣板、GRC板、硅镁板；(2) 以石膏为胶结材料的石膏空心板；(3) 无胶结材料的泰柏板。

1. 以水泥或特种水泥为主要胶结材料的内隔墙板（表8-1）

(1) 灰渣板；也称为工业灰渣混凝土空心隔墙条板，是以粉煤灰、经煅烧或自然的煤矸石、炉渣、矿渣、加气混凝土碎屑等工业灰渣为集料制成的混凝土空心条板。其中工业灰渣总掺量为40%（重量比）以上，为机制条板，用作民用建筑非承重内隔墙，其构造断面为多孔空心式。产品标准为（JG 3063—1999）。

(2) GRC板：也称为玻璃纤维增强水泥轻质多孔隔墙条板，是以耐碱玻璃纤维为增强材料，以低碱度水泥轻质砂浆为基材预制成的非承重轻质多孔内隔墙条板。主要用作公共建筑、住宅建筑和工业建筑的内隔墙，也可作为外围护墙体。产品标准为（JC 666—1997）。

(3) 硅镁板：也称为硅镁加气混凝土空心轻质隔墙板，主要以氯氧镁水泥为胶结材料，加入硅质填料，经机械振动或化学发泡引入气体而预制成的空心轻质隔墙板。主要用作工业与民用建筑的非承重内墙。产品标准为（JC 860—1997）。

以水泥为胶结材料的轻质隔墙板物理性能指标　　　表 8-1

种类 项目	灰渣板	GRC 板			硅镁板	
		60 型	90 型	120 型	60 型	90 型
面密度，kg/m^2	≤80	≤38	≤48	≤72	≤35	≤50
抗弯破坏荷载	≥1.0 板自重倍数	≥ 1200N	≥ 2000N	≥ 2800N	≥ 1000N	≥ 2000N
抗压强度，MPa	≥5	—			—	
干燥收缩值，mm/m	≤0.6	≤0.8			≤0.8	
抗冲击性能	≥5	≥5			3 次无贯穿裂纹	
吊挂力，N	≥1000	≥800			≥800	
含水率，%	≤45/40/35①	≤10			—	
空气声计权隔声量，dB	≥35	≥28	≥35	≥40	≥30	≥35
耐火极限，h	≥1	≥1.5	≥2.5	≥3.0	≥1	
燃烧性能	—	不燃			不燃	
抗折强度保留率，%	—	≥70			—	
放射性比活度限值， $C_{Ra}/740+C_{Tb}/520+C_{k}/9600$ 及 $C_{Ra}/400$	≤1	—			—	

①对应不同地区，其中

≤45：适用于年平均相对湿度大于 75％的地区；

≤40：适用于年平均相对湿度 50％～75％的地区；

≤35：适用于年平均相对湿度小于 50％的地区。

2. 以石膏为主要胶结材料的内隔墙板

（1）石膏板：包括纸面石膏板和纤维石膏板。纸面石膏板是以建筑石膏主要原料，掺入纤维、外加剂和适量的轻质填料等，加水搅拌成料浆，浇筑成型、凝固、烘干而制成的。纤维石膏板是将玻璃纤维或矿渣棉纤维先在水中松解，然后与建筑石膏以及适量的浸润剂混合制成料浆，在长网成型机上经铺浆、脱水而制成的无纸面石膏板。主要用作内隔墙和吊顶。石膏板的物理性能指标见表 8-2。

石膏板的物理性能指标 **表 8-2**

性能名称	单位	石膏纤维板			纸面石膏板		
		板材厚度（mm）			板材厚度（mm）		
		10.0	12.5	15.0	9.0	12.0	15.0
密度	kg/m^3	1150			1000		
含水率	%	1.0	1.0	1.5	≤3.5		
吸水率	%	5.0	5.0	6.0	≤10		
表面吸水量	g	7~8			≤160g/m^2（耐水板）		
受潮挠度	mm	7.9	5.3	5.3	≤56	≤44	—
断裂荷载	N	518	695	619	纵向≥360 横向≥140	纵向≥500 横向≥180	纵向≥650 横向≥220
螺钉拔出力	N/mm	75	85	85	—		
导热系数	W/(m·K)	0.3			—		
防火级别		不燃 A 级			遇火稳定时间不小于 20min（耐火板）		
耐火极限	min	≥85	≥90	≥90	耐火板 12.0mm 厚 4 层耐火极限 1.5h		
隔音	dB	12.5mm 双层 100mm 厚墙体≥49			12.0mm 双层 99mm 厚墙体 36~37		

（2）石膏空心板：包括石膏珍珠岩空心条板、石膏粉煤灰硅酸盐空心条板和石膏空心条板，主要用作工业和民用建筑物的非承重分室墙。是以建筑石膏为主要原料，掺入一定量的粉煤灰或水泥，并添加膨胀珍珠岩等轻质骨料，再加入增强纤维（或配置玻纤网格布），经拌合成料浆，浇筑入模成型，再经初凝、抽芯、干燥等工序而制成空心条板。产品标准为（JC/ T 829—1998）。

物理性能指标：

①面密度：（40±5）kg/m^2。

②孔与孔之间和孔与板面之间的最小壁厚不得小于 10mm。

③抗弯破坏荷载不少于 800N。

④抗冲击性能为受 30kg 砂袋落差 0.5m 的摆动冲击三次，不出现贯通裂纹。

⑤单点吊挂力为受800N单点吊挂力作用24h，不出现贯通裂纹。

3. 无胶结材料的隔墙板

泰柏板：也称钢丝网架水泥聚苯乙烯夹芯板（GSJ板），是以钢丝网架水泥作表层，阻燃聚苯乙烯泡沫塑料作内芯，用于房屋建筑的轻质板材。目前常见的还有以膨胀珍珠岩块、岩棉等轻质材料为内芯的。GSJ板的面密度见表8-3；GSJ板的建筑物理性能指标见表8-4；GSJ板的建筑结构性能见表8-5；GSJ板的防火指标见表8-6。产品标准为（JC 623—1996）。

GSJ板的面密度 表8-3

板厚(mm)	构　造	每平方米面积的重量(kg)
100	板两面各有25mm厚的水泥砂浆	≤104
110	板两面各有30mm厚的水泥砂浆	≤124
130	板两面各有25mm厚的水泥砂浆加两面各有15mm厚石膏涂层或轻质砂浆	≤140

GSJ板的建筑物理性能指标 表8-4

项次	项　目	指标值	备　注
1	热阻，$m^2 \cdot K/W$	≥0.65	厚100mm板
2	隔声指数，dB	≥40 ≥45	厚100mm，110mm板 厚130mm板
3	抗冻性，次	25	试验后试体不得有剥落、开裂、起层等破坏现象

注：GSJ板的聚苯乙烯泡沫塑料内芯厚50mm，砂浆表面未做饰面处理。

GSJ板的建筑结构性能 表8-5

（1）轴向荷载允许值		
GSJ板墙板高度（GJ板的公称长度），m	2.5	3.6
两面各有25mm厚的水泥砂浆层全截面负重时，kN/m	≥74.4	≥62.5
外墙外侧砂浆层伸出楼面9.5mm时，kN/m	≥46.1	≥40.2

注：水泥砂浆强度等级不低于M10。

续表

(2) 横向荷载允许值	
GSJ 板的实际长度（GJ 板的公称长度），m	横向荷载允许值，不小于 (kN/m²)
1.3	4.34
1.6	3.86
1.9	2.73
2.2	2.54
2.5	1.95
3.0	1.22
3.6	0.78
注：两面各有 25mm 厚的水泥砂浆，强度等级不低于 M20	
(3) 抗冲击性能：标准板（2.5m）承受 10kg 砂袋自落高度 1.0m 的冲击大于 100 次不断裂。	

GSJ 板的防火性能 **表 8-6**

项　目	指　　　标
燃烧性能	按本标准施工的 GSJ 板的耐火性能应高于难燃材料
耐火极限	不低于 1h：两面各有 25mm 厚或 30mm 厚的水泥砂浆层； 不低于 2h：两面各有 25mm 厚或 30mm 厚的水泥砂浆层加两面各有 15mm 厚石膏涂层或轻质砂浆层

（二）预应力空心板

1. 概述

预应力（混凝土）空心板是用混凝土浇筑成的平板，近板底处配有一排预应力钢筋（冷拔丝、冷轧带肋钢筋、钢绞线等），中部留有若干孔洞，其外形如图 8-1 所示。

在建筑工程上，预应力（混凝土）空心板作为装配式混凝土结构工程的一种基本构件，用作楼面或屋面的承重构件。因此，除了对它的外观质量和尺寸偏差有一定要求外，还应确保其结构

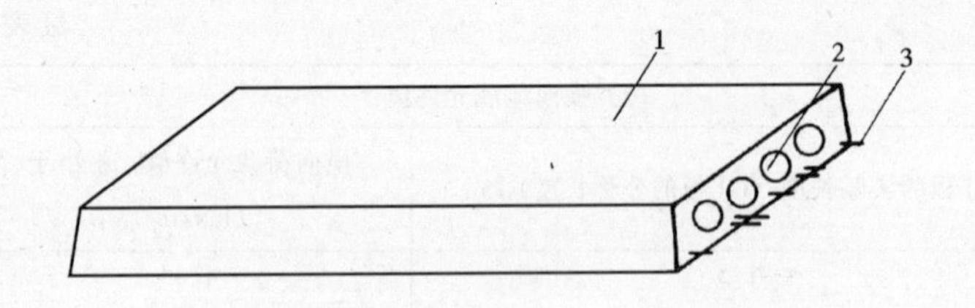

图 8-1　预应力（混凝土）空心板示意图

1—混凝土平板；2—孔洞；3—预应力钢筋

性能。构件的结构性能是确保建筑物在使用阶段的安全性的一项性能指标，在现行规范中属于必须强制性执行的条文。

通常预应力混凝土空心板依据标准图集由工厂生产，作为商品交施工单位使用。目前常用品种有用冷拔低碳钢丝或冷轧带肋钢筋制造的"预应力混凝土空心板"和用钢铰线生产的"SP 预应力空心板"。前者板厚 120mm，跨度（板长）在 1.5～4.2m 之间，板宽有 0.5m，0.6m，0.9m 和 1.2m 四种规格，依据生产的现行国家建筑标准设计的图集编号为 93G436—1，除此以外，全国大部分省（区）都有自己设计的标准图集，这类板多用于砖混结构楼（屋面）。后者的板宽为 1200mm，板跨度在 3～18m 之间，板高（厚）在 100～380mm 之间，现行国家建筑标准设计图集号为建设［1999］286 号。这类板可用作各类民用和工业建筑的楼（屋）面。

预应力空心板质量验收的依据是《混凝土结构工程施工质量验收规范》，现行编号为 GB50204—2002。该规范规定该构件按批检验，按批验收，批质量合格的标准是：

（1）"主控项目的质量经抽样检验合格"，包括："构件应在明显部位标明生产单位、构件型号、生产日期和质量验收标志"；"构件上的预埋件、插筋和预留洞的规格、位置和数量应符合标准图或设计的要求"；外观质量没有严重缺陷，或已对此类缺陷"按技术方案处理，并重新检查验收"合格；没有"影响结构性能和安装、使用功能的尺寸偏差"，或已对此类偏差"按技术方案处理，并重新检查验收”合格。

(2)“一般项目的质量经抽样检验合格”。即外观质量一般缺陷经技术处理和重新验收合格；尺寸一般偏差合格点率≥80%。

(3)“具有完整的施工操作依据和质量验收记录”。

(4)结构性能检验必须合格。

作为预应力空心板的质量检验人员，应当熟悉GB50204—2002第九章中对预制构件及其结构性能的规定，并能熟练地运用各种计量器具对成品预应力空心板进行外观质量、尺寸允许偏差和结构性能的检验工作。

2. 外观质量检验

预应力空心板的外观质量，必须作“全数检查”，即对每一个构件进行检查，查出所有有缺陷的构件，并确定其缺陷的名称和性质——“严重缺陷”或“一般缺陷”。

缺陷的名称和性质是依据现行GB50204规范的规定确定的，GB50204—2002对外观质量缺陷的规定如表8-7所示。

预制空心板外观质量缺陷表 **表8-7**

名称	现　　象	严重缺陷	一般缺陷
露筋	构件内钢筋未被混凝土包裹而外露	纵向受力钢筋有露筋	其他钢筋有少量露筋
蜂窝	混凝土表面缺少水泥砂浆而形成石子外露	构件主要受力部位有蜂窝	其他部位有少量蜂窝
孔洞	混凝土中孔穴深度和长度均超过保护层厚度	构件主要受力部位孔洞	其他部位有少量孔洞
夹渣	混凝土中夹有杂物且深度超过保护层厚度	构件主要受力部位有夹渣	其他部位有少量夹渣
疏松	混凝土中局部不密实	构件主要受力部位有疏松	其他部位有少量疏松

续表

名称	现　象	严重缺陷	一般缺陷
裂缝	缝隙从混凝土表面延伸至混凝土内部	构件主要受力部位有影响结构性能或使用功能的裂缝	其他部位有少量不影响结构性能或使用功能的裂缝
连接部位缺陷	构件连接处混凝土缺陷及连接钢筋、连接件松动	连接部位有影响结构传力性能的缺陷	连接部位有基本不影响结构传力性能的缺陷
外形缺陷	缺棱掉角、棱角不直、翘曲不平、飞边凸肋等	清水混凝土构件有影响使用功能或装饰效果的外形缺陷	其他混凝土构件有不影响使用功能的外形缺陷
外表缺陷	构件表面麻面、掉皮、起砂、沾污等	具有重要装饰效果的清水混凝土构件有外表缺陷	其他混凝土构件有不影响使用功能的外表缺陷

其中露筋的长度、蜂窝、孔洞、夹渣、疏松、麻面等缺陷的范围应当是凿去缺陷周围疏松混凝土后的范围。

判断缺陷严重程度的具体依据则是由“监理（建设）单位、施工单位等各方根据其对结构性能和使用功能影响的严重程度的判断”来确定。

外观质量缺陷的检查方法步骤是先用目测检查，然后用计量器具测量出代表缺陷范围的量，并据此确定缺陷的性质。

用于测量缺陷范围的计量器具可以是钢直尺、钢卷尺（规格≤5m）和2m靠尺，在检查小孔和缝隙的深度时，可辅以能插入其中的直径为1mm的钢质探针。

对检查出来的所有缺陷都应按技术方案进行处理，经技术处理和重新检查验收合格，仍以合格构件对待。处理缺陷的具体技术方案由“施工单位根据缺陷的具体情况提出”，对处理严重缺陷的技术方案需“经监理（建设）单位认可后进行处理”。

3. 尺寸偏差检验

尺寸偏差按同一工作班生产的同类型（同一钢种、同一混凝土强度等级、同一工艺和同一结构型式）构件为一个检验批，首先做全数检查，排除“有影响结构性能和安装、使用功能的尺寸偏差”的构件，然后抽取5%，且不少于三件做尺寸偏差检验。

通常预应力空心板尺寸偏差的允许值和检验方法依据现行GB50204标准的规定进行；现行GB50204—2002所作规定如表8-8所示。

预应力空心板尺寸允许偏差及检验方法表　　表8-8

项　目	允许偏差（mm）	检　查　方　法
长　　度	+10，−5	钢尺检查
厚　　度	±5	钢尺检查
侧向弯曲	l/750且≤20	钢尺量一端中部，取其中较大值
预埋件	10	钢尺检查
中心线位置	10	钢尺检查
主筋保护层厚度	+5，−3	钢尺或保护层厚度测定仪量测
对角线差	10	钢尺量两个对角线
表面平整度	5	2m靠尺和塞尺检查
翘　　曲	l/750	2m靠尺和塞尺检查

4. 结构性能检验

预应力（混凝土）空心板用于装配式结构。装配式结构的结构性能主要取决于预制构件的结构性能和连接质量，因此GB50204—2002将“预制构件应进行结构性能检验，结构性能检验不合格的预制构件不得用于混凝土结构”规定为强制性条文，所以预应力空心板制成后必须进行结构性能检验。

预制构件结构性能检验的基本依据是：

GB50204—2002《混凝土结构工程施工质量验收规范》；

GB50152—92《混凝土结构试验方法标准》；

预应力空心板设计图集。

(1) 抽样

1）抽样方案：

预应力空心板的结构性能采用二次抽样方案，即在同一检验批中，若第1次抽取的试样，检验未被通过，再抽取双倍试样做检验。

2）检验批和样本量：

成批生产的预应力空心板“应按同一工艺正常生产的不超过1000件且不超过3个月的同类型（同一钢种、同一混凝土强度等级、同一生产工艺、同一结构形式）产品”为一个检验批。当连续检验10批且每批的结构性能检验结果均合格时，该检验批的构件数可改为2000件。

每个检验批应抽样本量，第1次为1件，第2次为2件。

(2) 检验项目

预应力空心板结构性能检验项目包括：承载力、挠度和抗裂检验。

1）承载力检验是通过短期荷载试验确定构件的极限承载能力并通过它判定是否能满足设计安全性指标的要求。在实际运作中极限承载力用承载力检验系数实测值 γ°_{u} 表示。γ°_{u} 指实测承载力荷载与荷载设计值之比。

2）挠度检验是构件在设计荷载标准值的作用下，测定构件产生的最大挠度，并通过它判定是否能满足设计使用性指标的要求，在实际运作中用标准荷载下的最大挠度实测值 α°_{s} 表示。

3）抗裂检验是测定混凝土出现第一条裂缝时构件所受的荷载值，并通过它判定构件的抗裂性能是否能满足设计使用性能指标的要求。在实际运作中，第一条裂缝荷载用抗裂检验系数实测值 γ°_{cr}表示。γ°_{cr}指实测开裂荷载与标准荷载值之比。

(3) 检验方法

预应力空心板的结构性能检验通常采用堆载法进行破坏性试验，其试验装置如图8-2所示。

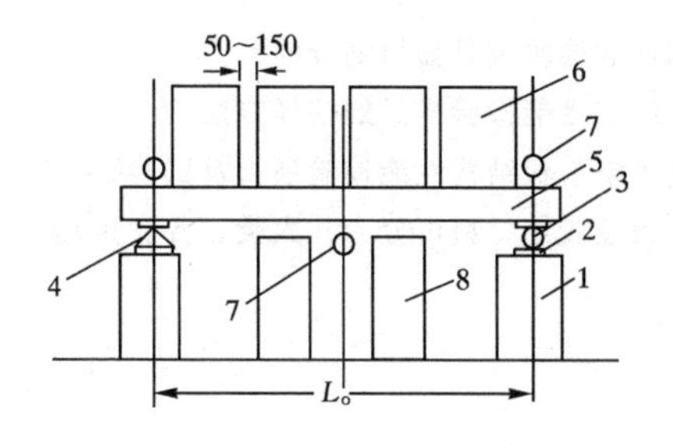

图 8-2　构件荷载试验装置示意图

1—支镦；2—垫板；3—滚动铰；4—固定铰；5—被试构件；6—荷载堆；7—位移计；8—安全镦

当 $L_0 \leqslant 4m$ 时，荷载堆应不少于 4 堆；$L_0 > 4m$ 时，应不少于 6 堆。荷载的允许误差不大于 ±5%。加载测读执行 GB50204 标准的规定。

（4）试验结果评定

1）当构件的承载力和抗裂检验系数实测值大于等于设计值，挠度实测值小于等于设计值时，评为合格。

2）当构件的承载力和抗裂检验系数实测值小于设计值但不小于 0.95 倍设计值，挠度实测值大于设计值但不大于 1.10 倍设计值时，允许再抽两个构件进行复验试验。

3）若复验第一个的各项检验指标的实测值均符合上述合格要求，或两个复验构件的检验指标实测值均符合上述复验要求时，该批构件仍可评为合格。

复　习　题

1. 什么叫预应力（混凝土）空心板？
2. 预应力（混凝土）空心板检验批的质量合格标准是什么？
3. 试述预应力（混凝土）空心板外观质量检验数量和合格标准。
4. 试述预应力（混凝土）空心板尺寸偏差检验数量和合格标准。
5. 检查出构件的外观质量缺陷应如何处理？

6. 构件结构性能检验批是如何划分的?

7. 简述构件结构性能检验样品的抽样方法。

8. 简述预应力空心板结构性能检验项目及试验结果的评定。

9. 轻质隔墙板按胶结材料可分为几大类，各有哪几种?

九、回弹法检测混凝土强度

（一）概　　述

1. 回弹法应用概况

我国自20世纪50年代中期开始采用回弹法测定现场混凝土抗压强度。1963年建工部建研院结构所召开了“回弹仪检验混凝土强度和构件试验方法技术交流会”，并于1966年3月出版了《混凝土强度的回弹仪检验技术》一书，对回弹法的推广应用起了促进作用。20世纪60年代初，我国开始自行生产回弹仪，并开始推广应用。但由于对各种影响因素研究不够，并无统一的技术标准，因而使用混乱，误差较大。1978年，国家建委将混凝土无损检测技术研究列入了建筑科学发展计划，并组成了以陕西省建筑科学研究设计院为组长单位的全国性的协作研究组。从而对回弹法的仪器性能、影响因素、测试技术、数据处理方法及强度推算方法等进行了系统研究，提出了具有我国特色的回弹仪标准状态及“回弹值-碳化深度-强度”相关关系，提高了回弹法的测试精度和适应性。1985年颁布了《回弹法评定混凝土抗压强度技术规程》(JGJ23—85)，1989年该规程又进行修订，修订后的规程为行业标准：《回弹法检测混凝土抗压强度技术规程》(JGJ/T23—92)。2000年对该行业标准又进行了修订，修订后仍作为行业标准，名称不变，规程编号为JGJ/T23—2001。该规程已于2001年10月1日施行。原（JGJ/T23—92）规程同时废止。现在回弹法已成为我国应用最广泛的无损检测方法。

2. 回弹法的基本原理

回弹法是用一弹簧驱动的重锤，通过弹击杆（传力杆），弹击混凝土表面，并测出重锤被反弹回来的距离，以回弹值（反弹距离与弹击锤冲击长度之比）作为与强度相关的指标，来推定混凝土强度的一种方法。由于测量在混凝土表面进行，所以应属于表面硬度法的一种。

图 9-1 为回弹法的原理示意图。当重锤被拉到冲击前的起始状态时，若重锤的质量等于 1，则这时重锤所具有的势能 e，如式 9-1 所示为：

$$e = \frac{1}{2}E_{\mathrm{s}}l^2 \tag{9-1}$$

式中 E_{s}——拉力弹簧的刚度系数；

l——拉力弹簧工作时拉伸长度。

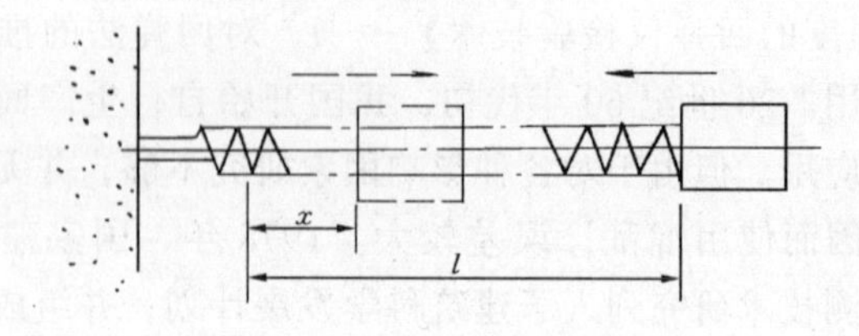

图 9-1 回弹法原理示意

混凝土受冲击后产生瞬时弹性变形，其恢复力使重锤弹回，当重锤被弹回到 x 位置时所具有的势能 e_{x}，如式 9-2 所示为：

$$e_{\mathrm{x}} = \frac{1}{2}E_{\mathrm{s}}x^2 \tag{9-2}$$

式中 x——重锤反弹位置或重锤弹回时弹簧的拉伸长度。

所以重锤在弹击过程中，所消耗的能量 Δe（式 9-3）为：

$$\Delta e = e - e_{\mathrm{x}} \tag{9-3}$$

将式 9-1、9-2 代入式 9-3 得：

$$\Delta e = \frac{E_{\mathrm{s}}l^2}{2} - \frac{E_{\mathrm{s}}x^2}{2} = e\left[1 - \left(\frac{x}{l}\right)^2\right] \tag{9-4}$$

令 $$R = \frac{x}{l} \tag{9-5}$$

在回弹仪中，l 为定值，所以 R 与 x 成正比，称为回弹值。将 R 代入式 9-4 得

$$R = \sqrt{1 - \frac{\Delta e}{e}} = \sqrt{\frac{e_{x}}{e}} \tag{9-6}$$

从式 9-6 中可知，回弹值 R 等于重锤冲击混凝土表面后剩余的势能与原有势能之比的平方根。简而言之，回弹值 R 是重锤冲击过程中能量损失的反映。

能量主要损失在以下三个方面：

（1）混凝土受冲击后产生塑性变形所吸收的能量；

（2）混凝土受冲击后产生振动所消耗的能量；

（3）回弹仪各机构之间的摩擦所消耗的能量。

在具体的实验中，上述（2）（3）两项应尽可能使其固定于某一统一的条件，例如，试体应有足够的厚度，或对较薄的试体予以加固，以减少振动，回弹仪应进行统一的计量率定，使冲击能量与仪器内摩擦损耗尽量保持统一等。因此，第一项是主要的。

根据以上分析可以认为，回弹值通过重锤在弹击混凝土前后的能量变化，既反映了混凝土的弹性性能，也反映了混凝土的塑性性能。若联系公式（9-1）来思考，回弹值 R 反映了该式中的 E_{s} 和 l 两项，当然与强度 f_{cu}^{c} 有着必然联系，但由于影响因素较多，R 与 E_{s}、l 的理论关系尚难推导。因此，目前均采用试验归纳法，建立混凝土强度 f_{cu}^{c} 与回弹值 R 之间的一元回归公式，或建立混凝土强度 f_{cu}^{c} 与回弹值 R 及主要影响因素（例如，碳化深度 l）之间的二元回归公式。这些回归的公式可采用各种不同的函数方程形式，根据大量试验数据进行回归拟合，择其相关系数较大者作为实用经验公式。目前常见的形式主要有以下几种：

直线方程 $$f_{cu}^{c} = A + BR_{m} \tag{9-7}$$

幂函数方程 $f_{cu}^{c} = AR_{m}^{B}$ (9-8)

抛物线方程 $f_{cu}^{c} = A + BR_{m}^{B} + CR_{m}^{2}$ (9-9)

二元方程 $f_{cu}^{c} = AR_{m}^{B} \cdot 10_{m}^{cd}$ (9-10)

式中 f_{cu}^{c}——混凝土测区的推算强度；

R_{m}——测区平均回弹值；

d_{m}——测区平均碳化深度值；

A、B、C——常数项，视原材料条件等因素不同而不同。

（二）回 弹 仪

1.回弹仪的构造及工作原理

用于普通混凝土强度检测的回弹仪是一种指针直读的直射锤击式仪器，其构造如图 9-2 所示。

仪器工作时，随着对回弹仪施压，弹击杆 1 徐徐向机壳内推进，弹击拉簧 2 被拉伸，使连接弹击拉簧的弹击锤 4 获得恒定的冲击的能量 e，当仪器水平状态工作时，其冲击能量 e 可由式 9-11计算：

$$e = \frac{1}{2}E_{s}l^{2} = 2.207\,\mathrm{J} \tag{9-11}$$

式中 E_{s}——弹击拉簧的刚度，0.784N/mm；

l——弹击拉簧工作时拉伸长度，75mm。

当挂钩 12 与调零螺钉 16 互相挤压时，使弹击锤脱钩，弹击锤的冲击面与弹击杆的后端平面相碰撞，此时弹击锤释放出来的能量借助弹击杆传递给混凝土构件，混凝土弹性反应的能量又通过弹击杆传递给弹击锤，使弹击锤获得回弹的能量向后弹回，计算弹击锤回弹的距离和弹击锤脱钩前距弹击杆后端平面的距离之比，即得回弹值 R，它由仪器外壳上的刻度尺 8 示出。

2.钢砧率定的作用

我国传统的检验回弹仪的方法，一直是沿用瑞士回弹仪制造厂说明书中的方法进行的，即在符合标准的钢砧上，将仪器垂直向下率定，其平均值应为 80±2，以此作为出厂合格检验及使用中是否需要调整的标准。

试验研究表明，钢砧率定的作用主要为：

(1) 当仪器为标准状态时，检验仪器的冲击能量是否等于或接近于 2.207J，此时在钢砧上的率定值应为 80±2，此值作为校验仪器的标准之一；

(2) 能较灵活地反映出弹击杆、中心导杆和弹击锤的加工精度以及工作时三者是否在同一轴线上。若不符合要求，则率定值低于 78，会影响测试值；

(3) 转动呈标准状态回弹仪的弹击杆在中心导杆内的位置，可检验仪器本身测试的稳定性。当各个方向在钢砧上的率定值均为 80±2 时，即表示该台仪器的测试性能是稳定的；

(4) 在仪器其他条件符合要求的情况下，用来校验仪器经使用后内部零部件有无损坏或出现某些障碍（包括传动部位及冲击面有无污物等），出现上述情况时率定值偏低且稳定性差。

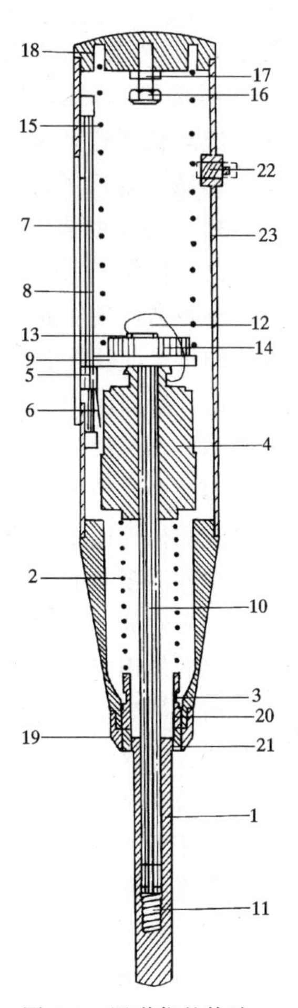

图 9-2　回弹仪的构造
1—弹击杆；2—弹击拉簧；3—拉簧座；4—弹击锤；5—指针片；6—指针块；7—指针轴；8—刻度尺；9—导向法兰；10—中心导杆；11—缓冲压簧；12—挂钩；13—挂钩压簧；14—挂钩销子；15—压簧；16—调零螺钉；17—紧固螺母；18—尾盖；19—盖帽；20—卡环；21—密封毡帽；22—按钮；23—外壳

由此看出，只有在仪器三个装配尺寸和主要零件质量校验合格的前提下，钢砧率定值才能作为校验仪器是否合格的一项标准。

必须指出，如果仪器在钢砧上的率定值低于 78 且不小于 72 时（以 R

表示），国外按 80%R 的比例来修正试块上测得的回弹值的做法是不妥的。我国规定，如率定试验率定值不在 80±2 范围内，应对仪器进行保养后再率定，如仍不合格应送校验单位校验。钢砧率定值不在 80±2 范围内的仪器，不得用于测试。

3. 回弹仪的操作、保养及检定

（1）操作

将弹击杆顶住混凝土的表面，轻压仪器，松开按钮，弹击杆徐徐伸出。使仪器对混凝土表面缓慢均匀施压，待弹击锤脱钩冲击弹击杆后即回弹，带动指针向后移动并停留在某一位置上，即为回弹值。继续顶住混凝土表面并在读取和记录回弹值后，逐渐对仪器减压，使弹击杆自仪器内伸出，重复进行上述操作，即可测得被测构件或结构的回弹值。操作中注意仪器的轴线应始终垂直于构件混凝土的表面。

（2）保养

仪器使用完毕后，要及时清除伸出仪器外壳的弹击杆、刻度尺表面及外壳上的污垢和尘土，当测试次数较多、对测试值有怀疑时，应将仪器拆卸，并用清洗剂清洗机芯的主要零件及其内孔，然后在中心导杆上抹一层薄薄的钟表油，其他零部件不得抹油。要注意检查尾盖的调零螺丝有无松动，弹击拉簧前端是否钩入拉簧座的原孔位内，否则应送校验单位校验。

（3）检定

目前，国内外生产的中型回弹仪，不能保证出厂时为标准状态，因此即使是新的有出厂合格证的仪器，也需送校验单位校验。此外，当仪器超过检定有效期限半年；累计弹击次数超过规定（如 6000 次）；仪器遭受撞击、损害；零部件损坏需要更换等情况皆应送检定单位按国家计量检定规程《混凝土回弹仪》（JJG817—93）进行检定。

在行业标准《回弹法检测混凝土抗压强度技术规程》（JGJ/T23—2001）中，要求在条件许可的前提下，首先应使用指针直读式回弹仪，若使用其他示值系统（如数显式，自记式，带电脑的）的仪器，必须符合国家计量规程《混凝土回弹仪》JJG817的规定方可使用。亦即该类型仪器能将回弹仪主体（指针直读式仪器）部分与其他功能（如自动记录，打印、计算）部分分开，将主体部分按计量规程检定，并要检定直读式仪器的示值与自记式数显示值是否一致。有计算功能的还要检查其计算过程是否符合本规程的相关规定。

4. 回弹仪的常见故障及排除方法

现将回弹仪常见的故障、原因分析及检修方法列于表9-1，供操作人员参考。

回弹仪常见故障及排除方法 **表9-1**

故障情况	原因分析	检修方法
回弹仪弹击时，指针停在起始位置上不动	1. 指针块上的指针片相对于指针轴上的张角太小； 2. 指针片折断	1. 卸下指针块，将指针片的张角适当扳大些； 2. 更换指针片
指针块在弹击过程中抖动步进上升	1. 指针块上的指针片的张角略小； 2. 指针块与指针轴之间配合太松； 3. 指针块与刻度尺的局部碰撞摩擦或与固定刻度尺的小螺钉相碰撞摩擦、或与机壳滑槽局部摩阻太大	1. 卸下指针块，适量地把指针片的张角扳大； 2. 将指针摩擦力调大一些 3. 修锉指针块的上平面，或截短小螺丝，或修挫滑槽
指针块在未弹击前就被带上来，无法读数	指针块上的指针片张角太大	卸下指针块，将指针片的张角适当扳小
弹击锤过早击发	1. 挂钩的钩端已成小钝角； 2. 弹击锤的尾端局部破碎	1. 更换挂钩； 2. 更换弹击锤
不能弹击	1. 挂钩拉簧已脱落； 2. 挂钩的钩端已折断或已磨成大钝角； 3. 弹击拉簧已拉断	1. 装上挂钩拉簧； 2. 更换挂钩； 3. 更换弹击拉簧
弹击杆伸不出来，无法使用	按钮不起作用	用手扶握尾盖并施一定压力，慢慢地将尾盖旋下（当心压力弹簧将尾盖冲开弹击伤人），使导向法兰往下运动，然后调整好按钮，如果按钮零件缺损，则应更换

续表

故障情况	原因分析	检修方法
弹击杆易脱落	中心导杆端部与弹击杆内孔配合不紧密	取下弹击杆，将中心导杆端部各爪瓣适当扩大（装卸弹击杆时切勿丢失缓冲压簧）；或更换中心导杆和弹击杆
标准状态仪器率定值偏低	1. 弹击锤与弹击杆的冲击平面有污物； 2. 弹击锤与中心导杆间有污物，摩擦力增大； 3. 弹击锤与弹击杆间的冲击面接触不均匀； 4. 中心导杆端部部分爪瓣折断； 5. 机芯损坏	1. 用汽油擦洗冲击面； 2. 用汽油清洗弹击锤内孔及中心导杆，并抹上一层薄薄的钟表油； 3. 更换弹击杆； 4. 更换中心导杆； 5. 仪器报废

（三）回弹法测强曲线的建立

回弹法测定混凝土的抗压强度，是建立在混凝土的抗压强度与回弹值之间具有一定的相关性的基础上的，这种相关性可用“$f_{cu}-R$”相关曲线（或公式）来表示。相关曲线应在满足测定精度要求的前提下，尽量简单、方便、实用且适用范围广。我国南北气候差异大，材料品种多，在建立相关曲线时应根据不同的条件及要求，选择适合自己实际工作需要的类型。

1. 分类及型式

我国的回弹法测强相关曲线，根据曲线制定的条件及使用范围分为三类（见表 9-2）

相关曲线一般可用回归方程式来表示。对于无碳化混凝土或在一定条件下成型养护的混凝土，可用回归方程式表示（式 9-12）：

$$f_{cu} = f(R) \qquad (9\text{-}12)$$

式中 f_{cu}——回弹法测区混凝土强度值。

回弹法测强相关曲线 **表 9-2**

名称	统一曲线	地区曲线	专用曲线
定义	由全国有代表性的材料、成型、养护工艺配制的混凝土试块，通过大量的破损与非破损试验所建立的曲线	由本地区常用的材料、成型、养护工艺配制的混凝土与试块，通过较多的破损与非破损试验所建立的曲线	由与结构或构件混凝土相同的材料、成型、养护工艺配制的混凝土试块，通过一定数量的破损与非破损试验所建立的曲线
适用范围	适用于无地区曲线或专用曲线时检测符合规定条件的构件或结构混凝土强度	适用于无专用曲线时检测符合规定条件的结构或构件混凝土强度	适用于检测与该结构或构件相同条件的混凝土强度
误差	测强曲线的平均相对误差≤±15%，相对标准差≤18%	测强曲线的平均相对误差≤±14%，相对标准差≤17%	测强曲线的平均相对误差≤±12%，相对标准差≤14%

对于已经碳化的混凝土或龄期较长的混凝土，可由下列函数式 9-13 及 9-14 关系表示：

$$f_{cu}^{c} = f(R, l) \tag{9-13}$$

$$f_{cu}^{c} = f(R, l, d) \tag{9-14}$$

式中 l——混凝土的碳化深度；

d——混凝土的龄期。

如果定量测出已硬化的混凝土构件或结构的含水率，可采用函数式 9-15：

$$f_{cu}^{c} = f(R, l, d, W) \tag{9-15}$$

式中 W——混凝土的含水率。

必须指出，在建立相关曲线时，混凝土试块的养护条件应与被测构件的养护条件相一致或基本相符，不能采用标准养护的试块。因为回弹法测强，往往是在缺乏标养试块或对标养试块强度有怀疑的情况下进行的，并且通过直接在结构或构件下测定的回弹值、碳化深度值推定该构件在测试龄期时的实际抗压强度值。因此，作为制订回归方程式的混凝土试块，必须与施工现场或加工厂浇筑的构件在材料质量、成型、养护、龄期等条件基本相符的情况下制作。

2. 统一测强曲线

行业标准《回弹法检测混凝土抗压强度技术规程》中的统一测强曲线，是在统一了中型回弹仪的标准状态、测试方法及数据处理的基础上制订的。虽然它的测试精度比专用曲线和地区曲线稍差，但仍能满足一般建筑工程的要求且适用范围较广。我国大部分地区尚未建立本地区的测强曲线，因此集中力量建立一条统一测强曲线是需要的。

统一曲线采用了全国十二个省、市、区共 2000 余组基本数据（每组数据为 f_{cu}, R_m, d_m），计算了 300 多个回归方程，按照既满足测试精度要求，又方便使用、适应性强的原则进行选定。

(1) 方程形式及误差

统一曲线的回归方程形式为式 9-16：

$$f_{cu}^{c} = AR_{m}^{B}10_{m}^{cd}(\mathrm{MPa}) \tag{9-16}$$

能满足一般建筑工程对混凝土强度质量非破损检测平均相对误差不大于 ±15% 的要求。其相对误差基本呈正态分布，见图 9-3。

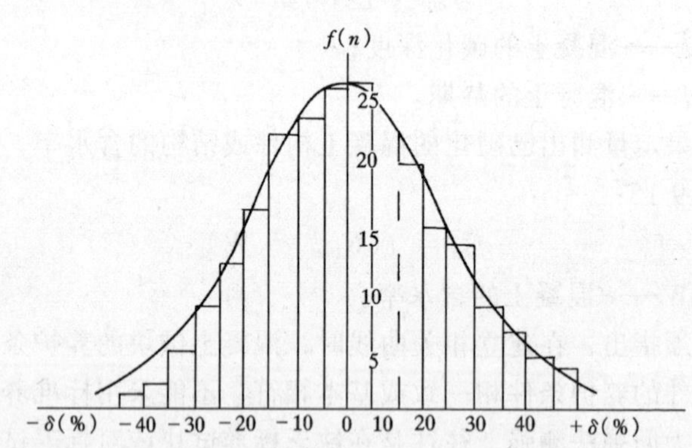

图 9-3 统一测强曲线的误差分布图

(2) 特点

1) 统一测强曲线可以不按材料品种分别计算成多条曲线，

同样能满足误差要求。这就说明这条测强曲线所包含的材料品种的差别对回弹测强影响不大。计算时，曾对同批数据用同一形式回归方程分别按材料品种（主要是卵、碎石和不同水泥品种）分类及全部组合计算，结果是各类公式精度相差不大，并未发现因按材料品种分类而使精度有较大幅度提高的情况。按粗骨料品种分类计算及合并计算的对比误差情况见表 9-3。

按骨料分类及合并计算误差 表 9-3

公式形式 \ 误差 \ 分类	碎石		卵石		全部	
	m_δ	S_r	m_δ	S_r	m_δ	S_r
$f_{cu}^{c}=AR_m+B\sqrt{R_m}+C$	13.66	18.16	14.79	19.01	14.19	18.75
$f_{cu}^{c}=AR_m^{B}d_m^{c}$	13.89	17.66	15.56	18.96	14.65	18.60
$f_{cu}^{c}=AR+BR_m+Cd_m+D$	12.97	17.26	14.47	18.48	13.88	18.23
$f_{cu}^{c}=AR_m+B\sqrt{R_m}+C\ln d_m+D$	13.60	18.30	14.68	18.75	14.29	18.77
$f_{cu}^{c}=(AR_m+B)10_m^{cd}$	13.21	17.98	15.23	18.64	-13.61	17.28
$f_{cu}^{c}=AR_m^{B}10_m^{cd}$	13.50	17.18	14.88	18.21	14.00	18.00

注：f_{cu}^{c}——由回归方程算出的混凝土强度值；
R——试块的回弹值；
d_m——试块的碳化深度值；
d——试块的龄期；
m_δ——回归方程的混凝土强度平均相对误差；
S_r——回归方程的混凝土强度相对标准差；
A、B、C、D——回归方程的系数。

2）统一测强曲线的回归方程中采用回弹值 R_m、碳化深度值 d_m 两个参数作为主要变量，这与目前国际上常用的回归方程不同。将 d_m 作为除 R_m 以外的另一个自变量，不仅反映了水泥品种对回弹测强的影响，还可在相当程度上综合反映构件所处环境条件差异及龄期等因素对回弹法测强的影响。计算结果表明，同批数据计算的回归方程中含 R_m、d_m 两个自变量的要比只有一个自变量或有 R_m、d_m 两个自变量的测定精度有显著的提高，见表 9-4。

不同自变量回归方程比较 表 9-4

回归方程式	m_{δ}	S_r
$f_{cu}^{c} = A + BR_m + CR_m^2 + DR_m^3$	18.25	22.58
$f_{cu}^{c} = AR_m + B\ln d_m + C$	17.53	22.22
$f_{cu}^{c} = AR_m^B + 10_m^{cd}$	14.00	18.00

在我国采用 R_m、d_m 两个自变量是较合适的。今后随着湿度影响研究的深入及相应测试仪器的研制，也可考虑在公式中再增加湿度自变量，或作为修正系数加以修正，以进一步提高测试精度并扩大公式应用范围。

3）通过分析比较，采用修正系数来考虑碳化深度的影响，概念较明确，方法较简便。统一测强曲线采用的回归方程形式为 $f_{cu} = AR_m^B 10_m^{cd}$。

（四）检测技术及数据处理

1. 检测准备

凡需要回弹法检测的混凝土结构或构件，往往是缺乏同条件试块或标准试块数量不足，试块的质量缺乏代表性，试块的试压结果不符合现行标准、规范、规程所规定的要求，并对该结果持有怀疑。所以检测前应全面、正确的了解被测结构或构件的情况。

检测前，一般需要了解工程名称，设计、施工和建设单位名称，结构或构件名称、外形尺寸、数量及混凝土设计强度等级，水泥品种、安定性、强度等级、厂名、砂，石种类、粒径，外加剂或掺合料品种、掺量，施工时材料计量情况，模板、浇筑及养护情况，成型日期，配筋及预应力情况，结构或构件所处环境条件及存在的问题等。其中以了解水泥的安定性合格与否最为重要，若水泥的安定性不合格，则不能采用回弹法检测。

一般检测混凝土结构或构件有两类方法；视测试要求而择之。一类是逐个检测被测结构或构件，另一类是抽样检测。

逐个检测方法主要用于对混凝土强度质量有怀疑的独立结构（如现浇整体的壳体、烟囱、水塔、隧道、连续墙等）、单独构件（如结构物中的柱、梁、屋架、板、基础等）和有明显质量问题的某些结构或构件。

抽样检测主要用于在相同的生产工艺条件下，强度等级相同、原材料和配合比基本一致且龄期相近的混凝土结构或构件。被检测的试样应随机抽取不少于同类结构或构件总数的 30%，还要求构件总数不少于 10 个。具体的抽样方法，一般由建设单位、施工单位及检测单位共同商定。

2. 检测方法

当了解了被检测的混凝土结构或构件情况后，需要在构件上选择及布置测区。所谓“测区”系指每一试样的测试区域。每一测区相当于该试样同条件混凝土的一组试块。行业标准《回弹法检测混凝土抗压强度技术规程》（JGJ/T 23—2001）规定，取一个结构或构件混凝土作为评定混凝土强度的最小单元，至少取 10 个测区。但对长度小于 4.5m，高度低于 0.3m 的结构或构件，其测区数量可适当减少，但不应少于 5 个。测区的大小以能容纳 16 个回弹测点为宜。测区表面应清洁、平整、干燥，不应有接缝、饰面层、粉刷层、浮浆、油垢、蜂窝麻面等。必要时可采用砂轮清除表面杂物和不平整处。测区宜均匀布置在构件或结构的检测面上，相邻测区间距不宜过大，当混凝土浇筑质量比较均匀时可酌情增大间距，但不宜大于 2m，构件或结构的受力部位及易产生缺陷部位（如梁与柱相接的节点处）需布置测区，测区优先考虑布置在混凝土浇筑的侧面（与混凝土浇筑方向相垂直的贴模板的一面），如不能满足这一要求时，可选在混凝土浇筑的表面或底面，测区须避开位于混凝土内保护层附近设置的钢筋和埋入铁件。对于体积小、刚度差的构件，应设置支撑加以固定。

按上述方法选取试样和布置测区后，先测量回弹值。测试时回弹仪应始终与测面相垂直，并不得打在气孔和外露石子上。每一测区的两个测面用回弹仪各弹击 8 点，如一个测区只有一个测面，则需测 16 点。同一测点只允许弹击一次，测点宜在侧面范围内均匀分布，每一测点的回弹值读数准确至 1 度，相邻两测点的净距一般不小于 20mm，测点距构件边缘或外露钢筋、铁件的间距不得小于 30mm。

回弹完后即测量构件的碳化深度，用合适的工具在测区表面形成直径约为 16mm 的孔洞，清除洞中的粉末和碎屑后（注意不能用液体冲洗孔洞）立即用 1％的酚酞酒精溶液滴在混凝土孔洞内壁的边缘处，用碳化深度测量仪或其他工具测量自测面表面至深部不变色边缘处与测面相垂直的距离 1～2 次，该距离即为该测区的碳化深度值，准确至 0.5mm。

一般一个测区选择 1～3 处测量混凝土的碳化深度值，应选不少于构件的 30％测区数测量碳化深度值。取其平均值为该构件每个测区的碳化深度值。当碳化深度值极差大于 2mm 时，应在每一测区测量碳化深度值。

3. 数据处理

当回弹仪水平方向测试混凝土浇筑侧面时，应从每一测区的 16 个回弹值中剔除其中 3 个最大值和 3 个最小值，取余下的 10 个回弹值的平均值作为该测区的平均回弹值，取一位小数。计算公式 9-17 为：

$$R_{m} = \frac{\sum_{i=1}^{10} R_i}{10} \tag{9-17}$$

式中 R_{m}——测区平均回弹值，计算至 0.1；

R_i——第 i 个测点的回弹值。

由于回弹法测强曲线是根据回弹仪水平方向测试混凝土试件侧面的试验数据计算得出的，因此当测试中无法满足上述条件时需对测得的回弹值进行修正。首先将非水平方向测试混凝土浇筑侧面时的数据参照公式（9-17）计算出测区平均回弹值 $R_{m\alpha}$，再根据回弹仪轴线与水平方向的角度 α（图 9-4）按表 9-5 查出其修正值，然后按式 9-18 换算为水平方向测试时的测区平均回弹值。

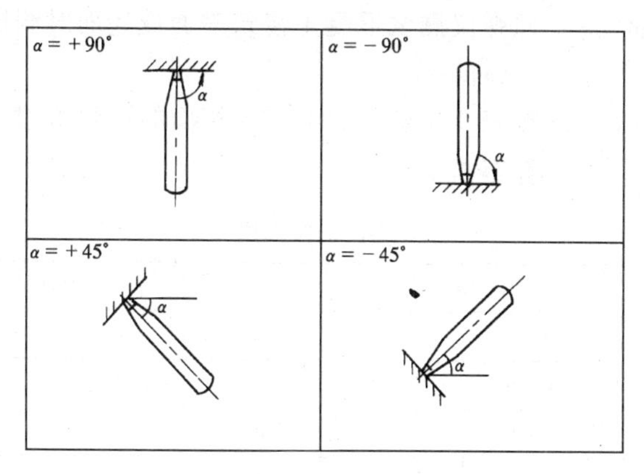

图 9-4 测试角度示意图

$$R_m = R_{m\alpha} + \Delta R_\alpha \tag{9-18}$$

式中 $R_{m\alpha}$——回弹仪与水平方向成 α 角测试时测区的平均回弹值，计算至 0.1；

ΔR_α——按表（9-5）查出的不同测试角度 α 的回弹值修正值，计算至 0.1。

α 的修正值 **表 9-5**

$R_{m\alpha}$ \ ΔR_α \ α	+90°	+60°	+45°	+30°	−30°	−45°	−60°	−90°
20	−6.0	−5.0	−4.0	−3.0	+2.5	+3.0	+3.5	+4.0
30	−5.0	−4.0	−3.5	−2.5	+2.0	+2.5	+3.0	+3.5
40	−4.0	−3.5	−3.0	−2.0	+1.5	+2.0	+2.5	+3.0
50	−3.5	−3.0	−2.5	−1.5	+1.0	+1.5	+2.0	+2.5

注：表中未列入的 ΔR_α 修正值，可用内插法求得，精确至一位小数。当 $R_{m\alpha}$ 小于 20 时，按 $R_{m\alpha}=20$ 修正，当 $R_{m\alpha}$ 大于 50 时，按 $R_{m\alpha}=50$ 修正。

当回弹仪水平方向测试混凝土浇筑表面或底面时，应将测得的数据参照公式9-17求出测区平均回弹值R_{ms}后，按式9-19修正。

$$R_m = R_{ms} + \Delta R_s \tag{9-19}$$

式中 R_{ms}——回弹仪测试混凝土浇筑表面或底面时测区的平均回弹值；

ΔR_s——按表9-6查出的不同浇筑面的回弹值修正值，计算至0.1。

ΔR_s的修正值 **表9-6**

R_m	ΔR_s		R_m	ΔR_s	
	表面	底面		表面	底面
20	+2.5	−3.0	40	+0.5	−1.0
25	+2.0	−2.5	45	0	−0.5
30	+1.5	−2.0	50	0	0
35	+1.0	−1.5			

注：1. 表中未列入的ΔR_s值，可用内插法求得精确至一位小数。当R_{ms}小于20时，按$R_{ms}=20$修正；当R_{ms}大于50时，按$R_{ms}=50$修正；

2. 表中浇筑表面的修正值，系指一般原浆抹面后的修正值；

3. 表中浇筑底面的修正值，系指构件底面与侧面采用同一类模板在正常浇筑情况下的修正值。

如果测试时仪器既非水平方向而测区又非混凝土的浇筑侧面，则应对回弹值先进行角度修正，然后再进行浇筑面修正。

每一测区的平均碳化深度值，按式9-20计算：

$$d_m = \frac{\sum_{i=1}^{n} d_i}{n} \tag{9-20}$$

式中 d_m——测区的平均碳化深度值mm；计算至0.5mm；

d_i——第i次测量的碳化深度值，mm；

n——测区的碳化深度测量次数。

如$d_m > 6\text{mm}$，则按$d_m = 6\text{mm}$计。

（五）结构或构件混凝土强度的计算

现行有关设计、施工、混凝土强度检验等国家标准，均以标准养护 28 天的 150mm 立方体试块强度作为确定强度等级和结构或构件混凝土强度合格与否的依据。但是，当出现标准养护试件或同条件养护试件与所成型的构件在材料用量、配合比、水灰比等方面有较大差异，已不能代表构件的混凝土质量时；当标准试件或同条件试件的试压结果不符合现行标准、规范所规定的对结构或构件的强度合格要求，并且对该结果持有怀疑时，总之，当对结构中混凝土实际强度有检测要求时，可按本规程进行检测，检测结果可作为处理混凝土质量的一个依据。

一般情况下，结构或构件由于制作、养护等方面原因，其强度值要低于试件强度值。回弹法所推定的强度值为结构或构件本身具有 95%保证率的强度值。实际应用时，不应将该值直接与标准养护 28 天 150mm 立方体试件强度对比，一般情况下构件或结构强度推定值要低于试件强度值，因此在处理混凝土质量事故时应注意这一差别。同时，结构或构件混凝土强度推定值是在自然养护情况下，测试龄期不一定为 28 天且又是构件自身的强度，它与强度等级不是同一条件，不能相互比较并判断是否合格或有否达到其强度等级。

1. 测区混凝土强度值的确定

根据每一测区的回弹平均值 R_m 及碳化深度值 d_m，查阅由专用曲线或地区曲线，或统一曲线编制的“测区混凝土强度换算表”，所查出的强度值即该测区混凝土的强度换算值。（当统一曲线中强度高于 60MPa 或低于 10MPa 时，表中查不出，可记为 $f_{cu}^{c} > 60$MPa，或 $f_{cu}^{c} < 10$MPa）表中未列入的测区强度值可用内插法求得。

2. 结构或构件混凝土强度的计算

（1）由各测区的混凝土强度换算值可计算得出结构或构件混

凝土强度平均值，当测区数等于或大于 10 时，还应计算标准差。平均值及标准差应按式 9-21 及式 9-22 计算：

$$m_{f_{cu}^{c}} = \frac{\sum_{i=1}^{n} f_{cu,i}^{c}}{n} \tag{9-21}$$

$$S_{f_{cu}^{c}} = \sqrt{\frac{\sum_{i=1}^{n} (f_{cu,i}^{c})^{2} - n(m_{f_{cu}^{c}})^{2}}{n-1}} \tag{9-22}$$

式中　$m_{f_{cu}^{c}}$——构件混凝土强度平均值，MPa，精确至 0.1MPa；

n——对于单个测定的结构或构件，取一个试样的测区数；对于抽样测定的结构或构件，取各抽检试样测区数之和。

$S_{f_{cu}^{c}}$——构件混凝土强度标准差，MPa，精确至 0.01MPa。

（2）构件混凝土强度推定值 $f_{cu,c}$ 应分别按公式 9-23、9-24 及 9-25 确定：

①当该结构或构件测区数少于 10 个时：

$$f_{cu,e} = f_{cu,min}^{c} \tag{9-23}$$

式中　$f_{cu,min}^{c}$——构件中最小的测区混凝土强度换算值。

②当该结构或构件的测区强度值中出现小于 10.0MPa 时：

$$f_{cu,e} < 10.0\text{MPa} \tag{9-24}$$

③当该结构或构件的测区强度值中出现大于 60.0MPa 时，取测区中最小强度值为该构件强度推定值。

④当该结构或构件测区数不少于 10 个或按批量检测时，应按公式 9-25 计算：

$$f_{cu,e} = m_{f_{cu}^{c}} - 1.645 S_{f_{cu}^{e}} \tag{9-25}$$

（3）对于按批量检测的构件，当该批构件混凝土强度标准差出现下列情况时，则该批构件应全部按单个构件检测。

①当该批构件混凝土强度平均值小于 25MPa 时：$S_{f_{cu}^{c}} >$ 4.5MPa；

②当该批构件混凝土强度平均值等于或大于 25MPa 时：$S_{f_{cu}^c} > 5.5$ MPa。

3. 结构或构件检测及计算举例

【例 9-1】 某研究所会议室大梁长 6m，混凝土强度等级为 C25，各种材料均符合国家标准，自然养护，龄期 4 个月。因试块缺乏代表性现采用回弹法检测混凝土强度。

【解】 （1）测试

按要求布置 10 个测区，回弹仪水平方向测试构件侧面，然后测量其碳化深度值。

（2）记录。

原始记录见表 9-7。

回弹法检测原始记录表 **表 9-7**

工程名称：大会议室

编号		回弹值 R_i																	碳化深度 d_m (mm)
构件	测区	1	2	3	4	5	6	7	8	9	10	11	12	13	14	15	16	R_m	
大梁 $\frac{A-B}{②}$	1	35	35	34	36	34	35	31	29	34	34	35	35	34	29	35	36	34.5	3.0
	2	35	40	36	37	43	43	35	35	41	37	36	39	38	43	39	37	38.0	3.5
	3	40	35	38	34	35	39	38	39	37	38	33	33	34	39	41	35	36.8	3.0
	4	30	30	36	36	35	35	37	36	35	36	37	37	35	35	29	36	35.5	4.0
	5	36	35	39	39	42	35	38	33	40	37	42	33	38	39	40	39	38.0	3.0
	6	34	34	37	36	39	36	39	37	39	40	40	33	35	32	38	41	37.0	3.0
	7	41	44	44	45	44	41	41	45	43	42	44	39	39	43	43	41	42.7	3.0
	8	41	40	37	43	42	39	45	45	43	45	35	41	44	41	38	42	41.6	3.0
	9	36	40	38	41	45	44	41	39	43	40	41	42	42	37	44	41	41.0	1.5
	10	44	43	41	41	41	43	42	41	41	40	38	39	45	27	37	41	41.0	3.5

测面状态	侧面（√）、表面、底面、干（√）、潮湿	回弹仪	型号 ZC3-A	回弹仪校验证号 2001053
			编号 2000041357	
测试角度 α	水平（√）、向下、向上		率定值 80	测试人员上岗证号 5250

测试：　　记录：　　计算：　　测试日期：2001 年 10 月 18 日

(3) 计算

①计算出每一测区的平均回弹值 R_m，计算至0.1。计算结果见表9-7中 R_m。

②根据每一测区的平均回弹值 R_m 和平均碳化深度值 d_m，套行业标准《回弹法检测混凝土抗压强度技术规程》JGJ/T23—2001附录A，求出该测区混凝土强度换算值 $f_{cu,i}$。

③计算平均值，均方差，最小强度值。计算过程见表9-8。

构件混凝土强度计算表 **表 9-8**

工程名称：大会议室

构件名称及编号：大梁 $\frac{A-B}{②}$

项目＼测区		1	2	3	4	5	6	7	8	9	10
回弹值	测区平均值	34.5	38.0	36.8	35.5	38.0	37.0	42.7	41.6	41.0	41.0
	角度修正值										
	角度修正后										
	浇灌面修正值										
	浇灌面修正后										
平均碳化深度值 d_m (mm)		3.0	3.5	3.0	4.0	3.0	3.0	3.0	3.0	1.5	3.5
测区强度值 f_{cu}^c (MPa)		24.2	28.1	27.5	23.8	29.2	27.7	36.0	34.2	38.0	32.3
强度计算 (MPa) $n=10$		$m_{f_{cu}^c}=30.1$			$S_{f_{cu}^c}=4.83$			$f_{cu,min}^c=23.8$		$f_{cu,e}=m_{f_{cu}^c}-1.645S_{f_{cu}^c}=22.2$	
使用测区强度换算表名称：规程 地区 专业			备注								

计算： 复核： 计算日期：2001年10月19日

④该梁强度推定值为22.2MPa。

【例 9-2】 某住宅楼六层一构造柱，混凝土强度等级为C20，各种材料均符合国家标准，自然养护，龄期6个月。因试块遗失，现采用回弹法检测混凝土强度。

【解】 (1) 测试

由于该柱高度小于4.5m，截面尺寸不大。故布置5个测区。

(2) 记录

格式同［例 9-1］，此处略，测区平均回弹值 R_m和平均碳化深度值 d_m 见表 9-9。

构件混凝土强度计算表 **表 9-9**

工程名称：某住宅楼

构件名称及编号：构造柱 $E/4$

<table>
<tr><td colspan="2">测区
项目</td><td>1</td><td>2</td><td>3</td><td>4</td><td>5</td><td>6</td><td>7</td><td>8</td><td>9</td><td>10</td></tr>
<tr><td rowspan="5">回弹值</td><td>测区平均值</td><td>28.4</td><td>28.5</td><td>29.0</td><td>28.2</td><td>27.0</td><td></td><td></td><td></td><td></td><td></td></tr>
<tr><td>角度修正值</td><td></td><td></td><td></td><td></td><td></td><td></td><td></td><td></td><td></td><td></td></tr>
<tr><td>角度修正后</td><td></td><td></td><td></td><td></td><td></td><td></td><td></td><td></td><td></td><td></td></tr>
<tr><td>浇灌面修正值</td><td></td><td></td><td></td><td></td><td></td><td></td><td></td><td></td><td></td><td></td></tr>
<tr><td>浇灌面修正后</td><td></td><td></td><td></td><td></td><td></td><td></td><td></td><td></td><td></td><td></td></tr>
<tr><td colspan="2">平均碳化深度值
d_m (mm)</td><td>1.0</td><td>1.0</td><td>1.0</td><td>1.0</td><td>1.0</td><td></td><td></td><td></td><td></td><td></td></tr>
<tr><td colspan="2">测区强度值 f_{cu}^c
(MPa)</td><td>19.7</td><td>19.8</td><td>20.5</td><td>19.5</td><td>18.0</td><td></td><td></td><td></td><td></td><td></td></tr>
<tr><td colspan="2">强度计算 (MPa)
$n=5$</td><td colspan="3">$m_{f_{cu}^e}=19.5$</td><td colspan="3">$S_{f_{cu}^e}$/</td><td colspan="2">$f_{cu,min}^e$
$=18.0$</td><td colspan="2">$f_{cu,e}=18.0$</td></tr>
<tr><td colspan="5">使用测区强度换算表名称：
规程　地区　专业</td><td colspan="7">备注</td></tr>
</table>

计算：　　　　　复核：　　　　　计算日期：2001 年 10 月 9 日

(3) 计算

步骤同［例 9-1］，因该构造柱只有 5 个测区，故构造柱的强度推定值取测区的最小值即为 18.0MPa。

【例 9-3】 某家属楼二层圈梁，混凝土强度等级为 C20，各种材料均符合国家标准，自然养护，龄期 3 个月。因试块遗失，现采用回弹法检测其中一段圈梁的混凝土强度。

【解】 (1) 测试

同［例 9-1］，该段圈梁长 8m，高 0.2m，布置 10 个测区。

(2) 记录

格式同［例 9-1］，此处略，测区平均回弹值 R_m 和平均碳化

深度值 d_m 见表 9-10。

构件混凝土强度计算表 **表 9-10**

工程名称：某家属楼

构件名称及编号：二层圈梁 $\frac{A-B}{③}$

<table>
<tr><td colspan="2">测区
项目</td><td>1</td><td>2</td><td>3</td><td>4</td><td>5</td><td>6</td><td>7</td><td>8</td><td>9</td><td>10</td></tr>
<tr><td rowspan="5">回弹值</td><td>测区平均值</td><td>22.6</td><td>23.1</td><td>23.8</td><td>21.2</td><td>21.6</td><td>24.2</td><td>25.0</td><td>24.5</td><td>22.8</td><td>23.3</td></tr>
<tr><td>角度修正值</td><td></td><td></td><td></td><td></td><td></td><td></td><td></td><td></td><td></td><td></td></tr>
<tr><td>角度修正后</td><td></td><td></td><td></td><td></td><td></td><td></td><td></td><td></td><td></td><td></td></tr>
<tr><td>浇灌面修正值</td><td></td><td></td><td></td><td></td><td></td><td></td><td></td><td></td><td></td><td></td></tr>
<tr><td>浇灌面修正后</td><td></td><td></td><td></td><td></td><td></td><td></td><td></td><td></td><td></td><td></td></tr>
<tr><td colspan="2">平均碳化深度值
d_m (mm)</td><td>2.5</td><td>2.5</td><td>2.5</td><td>2.5</td><td>2.5</td><td>2.5</td><td>2.5</td><td>2.5</td><td>2.5</td><td>2.5</td></tr>
<tr><td colspan="2">测区强度值 f_{cu}^{c}
(MPa)</td><td>11.2</td><td>1.7</td><td>12.4</td><td><10.0</td><td>10.2</td><td>12.8</td><td>13.8</td><td>13.2</td><td>11.4</td><td>11.9</td></tr>
<tr><td colspan="2">强度计算 (MPa)
$n=10$</td><td colspan="3">$m_{f_{cu}^{e}}=/$</td><td colspan="3">$S_{f_{cu}^{e}}/$</td><td colspan="2">$f_{cu,min}^{e}$
$=/$</td><td colspan="2">$f_{cu,e}=<10.0$</td></tr>
<tr><td colspan="5">使用测区强度换算表名称：
规程 地区 专业</td><td colspan="7">备注</td></tr>
</table>

计算： 复核： 计算日期：2001 年 10 月 20 日

(3) 计算

格式同 [例 9-1]，因该段圈梁测区强度值中出现了小于 10.0MPa，故该段圈梁强度推定值为小于 10.0MPa。

【例 9-4】 某框架楼一层柱，混凝土强度等级为 C45，泵送商品混凝土，各种材料均符合国家标准，自然养护，龄期 3 个月。因对试块强度有怀疑，现采用回弹法检测混凝土强度。

【解】 (1) 测试

按要求布置测区，回弹仪水平方向测试构件侧面，然后测量其碳化深度值。

(2) 记录

格式同 [例 9-1]，此处略，测区平均回弹值 R_m 和平均碳化

深度值 d_m 见表 9-11。

构件混凝土强度计算表 **表 9-11**

工程名称：某框架楼

构件名称及编号：一层柱 $\frac{B}{⑦}$

项目 \ 测区		1	2	3	4	5	6	7	8	9	10
回弹值	测区平均值	46.8	46.9	48.2	46.7	47.0	47.1	47.0	46.1	47.4	46.9
	角度修正值										
	角度修正后										
	浇灌面修正值										
	浇灌面修正后										
平均碳化深度值 d_m（mm）		0	0	0	0	0	0	0	0	0	0
测区强度值 f_{cu}^{e}（MPa）		57.0	57.2	>60	56.8	57.5	57.8	57.5	55.2	58.5	57.2
泵送混凝土测区强度修正值		0	0	0	0	0	0	0	0	0	0
泵送混凝土修正后测区强度值		57.0	57.2	>60	56.8	57.5	57.8	57.5	55.2	58.5	57.2
强度计算（MPa） $n=10$		$m_{f_{cu}^{e}}=/$			$S_{f_{cu}^{e}}/$			$f_{cu,min}^{e}=55.2$		$f_{cu,e}=55.2$	
使用测区强度换算表名称：规程 地区 专业					备注						

计算： 复核： 计算日期：2001 年 10 月 13 日

（3）计算

格式同 [例 9-1]，此处略，该柱强度推定值为 55.2MPa。

【例 9-5】 某大厦二层顶板，4.2m×3.6m，厚度 12mm，混凝土强度等级为 C35，泵送商品混凝土，各种材料均符合国家标准，自然养护，龄期 4 个月。因板上局部有裂缝，现采用回弹法检测混凝土强度。

【解】 （1）测试

按要求布置测区，回弹仪 90°方向向上测试构件底面，然后测量其碳化深度值。

（2）记录

格式同［例 9-1］。

（3）计算

①计算每一测区的平均回弹值 R_m 至 0.1。计算结果见表 9-12。

构件混凝土强度计算表 **表 9-12**

工程名称：

构件名称及编号：二层顶板 $\frac{B-C}{③-④}$

项目 \ 测区		1	2	3	4	5	6	7	8	9	10
回弹值	测区平均值	44.1	44.8	43.5	45.0	45.3	45.3	45.3	45.4	44.6	44.8
	角度修正值	-3.8	-3.8	-3.8	-3.8	-3.8	-3.8	-3.8	-3.8	-3.8	-3.8
	角度修正后	40.3	41.0	39.7	41.2	41.5	41.5	41.5	41.6	40.8	41.0
	浇灌面修正值	-1.0	-0.9	-1.0	-0.9	-0.8	-0.8	-0.8	-0.8	-0.9	-0.9
	浇灌面修正后	39.3	40.1	38.7	40.3	40.7	40.7	40.7	40.8	39.9	40.1
平均碳化深度值 d_m（mm）		1.0	1.0	1.0	1.0	1.0	1.0	1.0	1.0	1.0	1.0
测区强度值 f^c_{cu}（MPa）		37.2	38.4	36.2	38.8	39.6	39.6	39.6	39.8	38.2	38.4
泵送混凝土测区强度修正值		+4.5	+4.5	+4.5	+4.5	+4.5	+4.5	+4.5	+4.5	+4.5	+4.5
泵送混凝土修正后测区强度值		41.7	42.9	40.7	43.3	44.1	44.1	44.1	44.3	42.7	42.9
强度计算（MPa）$n=10$		$m_{f^c_{cu}}=43.1$			$S_{f^c_{cu}}=1.18$			$f^c_{cu,min}=40.7$		$f_{cu,e}=41.2$	
使用测区强度换算表名称：规程 地区 专业					备注						

计算： 复核： 计算日期：2001 年 11 月 1 日

②同普通混凝土一样，先进行角度修正，再进行浇灌面修正后，根据碳化深度查统一测强曲线算出测区强度值 f^c_{cu}。

③根据规程查出泵送混凝土测区强度修正值，对测区强度进

行修正。

④据泵送混凝土修正后测区强度值，计算出该构件平均值、均方差、最小强度值，推定出该顶板强度值为41.2MPa。

复 习 题

1. 回弹法测强的基本原理是什么?

2. 简述回弹仪的构造及钢砧率定的作用。

3. 简述现场检测结构或构件混凝土强度的步骤和方法。

4. 结构或构件中测区布置的原则是什么?何谓同批构件?抽样原则是什么?

5. 简述单个结构或构件的计算过程及方法，抽样检测结构或构件的计算过程及方法。

十、土工试验

（一）概　　述

1. 土与土工试验方法的含义

岩石风化后经搬运、堆积（沉积）等过程形成的疏松沉积物称为“土”。土由矿物颗粒构成骨架，颗粒骨架之间的孔隙中有水和空气。骨架、水、气组成了土的三相体系，土的三相之间量的比例关系决定了土的物理力学性质。测定各项物理力学性质指标的试验方法称为“土工试验方法”。

2. 土工试验与工程的关系

“土工试验”是测定各类工程地基土和填筑料工程性质的试验。试验测得的数据经整理、计算、分析，为工程设计和施工提供可靠的依据、参数或结论。在建筑地基施工和检测中需要采用有针对性的“土工试验”项目确定建筑地基或填筑体是否满足设计和使用要求。

（二）土的工程分类

建筑工程中，土的工程分类按土的基本工程属性（如：粒径、级配、塑性、压缩性等）分成几大类。土的合理分类具有实际意义，工程中按类别可大致判断土的工程特征，评价不同类别地基的强度，评价不同土类作为建筑材料的适宜性等。

建筑工程中一般将土分为两大类，即：粗粒土类和细粒土类。

粗粒土按颗粒形状、粒径、级配分别定为漂石、块石、碎（卵）石、砾石、粗砂、中砂、细砂、粉砂。粗粒土的分类可采用筛析法，以下为各粗粒土类顺序的示意图，图 10-1。

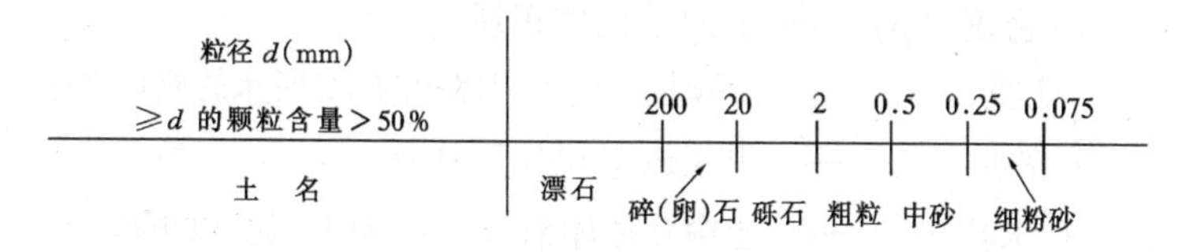

图 10-1　粗粒土类顺序示意图

细粒土按塑性指数（I_P）分为粘土、粉质粘土，见表 10-1。细粒土分类须进行界限含水量试验，即液限（W_L）、塑限（W_P）试验。液限与塑限的差值为塑性指数。

细粒土的分类　　**表 10-1**

塑性指数 I_P	土的名称	塑性指数 I_P	土的名称
$I_P>17$	粘土	$10<I_P\leqslant17$	粉质粘土

（三）土的基本物理性质指标

1. 土的三相组成

通常，土是由三相组成，矿物颗粒叫固相；水溶液叫液相；空气叫气相。矿物颗粒构成土的骨架，空气与水则填充骨架间的孔隙。矿物颗粒有大有小，且性质和矿物成分不同。土中的水也不完全是一种形态，可以处于液态，也可呈固态的冰，气态的水蒸气；土中的空气，有的是与外面连通，容易排出，有的是在封闭孔中，受压时可压缩。在淤泥与泥炭地还有可燃气体。土的三相组成示意图，如图 10-2 所示。不同土类三相的体积与质量是不相同的，并随着条件的变化，三相组成的体积与质量也会变化。表示三相组成比例关系的指标称为土的三相比例指标，即土的基本物理性质指标。

2. 土的基本物理性质指标

含水率（W）——土中水的质量与土颗粒质量之比，以百分数表示。

密度（ρ）——土的单位体积质量。

比重（G_s）——土颗粒质量与同体积的4℃时水的质量之比。

干密度（ρ_d）——干土的单位体积质量。

孔隙比（e）——土中孔隙体积与土粒体积之比，以小数计。

孔隙度（n）——土中孔隙体积与全部体积之比，以百分数计。

饱和度（S_r）——土的孔隙中被水所充满的程度，以百分数计。

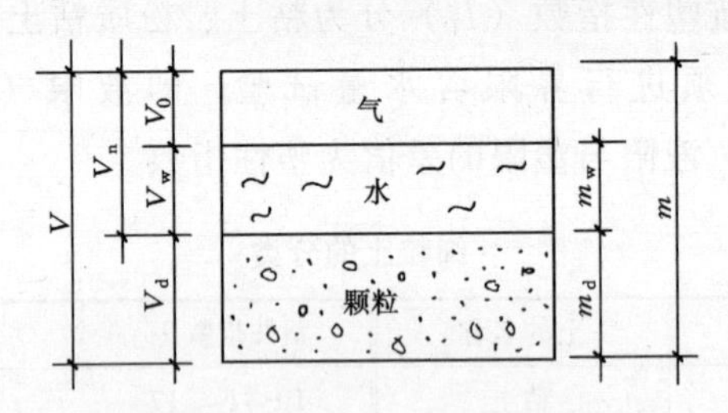

图 10-2 土的三相组成示意图

V—土的总体积；m—土的总质量；V_n—土中孔隙体积；m_w—土中水的质量；V_0—土中气的体积；m_d—土颗粒质量。V_w—土中水的体积；V_d—土中颗粒体积

以上含水率、密度、比重、三项指标是通过试验实测获得，称为实测指标。干密度、孔隙比、孔隙度、饱和度指标是通过实测指标计算所得，称为计算指标。实测和计算指标统称为土的基本物理性质指标。

（四）含水率试验

土的含水率定义为试样在105～110℃温度下烘至恒量时所失去的水质量和达恒量后干土质量的比值，以百分数表示。

含水率室内标准试验方法为烘干法。

（1）本试验方法适用于粗粒土、细粒土、有机质土和冻土。

（2）本试验所用的主要仪器设备，应符合下列规定：

1）电热烘箱：应能控制温度为105～110℃。

2）天平：称量200g，最小分度值0.01g；称量1000g，最小分度值0.1g。

（3）含水率试验，应按下列步骤进行：

1）取具有代表性试样15～30g或用环刀中的试样，有机质土、砂类土和整体状构造冻土为50g，放入称量盒内，盖上盒盖，称盒加湿土质量，准确至0.01g。

2）打开盒盖，将盒置于烘箱内，在105～110℃的恒温下烘至恒量。烘干时间对粘土、粉土不得少于8h，对砂土不得少于6h，对含有机质超过干土质量5%的土，应将温度控制在65～70℃的恒温下烘至恒量。

3）将称量盒从烘箱中取出，盖上盒盖，放入干燥容器内冷却至室温，称盒加干土质量，准确至0.01g。

（4）试样的含水率，应按式10-1计算，准确至0.1%。

$$w_0 = \left(\frac{m_0}{m_d} - 1\right) \times 100\% \tag{10-1}$$

式中 m_d——干土质量，g；

m_0——湿土质量，g。

（5）对层状和网状构造的冻土含水率试验应按下列步骤进行：

1）用四分法切取200～500g试样（视冻土结构均匀程度而定，结构均匀少取，反之多取）放入搪瓷盘中，称盘和试样质量，准确至0.1g。

2）待冻土试样融化后，调成均匀糊状（土太湿时，多余的水分让其自然蒸发或用吸球吸出，但不得将土粒带出；土太干时，可适当加水），称土糊和盘质量，准确至0.1g。从糊状土中取样测定含水率，其试验步骤和计算按本节第（3）、（4）条进行。

（6）层状和网状冻土的含水率，应按式10-2计算，准确至

0.1%。

$$w = \left[\frac{m_1}{m_2}(1 + 0.01 w_{\mathrm{h}}) - 1\right] \times 100\% \tag{10-2}$$

式中 w——含水率；

m_1——冻土试样质量，g；

m_2——糊状试样质量，g；

w_{h}——糊状试样的含水率。

（7）本试验必须对两个试样进行平行测定。测定的差值，当含水率小于40%时不大于1%；当含水率等于大于40%时不大于2%，对层状和网状构造的冻土不大于3%。取两个测值的平均值，以百分数表示。

（五）密度试验

1. 环刀法

（1）本试验方法适用于细粒土。

（2）本试验所用的主要仪器设备，应符合下列规定：

1）环刀：内径61.8mm和79.8mm，高度20mm。

2）天平：称量500g，最小分度值0.1g；称量200g，最小分度值0.01g。

（3）环刀切取试样时，应在环内壁涂一薄层凡士林，刃口向下放在土样顶面，边压边削，至土样高出环刀，用钢丝锯整平环刀两端土样，擦净环刀外壁，称环刀和土的总质量，并取余土测定含水量。

（4）试样的湿密度，应按式10-3计算：

$$\rho_0 = \frac{m_0}{V} \tag{10-3}$$

式中 ρ_0——试样的湿密度（g/cm^3），准确到$0.01g/cm^3$。

（5）试样的干密度，应按式10-4计算：

$$\rho_d = \frac{\rho_0}{1 + 0.01 w_0} \tag{10-4}$$

（6）本试验应进行两次平行测定，两次测定的差值不得大于 $0.03 g/cm^3$，取两次测值的平均值。

2. 蜡封法

（1）本试验方法适用于易破裂土和形状不规则的坚硬土。

（2）本试验所用的主要仪器设备，应符合下列规定：

1）蜡封设备：应附熔蜡加热器。

2）天平：应符合本节（环刀法（2）中 2）的规定。

（3）蜡封法试验，应按下列步骤进行：

1）从原状土样中，切取体积不小于 $30cm^3$ 的代表性试样，清除表面浮土及尖锐棱角，系上细线，称试样质量，准确至 0.01g。

2）持线将试样缓缓浸入刚过熔点的蜡液中，浸没后立即提出，检查试样周围的蜡膜，当有气泡时应用针刺破，再用蜡液补平，冷却后称蜡封试样质量。

3）将蜡封试样挂在平天的一端，浸没于盛有纯水的烧杯中，称蜡封试样在纯水中的质量，并测定纯水的温度。

4）取出试样，擦干蜡面上的水分，再称蜡封试样质量。当浸水后试样质量增加时，应另取试样重做试验。

（4）试样的密度，应按式 10-5 计算：

$$\rho_0 = \frac{m_0}{\dfrac{m_n - m_{nw}}{\rho_{wT}} - \dfrac{m_n - m_0}{\rho_n}} \tag{10-5}$$

式中 m_n——蜡封试样质量，g；

m_{nw}——蜡封试样在纯水中的质量，g；

ρ_{wT}——纯水在 T℃时的密度，g/cm^3；

ρ_n——蜡的密度，g/cm^3。

（5）试样的干密度，应按式 10-4 计算。

（6）本试验应进行两次平行测定，两次测定的差值不得大于

0.03g/cm^3，取两次测值的平均值。

3. 灌水法

（1）本试验方法适用于现场测定粗粒土的密度。

（2）本试验所用的主要仪器设备，应符合下列规定：

1）储水筒：直径应均匀，并附有刻度及出水管。

2）台秤：称量50kg，最小分度值10g。

（3）灌水法试验，应按下列步骤进行：

1）根据试样最大粒径，确定试坑尺寸见表10-2。

试坑尺寸（单位：mm）　　**表10-2**

试样最大粒径	试坑尺寸	
	直　径	深　度
5～20	150	200
40	200	250
60	250	300

2）将选定试验处的试坑地面整平，除去表面松散的土层。

3）按确定的试坑直径划出坑口轮廓线，在轮廓线内下挖至要求深度，边挖边将坑内的试样装入盛土容器内，称试样质量，准确到10g，并应测定试样的含水率。

4）试坑挖好后，放上相应尺寸的套环，用水准尺找平，将大于试坑容积的塑料薄膜袋平铺于坑内，翻过套环压住薄膜四周。

5）记录储水筒内初始水位高度，拧开储水筒出水管开关，将水缓慢注入塑料薄膜袋中。当袋内水面接近套环边缘时，将水流调小，直至袋内水面与套环边缘齐平时关闭出水管，持续3～5min，记录储水筒内水位高度。当袋内出现水面下降时，应另取塑料薄膜袋重做试验。

（4）试坑的体积，应按式10-6计算：

$$V_p = (H_1 - H_2) \times A_w - V_0 \tag{10-6}$$

式中　V_p——试坑体积，cm^3；

H_1——储水筒内初始水位高度，cm；

H_2——储水筒内注水终了时水位高度，cm；

A_w——储水筒断面积，cm^2；

V_0——套环体积，cm^3。

（5）试样的密度，应按式10-7计算：

$$\rho_0 = \frac{m_p}{V_p} \tag{10-7}$$

式中　m_p——取自试坑内的试样质量，g。

4. 灌砂法

（1）本试验方法适用于现场测定粗粒土的密度。

（2）本试验所用的主要仪器设备，应符合下列规定：

1）密度测定器：由容砂瓶、灌砂漏斗和底盘组成（图10-3）。灌砂漏斗高135mm、直径165mm，尾部有孔径为13mm的圆柱形阀门；容砂瓶容积为4L，容砂瓶和灌砂漏斗之间用螺纹接头连接。底盘承托灌砂漏斗和容砂瓶。

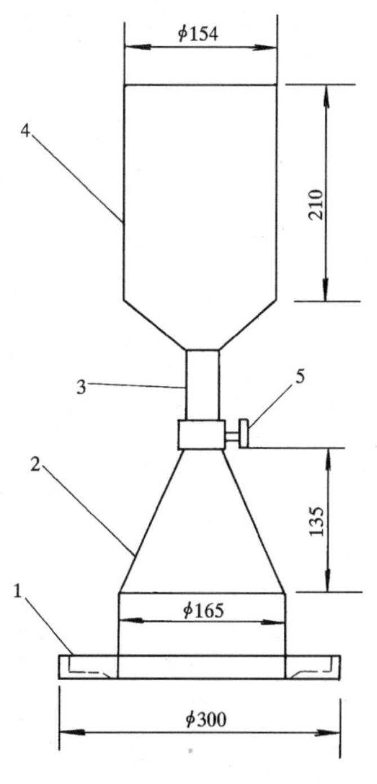

图10-3　密度测定器

1—底盘；2—灌砂漏斗；3—螺纹接头；4—容砂瓶；5—阀门

2）天平：称量10kg，最小分度值5g，称量500g，最小分度值0.1g。

（3）标准砂密度的测定，应按下列步骤进行：

1）标准砂应清洗洁净，粒径宜选用0.25～0.50mm，密度宜选用1.47～1.61g/cm^3。

2）组装容砂瓶与灌砂漏斗，螺纹连接处应旋紧，称其质量。

3）将密度测定器竖立，灌

砂漏斗口向上，关阀门，向灌砂漏斗中注满标准砂，打开阀门使灌砂漏斗内的标准砂漏入容砂瓶内，继续向漏斗内注砂漏入瓶内，当砂停止流动时迅速关闭阀门，倒掉漏斗内多余的砂，称容砂瓶、灌砂漏斗和标准砂的总质量，准确至5g。试验中应避免震动。

4）倒出容砂瓶内的标准砂，通过漏斗向容砂瓶内注水至水面高出阀门，关阀门，倒掉漏斗中多余的水，称容砂瓶、漏斗和水的总质量，准确到5g，并测定水温，准确到0.5℃。重复测定3次，3次测值之间的差值不得大于3mL，取3次测值的平均值。

（4）容砂瓶的容积，应按式10-8计算：

$$V_{r} = (m_{r2} - m_{r1}) / \rho_{wr} \quad (10\text{-}8)$$

式中 V_r——容砂瓶容积，mL；

m_{r2}——容砂瓶、漏斗和水的总质量，g；

m_{r1}——容砂瓶和漏斗的质量，(g)；

ρ_{wr}——不同水温时水的密度，g/cm³，查表10-3。

水的密度 **表10-3**

温度（℃）	水的密度（g/cm³）	温度（℃）	水的密度（g/cm³）	温度（℃）	水的密度（g/cm³）
4.0	1.0000	15.0	0.9991	26.0	0.9968
5.0	1.0000	16.0	0.9989	27.0	0.9965
6.0	0.9999	17.0	0.9988	28.0	0.9962
7.0	0.9999	18.0	0.9986	29.0	0.9959
8.0	0.9999	19.0	0.9984	30.0	0.9957
9.0	0.9998	20.0	0.9982	31.0	0.9953
10.0	0.9997	21.0	0.9980	32.0	0.9950
11.0	0.9996	22.0	0.9978	33.0	0.9947
12.0	0.9995	23.0	0.9975	34.0	0.9944
13.0	0.9994	24.0	0.9973	35.0	0.9940
14.0	0.9992	25.0	0.9970	36.0	0.9937

（5）标准砂的密度，应按式10-9计算：

$$\rho_s = \frac{m_{rs} - m_{r1}}{V_r} \quad (10\text{-}9)$$

式中　ρ_s——标准砂的密度，g/cm³；

m_{rs}——容砂瓶、漏斗和标准砂的总质量，g。

（6）灌砂法试验，应按下列步骤进行：

1）按本节3灌水法中（3）的1～3款的步骤挖好规定的试坑尺寸，并称试样质量。

2）向容砂瓶内注满砂，关阀门，称容砂瓶、漏斗和砂的总质量，准确至10g。

3）将密度测定器倒置（容砂瓶向上）于挖好的坑口上，打开阀门，使砂注入试坑。在注砂过程中不应震动。当砂注满试坑时关闭阀门，称容砂瓶、漏斗和余砂的总质量，准确至10g，并计算注满试坑所用的标准砂质量。

（7）试样的密度，应按式10-10计算：

$$\rho_0 = \frac{m_p}{\dfrac{m_s}{\rho_s}} \quad (10\text{-}10)$$

式中　m_s——注满试坑所用标准砂的质量，g。

（8）试样的干密度，应按式10-11计算，准确至0.01g/cm³。

$$\rho_d = \frac{\dfrac{m_p}{1 + 0.01 w_1}}{\dfrac{m_s}{\rho_s}} \quad (10\text{-}11)$$

（六）回填土试验

在建设工程中，回填或换填法大量应用，填筑材料有素土、灰土、三合土（石灰、土、碎石）、砂石等，填筑料经分层铺设并压实，达到预定要求。填土的压实质量的好坏，对建筑物的沉降、甚至安危有极大的关系，填土的施工质量必须在施工现场进行分层检测，检测不合格，必须返工，以达到设计要求值为准。

换填土施工检测数量：对1000m^{2}以上的基坑每100m^{2}不少于1点，对基槽每20延米不少于1点，每个单独柱基不少于1个点。

填土的施工质量检测一般采用密度试验，即取压实土试样检测密实度、含水率、计算干密度。对于素土、灰土填土类，可采用环刀法测定密度，对砂石类可采用灌水法、灌砂法测定密度。砂石的现场含水率快速测定可采用炒干法，土类可采用酒精燃烧法。

1. 现场含水率快速测定方法

测定土含水率，为计算回填土夯实后的干密度用。现场测定方法有：

(1) 酒精燃烧法：用盛土铝盒称取试样5～10g (G_1)，加酒精充分浸透试样并混合均匀，然后点燃酒精，燃烧至火焰熄灭。再加酒精浸透，燃烧至火焰熄灭。重复三次后称取干试样质量 (G_2)（精确至0.1g）。含水率 (w) 按式10-12计算：

$$w = \frac{G_1 - G_2}{G_2} \times 100\% \tag{10-12}$$

(2) 炒干法：用金属容器称取试样200～500g (G_1)，放在电炉或火炉上炒干，冷却后称取干试样质量 (G_2)，按式10-12计算含水率

2. 现场密度测定

(1) 环刀法：仪器用具：取土环刀（图10-4），包括环刀(200cm^3)、环盖及落锤（重1kg）、天平（称量1kg、感量1g）、平口铲、削土刀等。

操作步骤：

1) 在取土处用平口铲挖一个20cm×20cm的小坑，挖至每层表面以下2/3深度处；

2) 将环刀口向下，放上环盖，将落锤沿手杆反复自由落下，打至环盖深入土中约1～2cm，用平口铲将环刀连同环盖一起取出；

3）轻轻取下环盖，用削土刀修平环刀两端余土（不可用余土补修压平），擦净环刀外壁，称取环刀与土的质量（准确至1g）；

4）将环刀的土样取出，碾碎后称取100g，进行含水率测定；

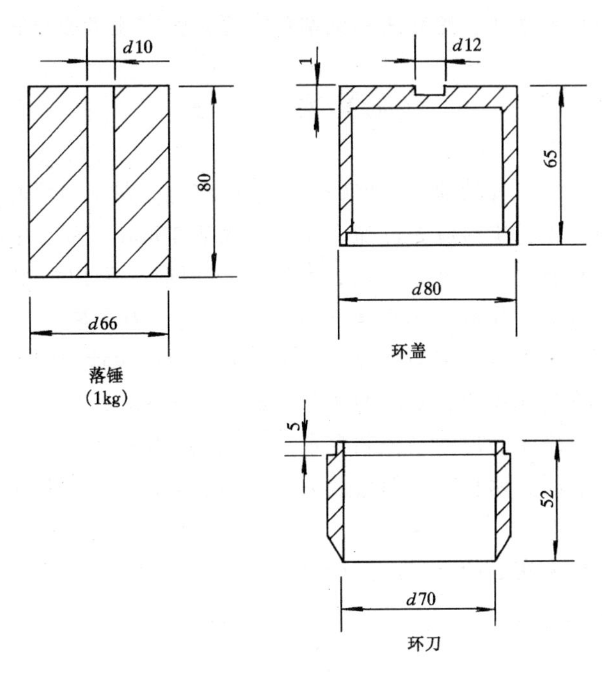

图 10-4　取土环刀

5）土湿密度计算，见式10-13：

$$\rho_{湿} = \frac{G_1 - G}{V} \tag{10-13}$$

式中　$\rho_{湿}$——土湿密度，g/cm^3；

G_1——环刀和湿土试样共重，g；

G——环刀质量，g；

V——环刀容积，cm^3。

6）土干密度的计算，见式10-14：

$$\rho_{干} = \frac{\rho_{湿}}{1 + w} \tag{10-14}$$

式中 $\rho_{干}$——土干密度，g/cm^3；

$\rho_{湿}$——土湿密度，g/cm^3；

w——土含水量。

（2）灌水法、灌砂法参见本章密度试验中灌水法和灌砂法。

（七）灰　土

在建筑工程的地基处理中，常使用灰土。灰土回填时，应尽量采用原土，土料应先过筛，粒径不大于 15mm。灰土中的生石灰，块和面之比不小于 3:7，必须在使用前一天用清水充分粉化，并过筛，其粒径不得大于 5mm，不得夹有未熟化的生石灰块，也不得含有过多的水分。灰土配合比应按设计规定，建筑工程一般采用体积比，常用的灰与土比例为 2:8，3:7，也有 1:9。

灰土施工时应适当控制含水率。工地的检验方法是以用手紧握土料成团，两指轻捏即松散为宜。如水分过多或不足时，可晾干或洒水湿润。

灰土夯实后的干密度需符合设计或规范的规定。测试方法参照回填土试验。

（八）压实系数与击实试验

回填土或砂石经压实。工程性质得到改善。压实得愈密实，其工程性能愈好，如何判定压实程度，地基规范对填土采用压实系数 λ_c 来控制，λ_c 值愈大，压实度愈高，各类地基规范对不同的条件给出了 λ_c 的对应值。

1. 压实系数的含义

现场实测干密度与室内试验确定的最大干密度之比称为压实系数（λ_c）。

即：

$$\lambda_c = \frac{现场测定的干密度}{室内试验的最大干密度}$$

室内密度试验根据不同填筑材料采用不同试验方法，对砂石可采用振密试验方法确定最大干密度，对素土、灰土采用击实试验确定最大干密度和最佳含水量。室内和现场密度试验方法对照见表10-4。

室内和现场密度试验方法对照表　　表10-4

填筑料	室内最大干密度试验方法	现场实测干密度试验方法
土、灰土	击实试验	环刀法
砂石	振密试验	灌砂法、灌水法

2. 击实试验

（1）本试验分轻型击实和重型击实。轻型击实试验适用于粒径小于5mm的粘性土，重型击实试验适用于粒径不大于20mm的土。采用三层击实时，最大粒径不大于40mm。

（2）轻型击实试验的单位体积击实功约592.2kJ/m^3，重型击实试验的单位体积击实功约2684.9kJ/m^3。

（3）本试验所用的主要仪器设备（如图10-5、10-6）应符合下列规定：

1）击实仪的击实筒和击锤尺寸应符合表10-5规定。

击实仪主要部件规格表　　表10-5

试验方法	锤底直径(mm)	锤质量(kg)	落高(mm)	击实筒			护筒高度(mm)
				内径(mm)	筒高(mm)	容积(cm^3)	
轻型	51	2.5	305	102	116	947.4	50
重型	51	4.5	457	152	116	2103.9	50

2）击实仪的击锤应配导筒，击锤与导筒间应有足够的间隙使锤能自由下落；电动操作的击锤必须有控制落距的跟踪装置和锤击点按一定角度（轻型53.5°，重型45°）均匀分布的装置（重型击实仪中心点每圈要加一击）。

3）天平：称量200g，最小分度值，0.01g。

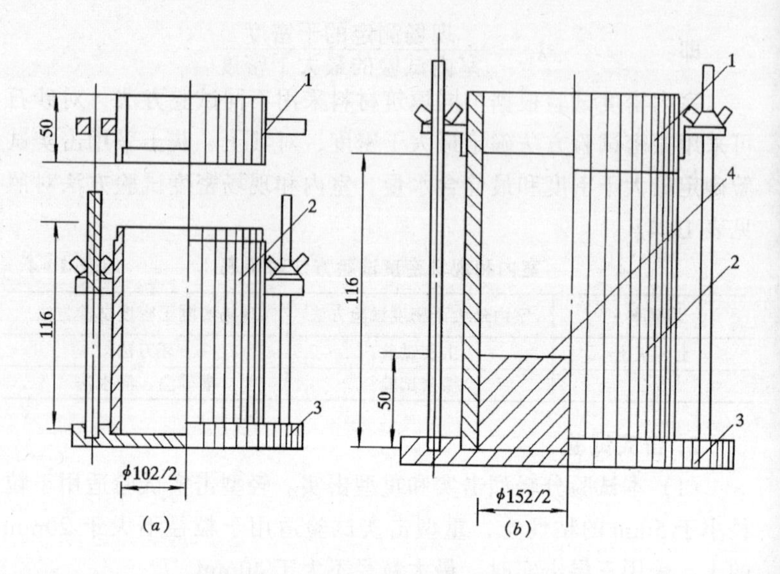

图 10-5 击实筒

(*a*) 轻型击实筒；(*b*) 重型击实筒

1—套筒；2—击实筒；3—底板；4—垫块

4）台秤：称量 10kg，最小分度值 5g。

5）标准筛：孔径为 20mm、40mm 和 5mm。

6）试样推出器：宜用螺旋式千斤顶或液压式千斤顶，如无此类装置，亦可用刮刀和修土刀从击实筒中取出试样。

(4) 试样制备分为干法和湿法两种。

1）干法制备试样应按下列步骤进行：用四分法取代表性土样 20kg（重型为 50kg），风干碾碎，过 5mm（重型过 20mm 或 40mm）筛，将筛下土样拌匀，并测定土样的风干含水率。根据土的塑限预估最优含水率，并制备 5 个不同含水率的一组试样，相邻 2 个含水率的差值宜为 2%。

注：轻型击实中 5 个含水率中应有 2 个大于塑限，2 个小于塑限，1 个接近塑限。

2）湿法制备试样应按下列步骤进行：取天然含水率的代表性土样 20kg（重型为 50kg），碾碎，过 5mm 筛（重型过 20mm

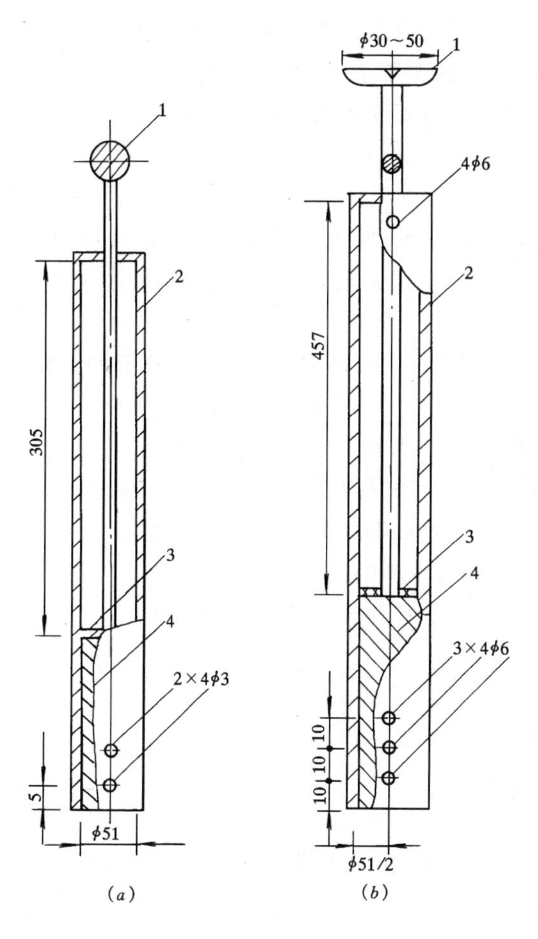

图 10-6　击锤与导筒

（a）2.5kg 击锤；（b）4.5kg 击锤；

1—提手；2—导筒；3—硬橡皮垫；4—击锤

或 40mm)，将筛下土样拌匀，并测定土样的天然含水率。根据土样的塑限预估最优含水率，按本条 1）款注的原则选择至少 5 个含水率的土样，分别将天然含水率的土样风干或加水进行制备，应使制备好的土样水分均匀分布。

(5) 击实试验应按下列步骤进行：

1) 将击实仪平稳置于刚性基础上，击实筒与底座连接好，安装好护筒，在击实筒内壁均匀涂一薄层润滑油。称取一定量试样，倒入击实筒内，分层击实，轻型击实试样为 2～5kg，分 3 层，每层 25 击；重型击实试样为 4～10kg，分 5 层，每层 56 击，若分 3 层，每层 94 击。每层试样高度宜相等。两层交界处的土面应刨毛。击实完成时，超出击实筒顶的试样高度应小于 6mm。

2) 卸下护筒，用直刮刀修平击实筒顶部的试样，拆除底板，试样底部若超出筒外，也应修平。擦净筒外壁，称筒与试样的总质量，准确至 1g，并计算试样的湿密度。

3) 用推土器将试样从击实筒中推出，取 2 个代表性试样测定含水率，2 个含水率的差值应不大于 1%。

4) 对不同含水率的试样依次击实。

(6) 试样的干密度应按式 10-15 计算：

$$\rho_d = \frac{\rho_0}{1 + 0.01 w_i} \tag{10-15}$$

式中 w_i——某点试样的含水率（%）。

(7) 干密度和含水率的关系曲线，应在直角坐标纸上绘制（如图 10-7）。并应取曲线峰值点和相应的纵坐标为击实试样的最大干密度，相应的横坐标为击实试样的最优含水率。当关系曲线不能绘出峰值点时，应进行补点，土样不宜重复使用。

(8) 气体体积等于零（即饱和度 100%）的等值线应按式 10-16 计算，并应将计算值绘于图 10-7 的关系曲线上。

$$w_{set} = \left(\frac{\rho_w}{\rho_d} - \frac{1}{G_s}\right) \times 100\% \tag{10-16}$$

式中 w_{set}——试样的饱和含水率；

ρ_w——温度 4℃ 时水的密度，g/cm^3；

ρ_d——试样的干密度，g/cm^3；

G_s——土颗粒比重。

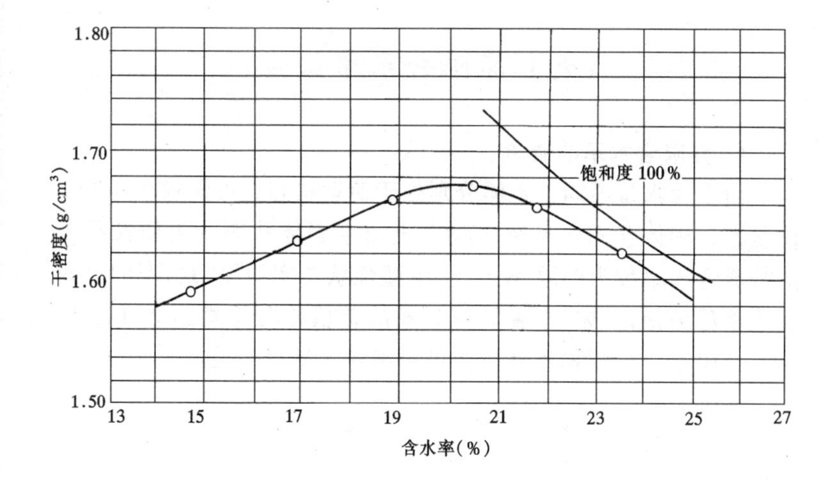

图 10-7 $\rho_d - w$ 关系曲线

(9) 轻型击实试验中，当试样中粒径大于 5mm 的土质量小于或等于试样总质量的 30% 时，应对最大干密度和最优含水率进行校正。

1) 最大干密度应按式 10-17 校正：

$$\rho'_{dmax} = \frac{1}{\dfrac{1-P_5}{\rho_{dmax}} + \dfrac{P_5}{\rho_w \cdot G_{S2}}} \tag{10-17}$$

式中 ρ'_{dmax}——校正后试样的最大干密度，g/cm³；

P_5——粒径大于 5mm 土的质量百分数，%；

G_{S2}——粒径大于 5mm 土粒的饱和面干比重。

注：饱和面干比重指当土粒呈饱和面干状态时的土粒总质量与相当于土粒总体积的纯水 4℃时质量的比值。

2) 最优含水率应按式 10-18 进行校正，计算至 0.1%。

$$w'_{opt} = w_{opt}(1 - P_5) + P_5 \cdot w_{ab} \tag{10-18}$$

式中 w'_{opt}——校正后试样的最优含水率；

w_{opt}——击实试样的最优含水率；

w_{ab}——粒径大于 5mm 土粒的吸着含水率。

（九）界限含水率试验

1. 界限含水率的概念

由于含水量不同，土体分别处于流动状态、可塑状态、半固体状态、固体状态，见图10-8。土由半固体状态变为塑性状态的分界含水率称为塑限 W_p。土由塑性状态变为流动状态的分界含水率称为液限 W_L。液限与塑限的差值称为塑性指数 I_P。即 $W_L - W_P = I_P$ 根据塑性指数可对细粒土进行分类。

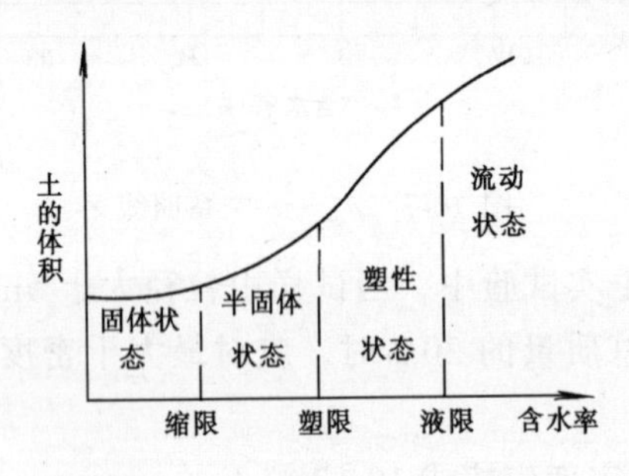

图10-8 土的界限含水率示意图

2. 液限、塑限试验

(1) 液、塑限联合测定法

1) 本试验方法适用于粒径小于0.5mm以及有机质含量不大于试样总质量5%的土。

2) 本试验所用的主要仪器设备，应符合下列规定：

①液、塑限联合测定仪（图10-9）：包括带标尺的圆锥仪、电磁铁、显示屏、控制开关和试样杯。圆锥质量为76g，锥角为30°；读数显示宜采用光电式、游标式和百分表式；试样杯内径为40mm，高度为30mm。

②天平：称量200g，最小分度值0.01g。

3) 液、塑限联合测定法试验，应按下列步骤进行：

①本试验宜采用天然含水率试样，当土样不均匀时，采用风干试样，当试样中含有粒径大于0.5mm的土粒和杂物时，应过

0.5mm 筛。

②当采用天然含水率土样时，取代表性土样 250g；采用风干试样时，取 0.5mm 筛下的代表性土样 200g，将试样放在橡皮板上用纯水将土样调成均匀膏状，放入调土皿，浸润过夜。

③将制备的试样充分调拌均匀，填入试样杯中，填样时不应留有空隙，对较干的试样应充分搓揉，密实地填入试样杯中，填满后刮平表面。

④将试样杯放在联合测定仪的升降座上，在圆锥上抹一薄层凡士林，接通电源，使电磁铁吸住圆锥。

⑤调节零点，将屏幕上的标尺调在零位，调整升降座，使圆锥尖接触试样表面，指示灯亮时圆锥在自重下沉入试样，经 5s 后测读圆锥下沉深度（显示在屏幕上），取出试样杯，挖去锥尖入土处的凡士林，取锥体附近的试样不少于 10g，放入称量盒内，测定含水率。

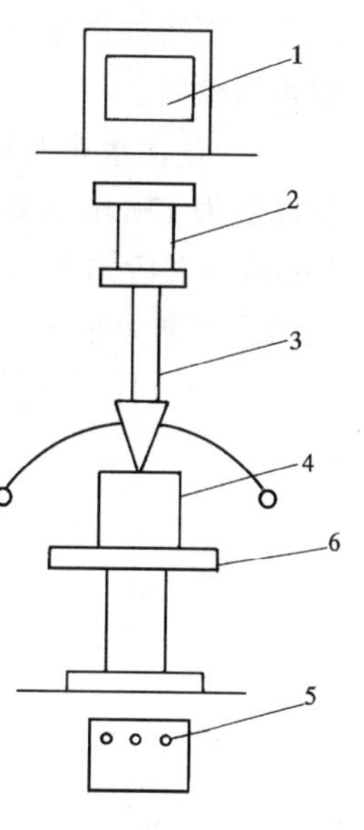

图 10-9　液、塑限联合测定仪示意图

1—显示屏；2—电磁铁；3—带标尺的圆锥仪；4—试样杯；5—控制开关；6—升降座

⑥将全部试样再加水或吹干并调匀，重复本条③至⑤款的步骤分别测定第二点、第三点试样的圆锥下沉深度及相应的含水率。液塑限联合测定应不少于三点。

注：圆锥入土深度宜为 3～4mm，7～9mm，15～17mm。

4）试样的含水率应按式 10-1 计算。

5）以含水率为横坐标，圆锥入土深度为纵坐标在双对数坐标纸上绘制关系曲线（图 10-10），三点应在一直线上如图中 *A* 线。当三点不在一直线上时，通过高含水率的点和其余两点连成两条直线，在下沉为 2mm 处查得相应的两个含水率，当两个含水率的差值小于 2％时，应以两点含水率的平均值与高含水率的

点连一直线如图中 B' 线，当两个含水率的差值大于等于 2% 时，应重做试验。

6）在含水率与圆锥下沉深度的关系图(图 10-10)上查得下沉深度为 17mm 所对应的含水率为 17mm 液限，查得下沉深度为 10mm 所对应的含水率为 10mm 液限，查得下沉深度为 2mm 所对应的含水率为塑限，取值以百分数表示，准确至 0.1%。

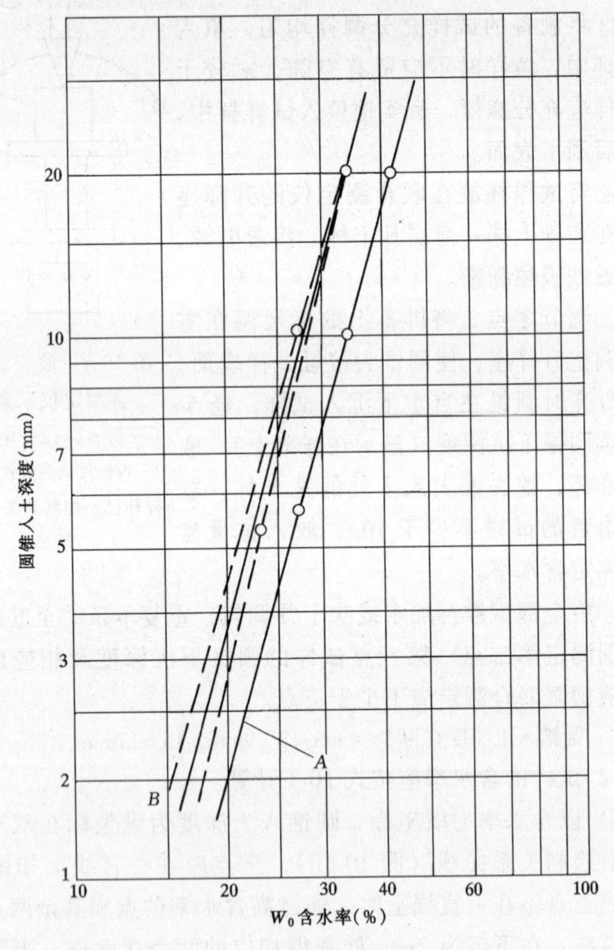

图 10-10　圆锥下沉深度与含水率关系曲线

7）塑性指数应按式 10-19 计算：

$$I_{\mathrm{p}} = w_{\mathrm{L}} - w_{\mathrm{P}} \tag{10-19}$$

式中 I_{P}——塑性指数；

w_{L}——液限（%）；

w_{P}——塑限（%）；

（2）碟式仪液限试验

1）本试验方法适用于粒径不小于 0.5mm 的土。

2）本试验所用的主要仪器设备，应符合下列规定：

①碟式液限仪：由铜碟、支架及底座组成（图 10-11），底座应为硬橡胶制成。

②开槽器：带量规，具有一定形状和尺寸（图 10-11）。

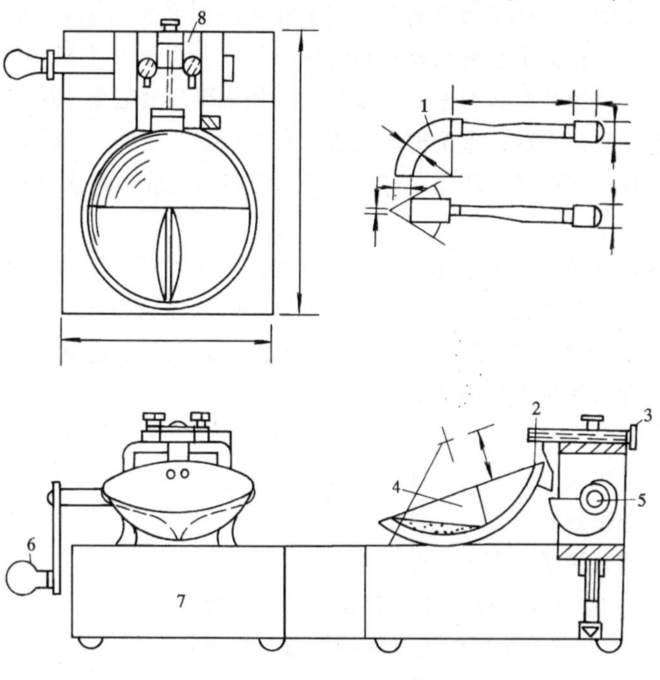

图 10-11 碟式液限仪

1—开槽器；2—销子；3—支架；4—土碟；5—蜗轮；6—摇柄；7—底座；8—调整板

3）碟式仪的校准应按下列步骤进行：

①松开调整板的定位螺钉，将开槽器上的量规垫在铜碟与底座之间，用调整螺钉将铜碟提升高度调整到10mm。

②保持量规位置不变，迅速转动摇柄以检验调整是否正确。当蜗形轮碰击从动器时，铜碟不动，并能听到轻微的声音，表明调整正确。

③拧紧定位螺钉，固定调整板。

4）试样制备应按本节第2条（1）项第3）—①、②款的步骤制备不同含水率的试样。

5）碟式仪法试验，应按下列步骤进行：

①将制备好的试样充分调拌均匀，铺于铜碟前半部，用调土刀将铜碟前沿试样刮成水平，使试样中心厚度为10mm，用开槽器经蜗形轮的中心沿铜碟直径将试样划开，形成V形槽。

②以每秒两转的速度转动摇柄，使铜碟反复起落，坠击于底座上，数记击数，直至槽底两边试样的合拢长度为13mm时，记录击数，并在槽的两边取试样不应少于10g，放入称量盒内，测定含水率。

③将加不同水量的试样，重复本条①、②款的步骤测定槽底两边试样合拢长度为13mm所需要的击数及相应的含水率，试样宜为4～5个，槽底试样合拢所需要的击数宜控制在15～35击之间。含水率按本标准式（10-1）计算。

6）以击次为横坐标，含水率为纵坐标，在单对数坐标纸上绘制击次与含水率关系曲线（图10-12），取曲线上击次为25所对应的整数含水率为试样的液限。

（3）滚搓法塑限试验

1）本试验方法适用于粒径小于0.5mm的土。

2）本试验所用的主要仪器设备，应符合下列规定：

①毛玻璃板：尺寸宜为200mm×300mm。

②卡尺：分度值为0.02mm。

3）滚搓法试验，应按下列步骤进行：

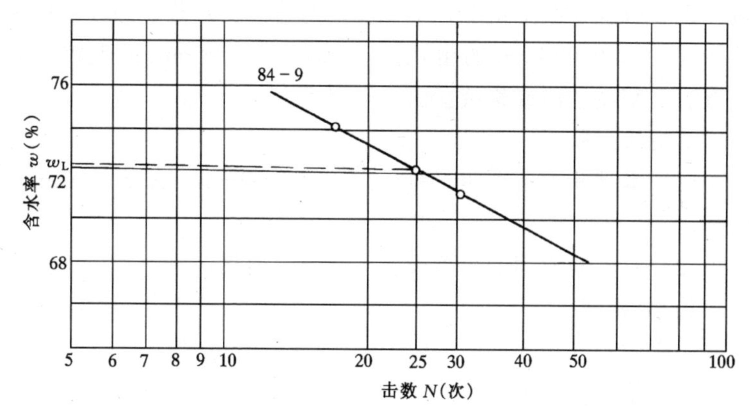

图 10-12　液限曲线

①取 0.5mm 筛下的代表性试样 100g，放在盛土皿中加纯水拌匀，湿润过夜。

②将制备好的试样在手中揉捏至不粘手，捏扁，当出现裂缝时，表示其含水率接近塑限。

③取接近塑限含水率的试样 8～10g，用手搓成椭圆形，放在毛玻璃板上用手掌滚搓，滚搓时手掌的压力要均匀地施加在土条上，不得使土条在毛玻璃板上无力滚动，土条不得有空心现象，土条长度不宜大于手掌宽度。

④当土条直径搓成 3mm 时产生裂缝，并开始断裂，表示试样的含水率达到塑限含水率。当土条直径搓成 3mm 时不产生裂缝或土条直径大于 3mm 时开始断裂，表示试样的含水率高于塑限或低于塑限，都应重新取样进行试验。

⑤取直径 3mm 有裂缝的土条 3～5g，测定土条的含水率。

4）本试验应进行两次平行测定，两次测定的差值应符合本章有关规定，取两次测值的平均值。

（十）颗粒分析试验

颗粒分析试验的目的是研究土中各土粒直径所占的重量百分

数，以了解颗粒级配情况，本试验仅列筛析法试验，即针对粒径≤60mm、>0.075mm 的粗粒土。对小于 0.075mm 的颗粒的试验方法（密度计法或移液管法）未列入。

筛析法试验

（1）本试验方法适用于粒径小于等于 60mm，大于 0.075mm 的土。

（2）本试验所用的仪器设备应符合下列规定：

1）分析筛：

①粗筛：孔径为 60、40、20、10.5、2mm。

②细筛：孔径为 2.0、1.0、0.5、0.25、0.075mm。

2）天平：称量 5000g，最小分度值 1g；称量 1000g，最小分度值 0.1g；称量 200g，最小分度值 0.01g。

3）振筛机：筛析过程中应能上下震动。

4）其他：烘箱、研钵、瓷盘、毛刷等。

（3）筛析法的取样数量，应符合表 10-6 的规定：

取样数量 **表 10-6**

颗粒尺寸（mm）	取样数量（g）	颗粒尺寸（mm）	取样数量（g）
<2	100～300	<40	2000～4000
<10	300～1000	<60	4000 以上
<20	1000～2000		

（4）筛析法试验，应按下列步骤进行：

1）按表 10-6 的规定称取试样质量，应准确至 0.1g，试样数量超过 500g 时，应准确至 1g。

2）将试样过 2mm 筛，称筛上和筛下的试样质量。当筛下的试样质量小于试样总质量的 10%时，不作细筛分析；筛上的试样质量小于试样总质量的 10%时，不作粗筛分析。

3）取筛上的试样倒入依次叠好的粗筛中，筛下的试样倒入依次叠好的细筛中，进行筛析。细筛宜置于振筛机上振筛，振筛时间宜为 10～15min。再按由上而下的顺序将各筛取下，称各级筛上及底盘内试样的质量，应准确至 0.1g。

4）筛后各级筛上和筛底上试样质量的总和与筛前试样总质量的差值，不得大于试样总质量的1%。

注：根据土的性质和工程要求可适当增减不同筛径的分析筛。

（5）含有细粒土颗粒的砂土的筛析法试验，应按下列步骤进行：

1）按表10-6的规定称取代表性试样，置于盛水容器中充分搅拌，使试样的粗细颗粒完全分离。

2）将容器中的试样悬液通过2mm筛，取筛上的试样烘至恒量，称烘干试样质量，应准确到0.1g，并按本节（4）中3）、4）款的步骤进行粗筛分析，取筛下的试样悬液，用带橡皮头的研杆研磨，再过0.075mm筛，并将筛上试样烘至恒量，称烘干试样质量，应准确至0.1g，然后按本节（4）中3）、4）款的步骤进行细筛分析。

3）当粒径小于0.075mm的试样质量大于试样总质量的10%时，应按密度计法或移液管法测定小于0.075mm的颗粒组成。

（6）小于某粒径的试样质量占试样总质量的百分比，应按式10-20计算：

$$X = \frac{m_A}{m_B} \cdot d_x \quad (10\text{-}20)$$

式中 X——小于某粒径的试样质量占试样总质量的百分比，%；

m_A——小于某粒径的试样质量，g；

m_B——细筛分析时为所取的试样质量；粗筛分析时为试样总质量，g；

d_x——粒径小于2mm的试样质量占试样总质量的百分比，%。

（7）以小于某粒径的试样质量占试样总质量的百分比为纵坐标，颗粒粒径为横坐标，在单对数坐标上绘制颗粒大小分布曲线，见图10-13。

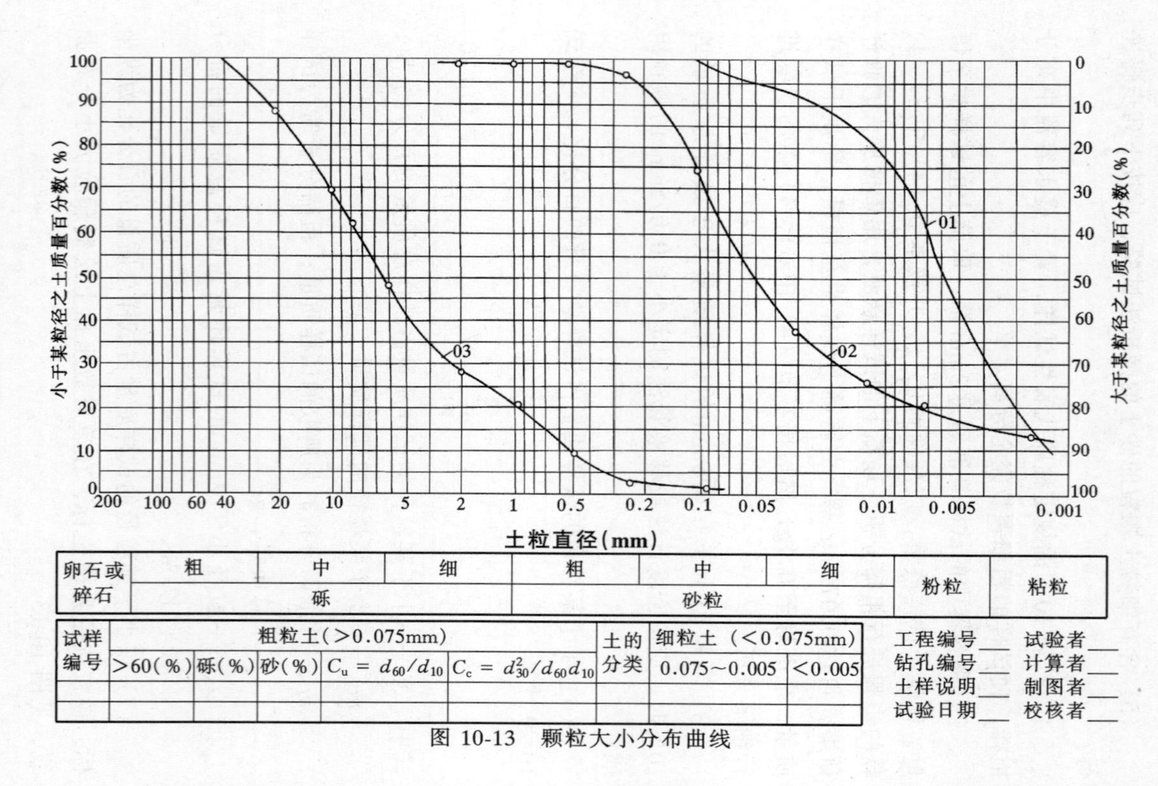

卵石或碎石	粗	中	细	粗	中	细	粉粒	粘粒
	砾			砂粒				

试样编号	粗粒土(>0.075mm)					土的分类	细粒土（<0.075mm)	
	>60(%)	砾(%)	砂(%)	$C_u = d_{60}/d_{10}$	$C_c = d_{30}^2/d_{60}d_{10}$		0.075~0.005	<0.005

工程编号___ 试验者___
钻孔编号___ 计算者___
土样说明___ 制图者___
试验日期___ 校核者___

图 10-13 颗粒大小分布曲线

（8）必要时计算级配指标：不均匀系数和曲率系数。

1）不均匀系数按式10-21计算：

$$C_u = d_{60}/d_{10} \tag{10-21}$$

式中 C_u——不均匀系数；

d_{60}——限制粒径，颗粒大小分布曲线上的某粒径，小于该粒径的土含量占总质量的60%；

d_{10}——有效粒径，颗粒大小分布曲线上的某粒径，小于该粒径的土含量占总质量的10%。

2）曲率系数按式10-22计算：

$$C_c = \frac{d_{30}^2}{d_{10} \cdot d_{60}} \tag{10-22}$$

式中 C_c——曲率系数；

d_{60}——颗粒大小分布曲线上的某粒径，小于该粒径的土含量占总质量的30%。

复 习 题

1．土的三相组成是什么？土的基本物理指标有哪些？哪几项是试验指标？哪几项是计算指标？

2．含水率室内标准试验方法是什么？试验的称量精度及计算精度是如何规定的？

3．密度试验方法有哪几种？各方法的适用性以及现场采用环刀法测定的步骤。

4．压实系数的含义是什么？

5．列出击实试验的步骤。

6．什么是液限、塑限及塑性指数？

7．颗粒分析筛析法试验的适用性及意义？

十一、地基与桩基承载力试验

地基与桩基的承载力，是地基基础工程的重要技术指标，直接影响工程的安全、技术和经济效益。载荷试验、触探试验和桩基动力检测，都是常用的岩土工程原位测试方法，也是地基与桩基承载力和变形参数的重要测试手段，其中静力载荷试验更接近于地基与桩基的实际工作状态，试验结果较为直观可靠。

地基包括天然地基和人工地基两大类。人工地基可分为一般人工地基和复合人工地基两种，前者如垫层地基、强夯地基和预压地基等；复合地基系指部分土体被增强或置换而形成的由地基土和增强体共同承担荷载的人工地基。竖向增强体通常称为桩体，如振冲桩、灰土挤密桩、搅拌桩和素混凝土桩等类复合地基。桩基是一种深基础，按使用功能可分为：抗压桩、抗拔桩和抗推桩（水平受荷桩）等类型。在进行地基与桩基承载力试验时，要考虑它们的类型、特点和使用功能。

根据修订后并已批准执行的国家标准《建筑地基基础设计规范》GB 50007—2002 等相关规范中的术语定义，“地基承载力特征值：指由载荷试验测定的地基土压力变形曲线线性变形段内规定的变形所对应的压力值，其最大值为比例界限值”，符号为 f_{ak} 等。显然，地基承载力特征值与原用的地基承载力标准值或容许承载力基本相同。本章关于地基承载力均按现行新规范表述。至于桩基的承载力本章仍采用现行行业标准《建筑桩基技术规范》JGJ94—94 规范中的术语和符号，如单桩竖向极限承载力 Q_{uk} 等。若工程中桩基设计使用新规范时，则试验应采用相应的规范术语，如 GB 50007—2002 规范中的单桩竖向承载力特征值 Ra 为“将单桩竖向极限承载力除以安全系数 2”，其值与 JGJ 94—

94 规范中的“承载力设计值”并不一致，试验时应予区分。

（一）地基载荷试验

1. 适用范围与试验目的

地基载荷试验包括：浅层平板载荷试验和深层螺旋板载荷试验，其中平板载荷试验应用广泛。

平板载荷试验是在一定面积的承压板上向地基逐级施加荷载，测定天然地基或人工地基的压力（P）与变形（S）特性的原位测试方法，它反映承压板下1.5～2.0倍压板直径或宽度范围内地基的综合性状。平板载荷试验适用于测定各种天然地基或人工地基承压板影响范围内的地基承载力等项技术指标。

平板载荷试验的主要目的：

（1）测定地基的比例界限、极限荷载，为确定地基承载力特征值 f_{ak} 提供依据；

（2）确定地基的变形模量 E_0；

（3）确定地基的基床系数 K_V；

（4）估算地基的固结系数和不排水抗剪强度等。

一般平板载荷试验常以确定地基的承载力与变形模量为主要目的。当在压板下埋设压力测试原件时，也可测定压板与地基的接触压力分布或复合地基中的桩土应力比。在湿陷性黄土场地，可通过现场浸水载荷试验，测定黄土地基的湿陷起始压力 P_{sh} 等。

2. 试验装置与设备

平板载荷试验装置常用的形式如图11-1所示，图中前四种装置形式均采用油压千斤顶加荷，反力系统由平台堆载或地锚等构成，也有利用坑壁或坑顶承担反力，这类装置加荷、卸荷安全简便，目前应用已较广泛。后两种直接分级加荷试验装置，有时也可采用。

载荷试验装置中的主要设备仪器有以下几种：

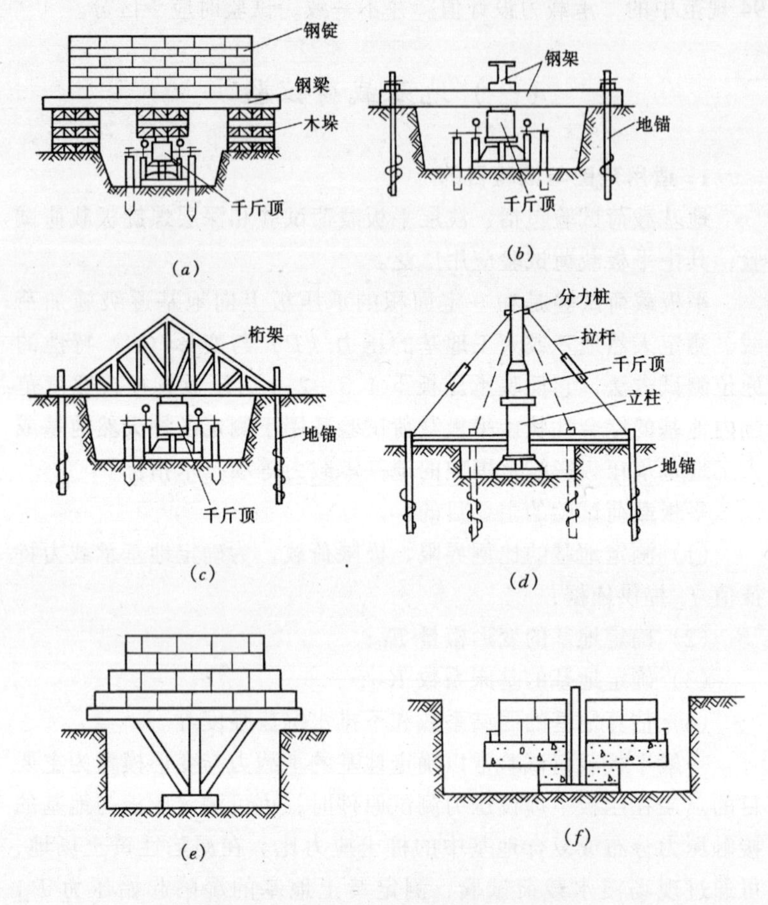

图 11-1 几种常用的平板载荷试验装置

（1）承压板：承压板应选用具有足够刚度的圆形或方形板，常用的为钢板或钢筋混凝土板。承压板面积：对天然地基及一般人工地基（垫层地基，强夯地基及预压地基等）。不应小于0.25～$0.50m^2$；对复合地基应为单桩或多桩承担的处理面积。压板应放置在试验地基的表面，板底宜铺设厚度小于20mm的中、粗砂找平层，试坑宽度不应小于承压板宽度或直径的三倍。

（2）加荷设备：加荷系统由承压板、立柱、千斤顶，测力及稳压设备等组成。千斤顶的总压力应超过预计加荷总量的1.25倍。压力测控可用油压表或压力传感器，且与稳压设备配套连接。反力由堆载或地锚抗拔力提供，堆载或地锚抗拔力应超过预计加荷总量的1.25倍。

(3) 观测仪器：沉降观测宜采用百分表等精密仪表，精度不低于0.01mm，量程宜大于地基最大沉降量，尽可能避免中途调表。有条件时，宜采用自动加压与观测记录系统，与计算机相连，按程序自动处理试验数据和编制图表。

3. 试验方法与要求

常规的地基平板载荷试验，采用分级加荷维持沉降相对稳定的方法即慢速法，其试验方法与技术要求如下：

(1) 加荷分级不应少于8级。最大加载量不应小于人工地基设计要求的两倍。

(2) 每级加载后，按间隔10、10、10、15、15min，以后为每隔半小时测读一次沉降量，当在连续两小时内，每小时的沉降量小于0.1mm时，则认为已趋稳定，即可加下一级荷载。

(3) 当出现下列情况之一时，即可终止加载：

1) 承压板周围的土明显地侧向挤出；

2) 沉降 S 急骤增大，荷载-沉降（P-S）曲线出现陡降段；

3) 在某一级荷载下，24小时内沉降速率不能达到稳定；

4) 沉降量与承压板宽度或直径之比大于或等于0.06；

5) 对人工地基，若未达到极限荷载，而最大加荷压力已大于设计要求压力值的二倍。

当满足前三种情况之一时，其对应的前一级荷载定为极限荷载；后两种情况，宜以最大加荷作为极限荷载。

(4) 卸荷方法：卸荷级数可为加荷级数的一半，每卸一级，间隔半小时，读记回弹量，待卸完全部荷载后，间隔三小时读记总回弹量。

4. 资料整理及应用

(1) 绘制 P-S 曲线：根据原始记录绘制压力 P 与沉降量 S

关系曲线。一般均质地基土，P-S 曲线上有两个明显的拐点；第一个拐点（P_0）称比例界限，即土体由压密阶段（弹性变形）进入剪切阶段（塑性变形）的临界点；第二个拐点（P_u）为极限荷载，即土体由剪切阶段进入破坏阶段的临界点，如图 11-2 所示。

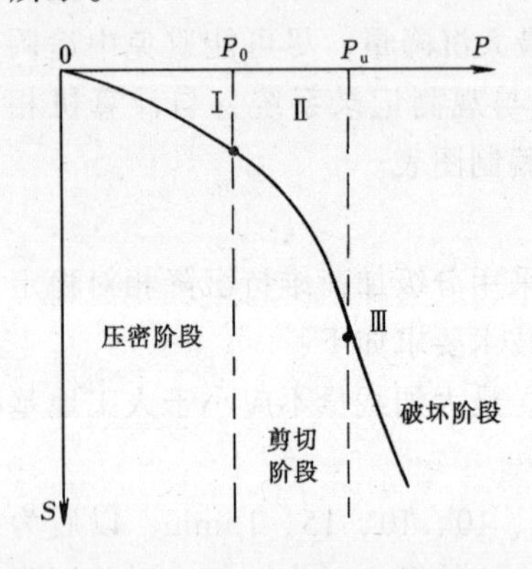

图 11-2 P-S 曲线的三个阶段

(2) 确定比例界线点 P_0：

1）P-S 曲线上直线部分转折点比较明显时，取转折点对应的压力即为 P_0，如图 11-2 中Ⅰ段与Ⅱ段分界点所示。

2）P-S 曲线上转折点不明显时，某荷载下的“阶段沉降量 ΔS_m”大于上一级荷载下的“阶段沉降量 ΔS_{m-1}”的两倍时，上一级荷载相应的压力即为 P_0，如图 11-3 所示。

3）P-S 曲线为抛物线型时，取上下切线交汇点的相应压力为 P_0，如图 11-4 所示。

(3) 校正 P-S 曲线：由于在 P-S 曲线上，比例界限 P_0 以前

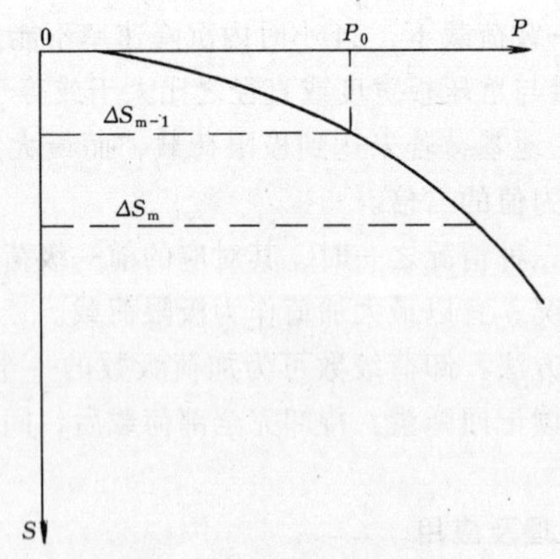

图 11-3 曲线转折点不明显

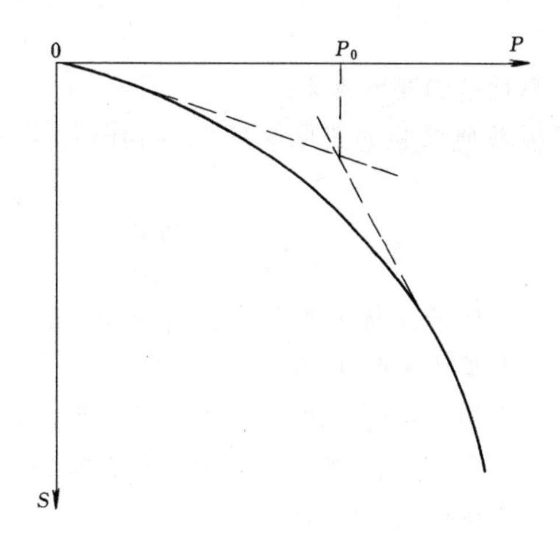

图 11-4 抛物线型曲线上取 P_0 值

的直线段不一定通过坐标原点，因此在利用 P-S 关系曲线分析前，应先对 P-S 曲线进行校正，使初始直线通过坐标原点。修正的方法有图解法与用最小二乘法的计算法，前者容易发生偏差，后者精度较高，校正时可参照有关手册或资料。

成果应用，主要是确定地基的承载力特征值 f_{ak}及计算变形模量 E_0。

（1）承载力特征值的确定应符合下列规定：

1）当 P-S 曲线上有比例界限时，取该比例界限所对应的荷载值；

2）当极限荷载小于对应比例界限的荷载值的 2 倍时，取极限荷载值的一半；

3）当不能按上述二款要求确定时；对天然地基当压板面积为 0.25～0.50m^2，可取 $s/b=0.01\sim0.015$ 所对应的荷载（b 为压板宽度或直径）；对人工地基应按《地基处理技术规范》中的规定或当地经验的 s/b 所对应的荷载确定，但其值不应大于最大加荷载量的一半。

参加统计的试验点不应少于三点，当试验实测值的极差不超过其平均值的 30％时，取此平均值作为该土层的地基承载力特

征值 f_{ak}。

(2) 计算地基的变形模量：

浅层平板载荷试验的变形模量 E_0（MPa），可按式 11-1 计算：

$$E_0 = I_0(1-\mu^2)\frac{Pd}{S} \tag{11-1}$$

式中 I_0——刚性承压板的形状系数，圆形承压板取0.785；方形承压板取 0.886；

μ——土的泊松比（碎石土取 0.27，砂土取 0.30，粉土取0.35 粉质粘土取 0.38，粘土取 0.42）；

d——承压板直径或边长，m；

P——P-S 曲线线性段的压力，MPa；

S——与 P 对应的沉降，m。

5. 浸水载荷试验

主要用于湿陷性黄土场地，测定湿陷起始压力，也可检验人工地基消除地基湿陷性的效果，测定处理后地基的湿陷量。

(1) 用载荷试验测定湿陷起始压力，可选择下列方法中的一种：

1) 双线法载荷试验：应在场地内相邻位置的同一标高处，做两个载荷试验，其中一个在天然湿度的土层上进行，另一个在浸水饱和的土层上进行。

2) 单线法载荷试验：应在场地内相邻位置的同一标高处，至少做 3 个不同压力下的浸水载荷试验。

3) 饱水法载荷试验：应在浸水饱和的土层上做 1 个载荷试验。

(2) 用荷载试验测定湿陷起始压力，应符合下列要求：

1) 承压板面积不宜小于 5000cm^2，试坑边长（或直径）应为承压板边长（或直径）的 3 倍。

2) 每级加荷增量不应大于 25kPa，试验终至压力不宜小于 200kPa。

3）每级加荷后的下沉稳定标准，为每隔2h的下沉量不大于0.2mm。

4）湿陷起始压力 P_{sh} 值的确定：根据试验，整理绘制曲线图，在 *P-S* 曲线（压力与浸水沉降量关系曲线）上，取其转折点所对应的压力作为湿陷起始压力值。当曲线上的转折点不明显时，可取浸水沉降量与承压板宽度之比不大于0.017所对应的压力作为湿陷起始压力值。

（二）地基触探试验

触探试验可分为动力触探与静力触探。

动力触探是利用一定的落锤能量，将一定尺寸的圆锥形探头打入土中，根据打入土中的难易程度（贯入度）来判定土的性质的方法。通过建立触探指标与土的物理力学性质间的相关关系，对地基土进行力学分层，确定地基土的承载力、变形模量等。

静力触探是利用压力（机械或油压）装置，将探头（分单桥与双桥）压入土层。用电阻应变仪或电位差计（即自动记录仪）量测土的比贯入阻力或分别量测锤尖阻力及侧壁摩阻力，对土层进行力学分层和提供土层的主要力学指标。

1. 动力触探

国内动力触探试验分为轻型、中型、重型和超重型四种类型，依地基土的软硬程度分别采用，其规格及触探指标如表11-1所示。

国内动力触探类型及规格 **表11-1**

触探类型	落锤质量(kg)	落锤距离(cm)	探头规格	触探指标	触探杆外径(mm)
轻型	10±0.2	50±2	圆锤头，锥角60°，锥底直径4.0cm，锥底面积12.6cm²	贯入30cm的锤击数 N_{10}	25

续表

触探类型	落锤质量（kg）	落锤距离（cm）	探头规格	触探指标	触探杆外径（mm）
中型	28±0.2	80±2	圆锥头，锥角60°，锥底直径6.18cm，锥底面积$30cm^2$	贯入10cm的锤击数N_{28}	33.5
重型	6.65±0.5	76±2	圆锥头，锥角60°，锥底直径7.4cm，锥底面积$43cm^2$	贯入10cm的锤击数$N_{63.5}$	42
超重型	120±1.0	100±2	圆锥头，锥角60°，锥底直径7.4cm，锥底面积$43cm^2$	贯入10cm的锤击数N_{120}	50～60

（1）对粘性土、粉土及其人工填土常用轻型动力触探试验，其使用方法如下：

轻型触探试验设备主要由尖锥探头、触探杆、穿心锤三部分组成，如图11-5所示。

1）轻型触探仪的使用程序：

①先用轻便钻具钻至试验土层标高，然后对所需试验土层连续进行触探。

②使用时，使穿心锤自由下落，落距严格控制为500mm，每打入土层300mm的锤击数即为N_{10}。

③一般适用于贯入深度小于4000mm的土层，此时不考虑影响因素的校正。

2）根据轻便触探测得的锤击数，可按表11-2确定承载力特征值（f_{ak}）。

粘性土与素填土承载力特征值 **表11-2**

触探指标 N_{10}		10	15	20	25	30	40
f_{ak}（kPa）	粘性土		105	145	190	230	
	素填土	85		115		135	160

（2）标准贯入试验：标准贯入试验仍属动力触探类型之一，

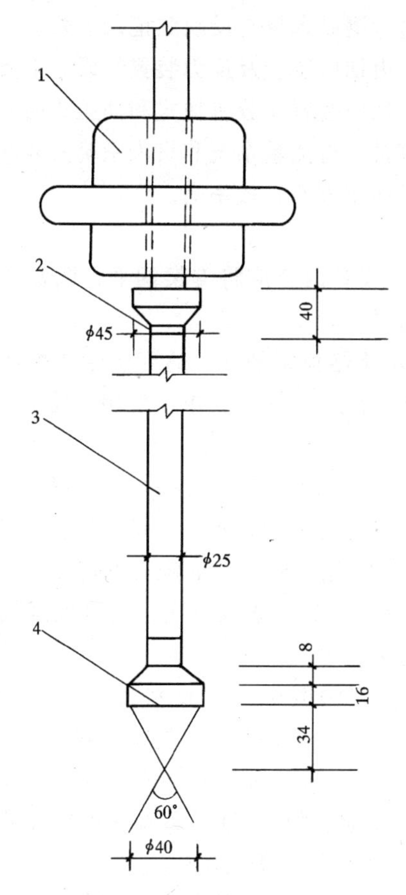

图 11-5　轻便触探仪

1—穿心锤；2—锤垫；3—触探杆；4—探头

所不同点，探头是由两半圆形管合成的取土器，称为贯入器。测试原理与其他型式触探仪一样。标准贯入试验设备主要由标准贯入器、触探杆和 63.5kg 的穿心锤组成。试验程序可参考有关规范或手册进行。

2. 静力触探

主要由量测系统与贯入系统两部分组成：

量测系统。由探头和量测记录仪表组成。主要作用是将土层的贯入阻力通过电测原理将它反映和记录下来。

贯入系统。由加压装置及反力装置组成。主要作用是将探头压到土层中去，加压装置又分机械式和油压式两种。

为了方便携带，将测量系统和贯入系统安装在汽车上，便成为静力触探车，使用方便，效率高。

（1）操作要点

1）安装贯入设备时，应将支架调平，调好孔口导向器，以保持触探杆垂直贯入。

2）贯入前将仪器预调平衡，达到检流计指针恒指零点不变为准。检查电源电压是否符合要求。使用自动记录仪时，应正确选择工作电压。

3）先将探头压入地下 50cm 左右，然后提升 50cm，使探头在不受压状态下的温度与地温平衡。记录试验前初读数。

4）测试时，采用 0.5～1.0m/min 的速度连续贯入。

5）每贯入 10～15cm 读数一次，也可根据具体情况予以增减（自动记录除外）。

6）每贯入一定深度后（一般为 2m），将探头上提 5cm 左右，复查读取初读数，使探头温度与地温重新平衡。

7）正式贯入时，按每次贯入某一深度后的仪器读数与其相应的初读数之差（应变值），即可从探头率定曲线上求得各相应深度土层的锥尖阻力或侧壁摩擦力。

8）在装卸探杆时，切勿使入土探杆转动或电缆打结绞紧，以防探头处电缆被扭。丝扣一定要上紧，以防脱节。

9）探头贯入预定深度后，关闭仪器，应立即拔起探杆，勿使探头在土中停放，以免进水。

10）高温及严寒季节，注意对仪器的防护，防止探头在阳光下曝晒。

11）保持探头内部的顶柱能自由活动，并安装正确。

（2）确定地基土的承载力 [f_{ak}]：按测得数据，计算应变量、比贯入阻力及摩阻比，绘制触探曲线图。

根据比贯入阻力 P_s 与载荷试验结果进行相关分析，得出适用于一定地区及一定土性的经验公式。静力触探也可用于桩基侧摩阻力与端阻力的测定。

（三）桩基载荷试验

1. 单桩竖向抗压静载试验

（1）试验目的：采用接近于竖向抗压桩的实际工作条件的试验方法，确定单桩竖向（抗压）极限承载力，作为设计依据，或对工程桩的承载力进行抽样检验和评价。当埋设有桩底反力和桩身应力、应变测量元件时，尚可直接测定桩周各土层的极限侧阻力和极限端阻力。除对于以桩身承载力控制极限承载力的工程桩试验加载至承载力设计值的 1.5～2 倍外，其余试桩均应加载至破坏。

（2）试验加载装置：一般采用油压千斤顶的加载，千斤顶的加载反力装置可根据现场实际条件取下列三种形式之一：

1）锚桩横梁反力装置（图 11-6）：锚桩、反力梁装置能提供的反力应不小于预估最大试验荷载的 1.2～1.5 倍。

采用工程桩作锚桩时，锚桩数量不得少于 4 根，并应对试验过程锚桩上拔量进行监测。

2）压重平台反力装置：压重量不得少于预估试桩破坏荷载的 1.2 倍：压重应在试验开始前一次加上，并均匀稳固放置于平台上；

3）锚桩压重联合反力装置：当试桩最大加载量超过锚桩的抗拔能力时，可在横梁上放置或悬挂一定重物，由锚桩和重物共同承受千斤顶加载反力。

千斤顶平放于试桩中心，当采用 2 个以上千斤顶加载时，应将千斤顶并联同步工作，并使千斤顶的合力通过试桩中心。

（3）荷载与沉降的量测仪表：荷载可用放置于千斤顶上的应力环、应变式压力传感器直接测定，或采用联于千斤顶的压力表

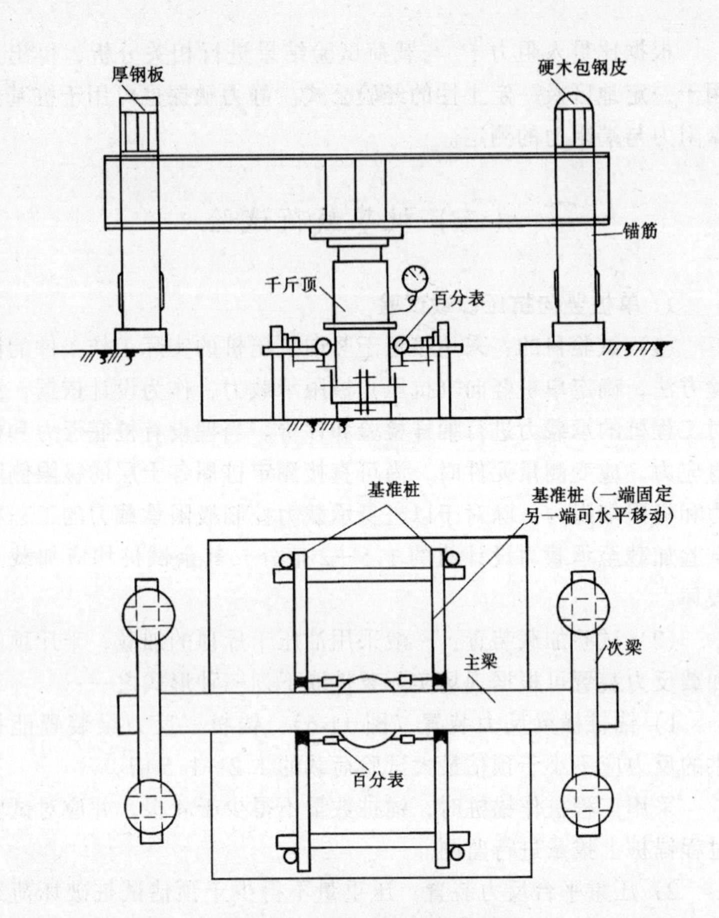

图 11-6 竖向静载试验装置

测定油压，根据千斤顶率定曲线换算荷载。试桩沉降一般采用百分表或电子位移计测量。对于大直径桩应在其两个正交直径方向对称安置 4 个位移测试仪表，中等和小直径桩径可安置两个或 3 个位移测试仪表。沉降测定平面离桩顶距离不应小于 0.5 倍桩径，固定和支承百分表的夹具和基准梁在构造上应确保不受气温、振动及其他外界因素影响而发生竖向变位。

(4) 试桩、锚桩（压重平台支墩）和基准桩之间的中心距离应符合表 11-3 的规定。

试桩、锚桩和基准桩之间的中心距离　　　　表 11-3

反力系统	试桩与锚桩（或压重平台支墩边）	试桩与基准桩	基准桩与锚桩（或压重平台支墩边）
锚桩横梁反力装置 压重平台反力装置	≥4d 且 不小于 2.0m	≥4d 且 不小于 2.0m	≥4d 且 不小于 2.0m

注：d——试桩或锚桩的设计直径，取其较大者（如试桩或锚桩为扩底桩时，试桩与锚桩的中心距不应小于 2 倍扩大端直径）。

（5）试桩制做要求：

1）试桩顶部一般应予加强，可在桩顶配置加密钢筋网 2～3 层，或以薄钢板圆筒做成加劲箍与桩顶混凝土浇成一体，用高标号砂浆将桩顶抹平。对于预制桩，若桩顶未破损可不另做处理。

2）为安置沉降测点和仪表，试桩顶部露出试坑地面的高度不宜小于 600mm，试坑地面宜与桩承台底设计标高一致。

3）试桩的成桩工艺和质量控制标准应与工程桩一致。为缩短试桩养护时间，混凝土强度等级可适当提高，或掺入早强剂。

（6）从成桩到开始试验的间歇时间：在桩身强度达到设计要求的前提下，对于砂类上，不应少于 10d；对于粉土和粘性土，不应少于 15d；对于淤泥或淤泥质土，不应少于 25d。

（7）试验加载方式：采用慢速维持荷载法，即逐级加载，每级荷载达到相对稳定后加下一级荷载，直到试桩破坏，然后分级卸载到零。当考虑结合实际工程桩的荷载特征可采用多循环加、卸载法（每级荷载达到相对稳定后卸载到零）。当考虑缩短试验时间，对于工程桩的检验性试验，可采用快速维持荷载法，即一般每隔一小时加一级荷载。

（8）加卸载与沉降观测：

1）加载分级：每级加载为预估极限荷载的 1/10～1/15，第一级可按 2 倍分级荷载加荷。

2）沉降观测：每级加载后间隔 5、10、15min 各测读一次，以后每隔 15min 测读一次，累计 1h 后每隔 30min 测读一次。每次测读值记入试验记录表。

3）沉降相对稳定标准：每一小时的沉降不超过 0.1mm，并连续出现两次（由 1.5h 内连续三次观测值计算），认为已达到相对稳定，可加下一级荷载。

4）终止加载条件：当出现下列情况之一时，即可终止加载：

a. 某级荷载作用下，桩的沉降量为前一级荷载作用下沉降量的 5 倍；

b. 某级荷载作用下，桩的沉降量大于前一级荷载作用下沉降量的 2 倍，且经 24h 尚未达到相对稳定；

c. 已达到锚桩最大抗拔力或压重平台的最大重量时。

5）卸载与卸载沉降观测：每级卸载值为每级加载值的 2 倍。每级卸载后隔 15min 测读一次残余沉降，读两次后，隔 30min 再读一次，即可卸下一级荷载，全部卸载后，隔 3～4h 再读一次。

（9）试验报告内容及资料整理

1）单桩竖向抗压静载试验概况：整理成表格形式、并应对成桩和试验过程出现的异常现象作补充说明。

2）单桩竖向抗压静载试验记录表及汇总表(见表 11-4、表 11-5)。

单桩竖向抗压静载试验记录表 **表 11-4**

试桩号：

荷载（kN）	观测时间 日/月时分	间隔时间（min）	读数					沉降（mm）		备注
			表	表	表	表	平均	本次	累计	

试验： 记录： 校核：

单桩竖向抗压静载试验结果汇总表 **表 11-5**

试桩号：

序号	荷载（kN）	历时（min）		沉降（mm）	
		本级	累计	本级	累计

试验： 记录： 校核：

3）确定单桩竖向极限承载力：一般应绘 Q-S、S-lg$t$ 曲线，以及其他辅助分析所需曲线。

4）当进行桩身应力、应变和桩底反力测定时，应整理出有关数据的记录表和绘制桩身轴力分布、侧阻力分布，桩端阻力-荷载、桩端阻力-沉降关系等曲线。

5）按下列①和②确定单桩竖向极限承载力标准值。

①单桩竖向极限承载力可按下列方法综合分析确定：

a. 根据沉降随荷载的变化特征确定极限承载力：对于陡降型 Q-s 曲线取 Q-s 曲线发生明显陡降的起始点；

b. 根据沉降量确定极限承载力：对于缓变型 Q-s 曲线一般可取 $s=40\sim60$mm 对应的荷载，对于大直径桩可取 $s=0.03\sim0.06D$（D 为桩端直径，大桩径取低值，小桩径取高值）所对应的荷载值；对于细长桩（$l/d>80$）可取 $s=60\sim80$ mm 对应的荷载；

c. 根据沉降随时间的变化特征确定极限承载力：取 S-lg$t$ 曲线尾部出现明显向下弯曲的前一级荷载值。

②单桩竖向极限承载力标准值应根据试桩位置、实际地质条件、施工情况等综合确定。当各试桩条件基本相同时，单桩竖向极限承载力标准值可按《建筑桩基技术规范》附录 G 的规定确定。

2. 单桩水平静载试验

（1）试验目的：采用接近于水平受力桩的实际工作条件的试验方法确定单桩的水平承载力和地基上的水平抗力系数或对工程桩的水平承载力进行检验和评价；当埋设有桩身应力测量元件时，可测定出桩身应力变化，并由此求得桩身弯矩分布。

（2）试验设备与仪表装置（图 11-7）。

1）采用千斤顶施加水平力，水平力作用线应通过地面标高处（地面标高应与实际工程桩基承台底面标高一致）。在千斤顶与试桩接触处宜安置一球形铰座，以保证千斤顶作用力能水平通过桩身轴线；

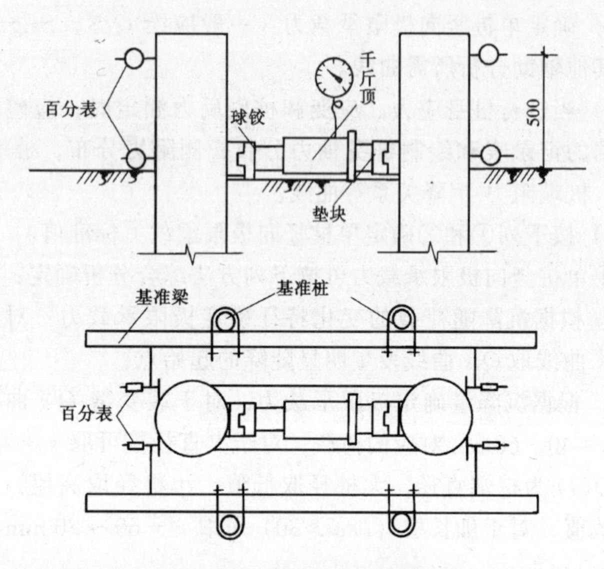

图 11-7　水平静载试验装置

2）桩的水平位移宜采用大量程百分表测量。每一试桩在力的作用水平面上和在该平面以上 50cm 左右各安装一或二只百分表（下表测量桩身在地面处的水平位移，上表测量桩顶水平位移，根据两表位移差与两表距离的比值求得地面以上桩身的转角）。如果桩身露出地面较短，可只在力的作用水平面上安装百分表测量水平位移；

3）固定百分表的基准桩宜打设在试桩侧面靠位移的反方向，与试桩的净距不少于 1 倍试桩直径。

（3）试验加载方法：宜采用单向多循环加卸载法，对于个别受长期水平荷载的桩基也可采用慢速维持加载法（稳定标准可参照竖向静载试验）进行试验。

（4）多循环加卸载试验法，按下列规定进行加卸载和位移观测：

1）荷载分级：取预估水平极限承载力的 1/10～1/15 作为每级荷载的加载增量。根据桩径大小并适当考虑土层软硬，对于直径 300～1000mm 的桩，每级荷载增量可取 2.5～20kN；

2）加载程序与位移观测：每级荷载施加后，恒载 4min 测读水平位移，然后卸载至零，停 2min 测读残余水平位移，至此完成一个加卸载循环，如此循环 5 次便完成一级荷载的试验观测。加载时间应尽量缩短，测量位移的间隔时间应严格准确，试验不得中途停歇；

3）终止试验的条件：当桩身折断或水平位移超过 30～40mm（软土取 40mm）时，可终止试验。

（5）单桩水平静载试验报告内容及资料整理

1）单柱水平静载试验概况：整理成表格形式。对成桩和试验过程发生的异常现象应作补充说明；

2）单桩水平静载试验记录表（宜按表 11-6）；

单桩水平静载试验记录表 **表 11-6**

试桩号： 上下表距：

荷载 (kN)	观测时间 日/月时分	循环数	加载		卸载		水平位移（mm）		加载上下表读数差	转角	备注
			上表	下表	上表	下表	加载	卸载			

试验： 记录： 校核：

3）绘制有关试验成果曲线：一般应绘制水平力-时间-位移（H_0-t-x_0）、水平力-位移梯度$\left(H_0-\dfrac{\Delta x_0}{\Delta H_0}\right)$或水平力-位移双对数（$\lg H_0-\lg x_0$）曲线，当测量桩身应力时，尚应绘制应力沿桩身分布和水平力-最大弯矩截面钢筋应力（H_0-σ_g）等曲线。

（6）单桩水平临界荷载（桩身受拉区混凝土明显退出工作前的最大荷载）按下列方法综合确定：

1）取 H_0-t-x_0 曲线出现突变（相同荷载增量的条件下，出现比前一级明显增大的位移增量）点的前一级荷载为水平临界荷载，参照《建筑桩基技术规范》附录E（附图）；

2）取 $H_0-\dfrac{\Delta x_0}{\Delta H_0}$ 曲线第一直线段的终点，参照《建筑桩基技术规范》附录（图E-2b）或 $\log H_0-\log x_0$ 曲线拐点所对应的荷载为水平临界荷载；

3）当有钢筋应力测试数据时，取 H_σ-σ_g 第一突变点对应的荷载为水平临界荷载。

（7）单桩水平极限荷载可根据下列方法综合确定；

1）取 H_0-t-x_0 曲线明显陡降的前一级荷载为极限荷载；

2）取 $H_0-\dfrac{\Delta x_0}{\Delta H_0}$ 曲线第二直线段的终点对应的荷载为极限荷载；

3）取桩身折断或钢筋应力达到流限的前一级荷载为极限荷载。

有条件时，可模拟实际荷载情况、进行桩顶同时施加轴向压力的水平静载试验。

（四）桩基动力检测

单桩静载试验确定桩的承载能力，无疑是最准确可靠的一种方法，但因试验需在现场解决少则几十吨，多则上千吨的反力装置，因此也是历时最长、费用最高的一种试验方法，在工程中难于广泛应用。多年来，国内外科技工作者都试图用动测方法来解决桩的承载能力，并进行了大量试验研究，无论哪种动测法，均应满足下列原则：应做足够数量的动静对比试验，以检验方法本身的准确程度（误差应在一定范围以内），并确定相应的计算参数或修正系数；试验本身可重复；系非破损试验；方法简便快捷。

目前国内已用于工程检验的动测法大致可分两类：高应变动力检测和低应变动力检测。

1. 单桩高应变动力检测

这类方法均用相当质量的落锤按一定（或不同）落高，锤击桩顶，使桩产生以毫米计的变形量（大应变）用设置在桩顶的传感器及振动仪器、测记振动参数或其波形，通过位移计（机械百分表或位移传感器均可）测读每击的贯入度，然后用多种方法分析测试数据用于判定单桩的极限承载能力和评价桩身的结构完整性。其常用方法有：

（1）锤击贯入试桩法：此法由四川省建筑科学研究院等单位，通过系统试验研究，并制订了试验方法和操作要求，在国内不少地方应用。此法是用重（1.0～2.0）$\times 10^3$kg 的自由落锤(极限荷载 600～1500kN)，按不同落高锤击带有力传感器的柱顶，用 SC-16 型光线示波器记录桩顶锤击力峰值，用百分表测量贯入度，根据每根试桩试验结果所测得的一组参数，用应力波理论（输入与锤—垫—桩—土有关的几何尺寸及物理力学参数）计算 P_a-ΣE 曲线，锤击贯入试桩经验公式，即可确定单桩极限承载能力。在正常情况下每天可试桩 4～6 根。

（2）输入锤击力波的桩基波动方程分析法：此法特征是在计算承载能力时以输入锤击力波，而有别于“锤击贯入试桩法”。现已在西北地区推广。

（3）波动方程分析法：波动方程分析法，最早由原南京工学院和海洋石油勘探开发设计研究院引入我国，并首次应用于渤海石油平台钢管桩的承载能力评估，取得了可喜成果。

（4）打桩分析仪法：这几年，上海、福州等地引进了几台美国 PDA 打桩分析仪及瑞典 PID 打桩分析系统，这是目前世界上较流行的一种测试方法，主要用于打桩时确定承载能力。

桩高基应变动测时，应按行业标准《桩基高应变动力检测规程》JGJ106—97 进行。对工程地质条件、桩型、成桩机具和工艺相同，同一单位施工的基桩（即单桩），检测桩数不宜少于总桩数的 2%，并不得少于 5 根。

2. 单桩低应变动力检测

低应变动力检测应按行业标准《基桩低应变动力检测规程》JGJ/T 93—95 进行。低应变动力检测主要用于桩身完整性的评价，若有可靠本地区的竖向承载力动静对比资料时，机械阻抗法及动力参数法也可用于推算单桩竖向承载力。

对于一柱一桩的建筑物或构筑物，全部基桩应进行检测；非一柱一桩时，应按施工班组抽测，综合工程重要性等因素，由有关部门商定抽测数量。检测混凝土灌注桩桩身完整性时，抽测数不得少于该批桩总数的 20%，且不得小于 10 根；检测混凝土灌注桩承载力时，抽测数不得少于该批桩总数的 10%，且不得少于 5 根；对混凝土预制桩，抽测数不得少于该批桩总数的 10%，且不得少于 5 根。

当抽测不合格的桩数超过抽测数的 30%时，应加倍重新抽测。加倍抽测后，若不合格桩数仍超过抽测数的 30%，应全部检测。低应变动力检测方法有以下几种。

(1) 反射波法：适用于检测桩身混凝土的完整性，推定缺陷类型及其在桩身中的位置。检测时，应进行激振方式和接收条件的最佳方式选择。

(2) 机械阻抗法：又分稳态激振和瞬态激振两种方式，适用于检测桩身混凝土的完整性，有同条件动静对比试验资料时，本法可用于推算单桩的承载力。

(3) 动力参数法：又分为频率—初速法和频率法。当有可靠的同条件动静试验对比资料时，频率—初速法可用于推算不同工艺成桩的摩擦桩和端承桩的竖向承载力；频率法适用限于摩擦桩。

(4) 声波透射法：适用于检测桩径大于 0.6m 混凝土灌注桩的完整性。

采用反射波法检测桩身质量时，可参考以下标准分类评定。

桩身质量评定标准：

Ⅰ类（完整桩）：波形规则，桩底反射清晰。桩身完好，达到设计要求，波速正常，桩身密实、均匀。

Ⅱ类（基本完整桩）：波形规则，桩底反射比较清晰。但波形有小的畸变，桩身有小的缺陷，如轻微离析、轻度缩径等，对单桩承载力没有影响，波速正常，桩身基本密实、均匀。

Ⅲ类（完整性较差桩）：波形不规则，有较大畸变，桩底反射不清楚，波速偏低，有较严重缺陷，桩身密实度、均匀性较差，对单桩承载力有一定影响，该类桩一般要求设计单位提出处理意见。

Ⅳ类（有严重缺陷桩）：波形严重畸变，认为有严重缺陷、断桩等。波速低，桩身密实度、均匀性很差，承载力一般达不到设计要求，该类桩一般不能使用，需进行工程处理。

复　习　题

1. 为什么要进行地基承载力试验？能提供哪些数据？
2. 天然地基的静力荷载试验常用哪几种加载方式？比较其优缺点。
3. 怎样鉴别天然地基的静力荷载试验可终止加载？
4. 地基浸水载荷试验的主要目的是什么？
5. 动力触探测定地基承载力的简单原理是什么？
6. 试述静力触探的操作要点。
7. 试说明单桩竖向抗压承载力试验的加载分级与沉降观测标准。
8. 试验用桩有何特殊要求？
9. 桩基竖向抗压静载试验终止加载的条件是什么？
10. 为什么要进行单桩水平静载试验？
11. 对单桩水平静载试验设备、仪器安装有哪些要求？
12. 桩基动力检测法目前主要分几类？每类常用的方法有几种？

十二、常用工程材料质量控制现场检查内容

（一）混凝土质量控制

1. 混凝土原材料

(1) 主控项目

水泥进场时应对其品种、级别、包装或散装仓号、出厂日期等进行检查，并应对其强度、安定性及其他必要的性能指标进行复验，其质量必须符合现行国家标准《硅酸盐水泥、普通硅酸盐水泥》GB 175 等的规定。

当在使用中对水泥质量有怀疑或水泥出厂超过三个月（快硬硅酸盐水泥超过一个月）时，应进行复验，并按复验结果使用。

钢筋混凝土结构、预应力混凝土结构中，严禁使用含氯化物的水泥。

检查数量：按同一生产厂家、同一等级、同一品种、同一批号且连续进场的水泥，袋装不超过 200t 为一批，散装不超过 500t 为一批，每批抽样不少于一次。

检验方法：检查产品合格证、出厂检验报告和进场复验报告。

混凝土中掺用外加剂的质量及应用技术应符合现行国家标准《混凝土外加剂》GB 8076、《混凝土外加剂应用技术规范》GB 50119 等和有关环境保护的规定。

预应力混凝土结构中，严禁使用含氯化物的外加剂。钢筋混凝土结构中，当使用含氯化物的外加剂时，混凝土中氯化物的总含量应符合现行国家标准《混凝土质量控制标准》GB 50164 的

规定。

检查数量：按现场的批次和产品的抽样检验方案确定。

检验方法:检查产品合格证、出厂检验报告和进场复验报告。

混凝土中掺用外加剂的质量及应用技术应符合现行国家标准《混凝土结构设计规范》GB 50010 和设计的要求。

检验方法:检查原材料试验报告和氯化物、碱的总含量计算书。

(2) 一般项目

混凝土中掺用矿物掺合料的质量应符合现行国家标准《用于水泥和混凝土中的粉煤灰》GB 1596 等的规定。矿物掺合料的掺量应通过试验确定。

检验数量：按进场的批次和产品的抽样检验方案确定。

检验方法：检查出厂合格证和进场复验报告。

普通混凝土所用的粗、细骨料的质量应符合国家现行标准《普通混凝土用碎石或卵石质量标准及检验方法》JGJ 53、《普通混凝土用砂质量及检验方法》JGJ 52 的规定。

检查数量：按进场的批次和产品的抽样检验方案确定。

检查方法：检查进场复验报告。

注：1. 混凝土用的粗骨料，其最大颗粒粒径不得超过截面最小尺寸的1/4，且不得超过钢筋最小净间距的3/4。

2. 对混凝土实心板，骨料的最大粒径不宜超过板厚的1/3，且不得超过40mm。

拌制混凝土宜采用饮用水；当采用其他水源时，水质应符合国家现行标准《混凝土拌合用水标准》JGJ 63 的规定。

检查数量：同一水源检查不应少于一次。

检验方法：检查水质试验报告。

2. 配合比

混凝土应按国家现行标准《普通混凝土配合比设计规程》JGJ 55 的有关规定，根据混凝土强度等级、耐久性和工作性等要求进行配合比设计。

对有特殊要求的混凝土，其配合比设计尚应符合国家现行有关标准的专门规定。

检验方法：检查配合比设计资料。

首次使用的混凝土配合比应进行开盘鉴定，其工作性应满足设计配合比的要求。开始生产时应至少留置一组标准养护试件，作为验证配合比的依据。

检验方法：检查开盘鉴定资料和试件强度试验报告。

混凝土拌制前，应测定砂、石含水率并根据测试结果调整材料用量，提出施工配合比。

检查数量：每工作班检查一次。

检验方法：检查含水率测试结果和施工配合比通知单。

3. 混凝土施工

(1) 主控项目

结构混凝土的强度等级必须符合设计要求。用于检查结构构件混凝土强度的试件，应在混凝土的混凝土的浇筑地点随机抽取。取样与试件留置应符合下列规定：

1) 每拌制 100 盘且不超过 100m^3 的同配合比的混凝土，取样不得少于一次；

2) 每工作班拌制的同一配合比的混凝土不足 100 盘时，取样不得少于一次；

3) 当一次连续浇筑超过 100m^3 时，同一配合比的混凝土每 200m^3 取样不得少于一次；

4) 每一楼层、同一配合比的混凝土，取样不得少于一次；

5) 每次取样应至少留置一组标准养护试件，同条件养护试件的留置组数应根据实际需要确定。

检验方法：检查施工记录及试件强度试验报告。

对有抗渗要求的混凝土结构，其混凝土试件应在浇筑地点随机取样。同一工程、同一配合比的混凝土，取样不应少于一次，留置组数可根据实际需要确定。

检验方法：检查试件抗渗试验报告。

混凝土原材料每盘称量的偏差应符合表 12-1 的规定。

原材料每盘称量的允许偏差　　表 12-1

材料名称	允许偏差	材料名称	允许偏差
水泥、掺合料	±2%	水、外加剂	±2%
粗、细骨料	±3%		

注：1. 各种衡器应定期校验，每次使用前应进行零点校核，保持计量准确；
2. 当遇雨天或含水率有显著变化时，应增加含水率检测次数，并及时调整水和骨料的用量。

检验数量：每工作班抽查不应少于一次。

检验方法：复称。

混凝土运输、浇筑及间歇的全部时间不应超过混凝土的初凝时间。同一施工段的混凝土应连续浇筑，并应在底层混凝土初凝之前将上一层混凝土浇筑完毕。

当底层混凝土初凝后浇筑上一层混凝土时，应按施工技术方案中对施工缝的要求进行处理。

检查数量：全数检查。

检验方法：观察，检查施工记录。

(2) 一般项目

施工缝的位置应在混凝土浇筑前按设计要求和施工技术方案确定。施工缝的处理应按施工技术方案执行。

检查数量：全数检查。

检查方法：观察，检查施工记录。

后浇带的留置位置应按设计要求和施工技术方案确定。后浇带混凝土浇筑应按按施工技术方案进行。

检查数量：全数检查。

检查方法：观察，检查施工记录。

混凝土浇筑完毕后，应按施工技术方案及时采取有效的养护措施，并应符合下列规定：

1) 应在浇筑完毕后的12h以内对混凝土加以覆盖并保湿养护；

2) 混凝土浇水养护的时间：对采用硅酸盐水泥、普通硅酸盐水泥或矿渣硅酸盐水泥拌制的混凝土，不得少于7d；对掺用缓凝型外加剂或有抗渗要求的混凝土，不得少于14d；

3）浇水次数应能保持混凝土处于湿润状态；混凝土养护用水应与拌制用水相同；

4）采用塑料布覆盖养护的混凝土，其敞露的全部表面应覆盖严密，并应保持塑料布内有凝结水；

5）混凝土强度达到$1.2N/mm^2$前，不得在其上踩踏或安装模板及支架。

注：1. 当日平均气温低于5℃时，不得浇水；

2. 当采用其他品种水泥时，混凝土的养护时间应根据所采用水泥的技术性能确定；

3. 混凝土表面不便浇水或使用塑料布时，宜涂刷养护剂；

4. 对大体积混凝土的养护，应根据气候条件按施工技术方案采取控温措施。

检查数量：全数检查。

检验方法：观察，检查施工记录。

4. 混凝土冬季施工测温

保证混凝土冬季施工的质量，重要的是使混凝土能满足热工计算所要求的入模温度。这就必须对环境温度、原材料的温度、搅拌温度、运输成型温度等进行一系列的监测。在混凝土硬化过程中测定其内部温度，也是跟踪其强度发展过程并据此调整施工方案的有效手段。

(1) 混凝土测温的基本要求

1）测温次数：对室外气温及周围环境温度在每昼夜内至少应定时、定点测量四次。对不同养护方法，其测温要求也不相同，下面分别介绍：

a. 蓄热法养护混凝土时，养护期间每昼夜测温4次，并对混凝土施工的全过程，从原材料加热、搅拌出料、运输过程和入模温度等均应测试。

b. 用蒸汽加热法养护混凝土时，升温、降温每隔1小时测温一次，恒温期间每隔2小时测温一次。

c. 用电热法养护混凝土时，升温期间每1小时测温一次，恒温期间和降温期间，每工作班三次。

d. 对掺防冻剂的混凝土，在终凝前每4小时测温一次。

2）测温方法：为了保证测读温度的准确性、代表性，一般采用蓄热法时应在易冷却的部位设备测温点。采取加热养护时应在离热源的不同部位设备。厚大结构在表面及内部设备。检查拆模强度的测点应布置在应力最大部位等。

测温一般可用温度计、各种温度敏感元件及热电偶等。当用温度计测温时，在测点应设测温孔，孔内的1/4用机油或其他不冻液填充，温度计的尾端应有足够长度（在读数时不需取出温度计）。温度计放入孔内至读数时间间隔，应不小于3分钟。用热电偶测量混凝土温度较为可靠，铬镍或镍铜热电偶及直径0.5mm的导线最宜做工地测温用。热电偶的长度根据测试仪器与测点的距离确定，一般不能超过100m。根据测点的数量最好把热电偶与多点开关相接，以便操作。温度测点应编号画在测温平面布置图上，温度应记录在专门温度日志上，直至混凝土达到所需要强度为止。

（2）测温点布置要求

为了使测读的温度，能真实反映被测读混凝土的实际温度，一般要求：

1）每一单独的构件（梁、柱等），测温孔不得少于三处。

2）平板构件每10～20m^2应设一个测温孔，但每个构件不得少于三处。

3）测温孔的位置应设在能代表构件内部温度情况的地方，以及易遭受寒气侵袭之处（如一个结构物的西北角，构件的各个角端、构件与构件相接或施工缝等处），都应设有测温点。

（3）对测温人员的要求

1）对所设置的测温孔应按序编号，并绘制测温孔布置图，以防漏测。

2）经常检查浇筑混凝土的覆盖保温情况，掌握构件等的浇筑日期，养护期限以及混凝土的最高、最低温度。若遇混凝土加热过度或在凝结前有冻结危险时，应及时通知有关人员，以便采取适当的应急措施。

（二）砌体工程材料质量控制

1. 砌筑砂浆

水泥进场使用前，应分批对其强度、安定性进行复验。检验批应以同一生产厂家、同一编号为一批。

当在使用中对水泥质量有怀疑或水泥出厂超过三个月时（快硬硅酸盐水泥超过一个月），应复查试验，并按其结果使用。

砂浆用砂不得含有有害杂物。砂浆用砂的含泥量应满足下列要求。

（1）对水泥砂浆和强度等级不小于 M5 的水泥混合砂浆，不应超过 5%；

（2）对强度等级小于 M5 的水泥混合砂浆，不应超过 10%；

（3）人工砂、山砂及特细砂，应经试配能满足砌筑砂浆技术条件要求。

配制水泥石灰砂浆时，不得采用脱水硬化的石灰膏。

消石灰粉不得直接使用于砌筑砂浆中。

拌制砂浆用水，水质应符合国家现行标准《混凝土拌合用水标准》JGJ63 的规定。

砌筑砂浆应通过试配确定配合比。当砌筑砂浆的组成材料有变更时，其配合比应重新确定。

施工中当采用水泥砂浆代替水泥混合砂浆时，应重新确定砂浆强度等级。

凡在砂浆中掺入有机塑化剂、早强剂、缓凝剂、防冻剂等，应经检验和试配符合要求后，方可使用。有机塑化剂应有砌体强度的型式检验报告。

砂浆现场拌制时，各组分材料应采用重量计量。

砌筑砂浆应采用机械搅拌，自投料完算起，搅拌时间应符合下列规定：

（1）水泥砂浆和水泥混合砂浆不得少于2min；

（2）水泥粉煤灰砂浆和掺用外加剂的砂浆不得少于3min；

（3）掺用有机塑化剂的砂浆，应为3～5min。

砂浆应随拌随用，水泥砂浆和水泥混合砂浆应分别在3h和4h内使用完毕；当施工期间最高气温超过30℃时，应分别在拌成后2h和3h内使用完毕。

注：对掺用缓凝剂的砂浆，其使用时间可根据具体情况延长。

砌筑砂浆试块强度验收时其强度合格标准必须符合以下规定：

同一验收批砂浆试块抗压强度平均值必须大于或等于设计强度等级所对应的立方体抗压强度；同一验收批砂浆试块抗压强度的最小一组平均值必须大于或等于设计强度等级所对应的立方体抗压强度的0.75倍。

注：1. 砌筑砂浆的验收批，同一类型、强度等级的砂浆试块应不少于3组。当同一验收批只有一组试块时，该组试块抗压强度的平均值必须大于或等于设计强度等级所对应的立方体抗压强度。

2. 砂浆强度应以标准养护，龄期28d的试块抗压试验结果为准。

抽检数量：每一检验批且不超过250m^{3}砌体的各种类型及强度等级的砌筑砂浆，每台搅拌机应至少抽检一次。

检验方法：在砂浆搅拌机出料口随机取样制作砂浆试块（同盘砂浆只应制做一组试块），最后检查试块强度试验报告单。

当施工中或验收时出现下列情况，可采用现场检验方法对砂浆和砌体强度进行原位检测或取样检测，并判定其强度：

（1）砂浆试块缺乏代表性或试块数量不足；

（2）对砂浆块的试验结果有怀疑或有争议；

（3）砂浆试块的试验结果不能满足设计要求。

2. 砖的质量控制

抽检数量：每一生产厂家的砖到现场后，按烧结砖15万块、多孔砖5万块、灰砂砖及粉煤灰砖10万块各为一验收批，抽检数量为1组。

检验方法：查砖试验报告。

3. 混凝土小型空心砌块质量控制

（1）施工时所用的小砌块的产品龄期不应小于28d。

（2）砌筑小砌块时，应清除表面污物和芯柱用小砌块孔洞底部的毛边，剔除外观质量不合格的小砌块。

（3）小砌块砌筑时，在天气干燥炎热的情况下，可提前洒水湿润小砌块；对轻骨料混凝土小砌块，可提前浇水湿润。小砌块表面有浮水时，不得施工。

（4）承重墙体严禁使用断裂小砌块。

（5）小砌块应底面朝上反砌于墙上。

（6）小砌块的砂浆的强度等级必须符合设计要求。

抽检数量：每一生产厂家，每1万块小砌块至少应抽检一组。用于多层以上建筑基础和底层的小砌块抽检数量不应少于2组。

检验方法：查小砌块试验报告。

（三）其他工程材料

1. 钢筋

主控项目：

（1）钢筋进场时，应按照现行国家标准《钢筋混凝土用热轧带肋钢筋》GB 1499等的规定抽取试件做力学性能检验，其质量必须符合有关的规定。

检查数量：按进场的批次和产品的抽样检验方案确定。

检验方法：检查产品合格证、出厂检验报告和进场复检报告。

（2）抗震要求的框架结构，其纵向受力钢筋的强度应满足设计要求；当设计无具体要求时，对一、二级抗震等级，检验所得的强度值应符合下列规定：

1）钢筋的抗拉强度实测值与屈服强度实测值的比值不应小

于1.25；

2）钢筋的屈服强度实测值与强度标准值的比值不应大于1.3。

检查数量：按进场的批次和产品的抽样检验方案确定。

检验方法：检查进场复检报告。

3）当发现钢筋脆断、焊接性能不良或力学性能不正常等现象时，应对该批钢筋进行化学成分检验或其他专项检验。

检验方法：检查化学成分等专项检验报告。

一般项目：

钢筋应平直、无损伤，表面不得有裂纹、油污、颗粒状或片状老锈。

检查数量：进场时和使用前全数检查。

检验方法：观察。

2. 防水材料

建筑防水工程材料现场抽样复验应符合表12-2的规定。

建筑防水工程材料现场抽样复验项目　　表12-2

序	材料名称	现场抽样数量	外观质量检验	物理性能检验
1	沥青防水卷材	大于1000卷抽5卷，每500～1000卷抽4卷，100～499卷抽3卷，100卷以下抽2卷，进行规格尺寸和外观质量检验。在外观质量检验合格的卷材中，任取一卷作物理性能检验	孔洞、硌伤、露胎、涂盖不匀、折纹、皱折、裂纹、裂口、缺边、每卷卷材的接头	纵向拉力、耐热度、柔度、不透水性
2	高聚物改性沥青防水卷材	同1	孔洞、缺边、裂口，边缘不整齐，胎体露白、未浸透、撒布材料粒度、颜色，每卷卷材的接头	拉力、最大拉力时延伸率，耐热度，低温柔度，不透水性
3	合成高分子防水卷材	同1	折痕，杂质，胶块，凹痕，每卷卷材的接头	断裂拉伸强度，扯断伸长率，低温弯折，不透水性

续表

序	材料名称	现场抽样数量	外观质量检验	物理性能检验
4	石油沥青	同一批至少抽一次	—	针入度，延度，软化点
5	沥青玛琋脂	每工作班至少抽一次	—	耐热度，柔韧性，粘结力
6	高聚物改性沥青防水涂料	每10t为一批，不足10t按一批抽样	包装完好无损，且标明涂料名称、生产日期、生产厂名、产品有效期；无沉淀、凝胶、分层	固体含量，耐热度，柔性，不透水性，延伸
7	合成高分子防水涂料	同6	包装完好无损，且标明涂料名称、生产日期、生产厂名、产品有效期	固体含量，拉伸强度，断裂延伸率，柔性，不透水性
8	胎体增强材料	每3000m^{2}为一批，不足3000m^{2}按一批抽样	均匀，无团状，平整，无折皱	拉力，延伸率
9	改性石油沥青密封材料	每2t为一批，不足2t按一批抽样	黑色均匀膏状，无结块和未浸透的填料	耐热度，低温柔性，拉伸粘结性，施工度
10	合成高分子密封材料	每1t为一批，不足1t按一批抽样	均匀膏状物，无结皮、凝胶或不易分散的固体团状	拉伸粘结性，柔性
11	平瓦	同一批至少抽一次	边缘整齐，表面光滑，不得有分层、裂纹、露砂	—
12	油毡瓦	同一批至少抽一次	边缘整齐，切槽清晰，厚薄均匀，表面无孔洞、硌伤、裂纹、折皱及起泡	耐热度，柔度
13	金属板材	同一批至少抽一次	边缘整齐，表面光滑，色泽均匀，外形规则，不得有扭翘、脱膜、锈蚀	—

3. 饰面板（砖）

（1）复检内容：

1）室内用花岗石的放射性；

2）外墙陶瓷面砖的吸水率；

3）寒冷地区外墙陶瓷面砖的抗冻性；

4）外墙饰面砖样板件的粘结强度。

（2）技术要求：

1）室内花岗石的放射性满足 GB 6566—2001 标准中 A 类产品要求。

2）外墙饰面砖工程中采用的陶瓷砖，对不同气候区（见表 12-3）必须符合下列规定：

①在Ⅰ、Ⅵ、Ⅶ区，吸水率不应大于 3%；在Ⅱ区，吸水率不应大于 6%；

在Ⅲ、Ⅳ、Ⅴ区，冰冻期一个月以上的地区吸水率不宜大于 6%。

②吸水率按现行国标《陶瓷砖试验方法》GB/T 3810.3 进行试验。抗冻性按现行国标《陶瓷砖试验方法》GB/T 3810.12 进行试验，其中低温环境温度采用 −30±2℃，保持 2h 后放入不低于 10℃ 的清水中融化 2h 为一个循环。

在Ⅰ、Ⅵ、Ⅶ区，冻融循环应满足 50 次，在Ⅱ区，冻融循环应满足 40 次。

3）外墙饰面砖粘贴前和施工过程中，均应在相同基层上做样板件，并对样板件的饰面砖粘结强度进行检验，其检验方法和结果判定应符合《建筑工程饰面砖粘结强度检验标准》（JGJ 110）的规定。

（3）检验批的划分：

1）相同材料、工艺和施工条件的室内饰面板（砖）工程每 50 间（大面积房间和走廊按施工面积 30m^2 为一间）应划分为一个检验批，不足 50 间也应划分为一个检验批。

2）相同材料、工艺和施工条件的室外饰面板（砖）工程每 500～1000m^2 应划分为一个检验批，不足 500m^2 也应划分为一个检验批。

建筑气候区划指标　　表 12-3

区名	主要指标	辅助指标	各区辖行政区范围
Ⅰ	1月平均气温≤-10℃ 7月平均气温≤25℃ 1月平均相对湿度≥50%	年降水量200～800mm 年日平均气温≤5℃的日数≥145d	黑龙江、吉林全境；辽宁大部；内蒙古中、北部及陕西、山西、河北、北京北部的部分地区
Ⅱ	1月平均气温-10～0℃ 7月平均气温18～28℃	年日平均气温≥25℃的日数＜80d，年日平均气温≤5℃的日数145～90d	天津、山东、宁夏全境；北京、河北、山西、陕西大部；辽宁南部；甘肃中东部以及河南、安徽、江苏北部的部分地区
Ⅲ	1月平均气温0～10℃ 7月平均气温25～30℃	年日平均气温≥25℃的日数40～110d 年日平均气温≤5℃的日数90～0d	上海、浙江、江西、湖北、湖南全境；江苏、安徽、四川大部；陕西、河南南部；贵州东部；福建、广东、广西北部和甘肃南部的部分地区
Ⅳ	1月平均气温＞10℃ 7月平均气温25～29℃	年日平均气温≥25℃的日数100～200d	海南、台湾全境；福建南部；广东、广西大部以及云南西南部和元江河谷地区
Ⅴ	7月平均气温18～25℃ 1月平均气温0～13℃	年日平均气温≤5℃的日数0～90d	云南大部；贵州、四川西南部；西藏南部一小部分地区
Ⅵ	7月平均气温＜18℃ 1月平均气温0～-22℃	年日平均气温≤5℃的日数90～285d	青海全境；西藏大部；四川西部、甘肃西南部；新疆南部部分地区
Ⅶ	7月平均气温≥18℃ 1月平均气温-5～-20℃ 7月平均相对湿度＜50%	年降水量10～600mm年日平均气温≥25℃的日数＜120d 年日平均气温≤5℃的日数110～180d	新疆大部；甘肃北部；内蒙古西部

复 习 题

1. 简述混凝土原材料质量控制的主要内容。
2. 简述混凝土施工时取样与试件留置的有关规定。
3. 混凝土冬季施工测温的意义及内容是什么?
4. 简述砌体工程材料质量控制的主要内容。
5. 简述高聚物改性沥青防水卷材、合成高分子防水卷材现场抽样数量及物理性能检验内容。

参 考 文 献

1. 王华生等编．试验工．北京：中国建筑工业出版社，1998
2. 王福川等编．土木工程材料．北京：中国建材工业出版社，2001
3. 夏铮铮等编．计量认证/审查认可（验收）评审准则宣贯指南．北京：中国计量出版社